W0066804

Wo kommen wir her? Wer sind wir? Wo gehen wir hin?
Auf diese Fragen gibt der Neurobiologe Gerhard Neuweiler klare und provozierende Antworten.

Nach der heute vorherrschenden Lehrmeinung darf es in der Evolution
keinen Fortschritt geben: In wichtigen Büchern zur Evolutionsforschung
kommt der Begriff gar nicht erst vor. Auch Darwin leugnete den Fortschritt
in der Evolution, war aber zugleich von der Beobachtung beeindruckt, dass
im Ablauf der Erdperioden jüngere Organismen den früheren überlegen
sind.

Gerhard Neuweiler zeigt, wie die Evolution ihre Geschöpfe seit den
ersten Organismen vom Einfachen zum Komplexen führt. Dieses stetige
Fortschreiten beruht auf der wachsenden Flexibilität und Lernfähigkeit, die
komplexen Organismen größere Freiräume eröffnet. Die Gehirne, die als
Schaltstelle zwischen Außenwelt und Innenwelt der Organismen fungieren,
werden zum erfolgreichsten Substrat der Evolution. Dieser Fortschritt gipfelt im menschlichen Gehirn.

Neuweiler vermittelt zunächst detailliertes biologisches Grundwissen über die Entstehung des Lebens und die Bedingungen menschlicher
Existenz, um dann spektakuläre Einsichten und fulminante Thesen zu
entwickeln. Dieses Buch ist die Summe seines Forscherlebens: Neuweiler
stellt den Menschen dorthin, wohin die Natur ihn emporgetragen hat, auf
den Gipfel der Evolution.

Gerhard Neuweiler

# Und wir sind es doch –
# Die Krone der Evolution

Verlag Klaus Wagenbach   Berlin

# Inhalt

VORWORT    7

I. WIE ALLES BEGONNEN HABEN KÖNNTE    11
1. Katalyse und Enzyme: Ordnung und Information    12
2. Die Entstehung der Enzyme    15
      *A. Autokatalyse*    16
      *B. Proteine und Nukleinsäuren*    18
3. Die Entstehung des genetischen Codes    19
4. Die Proteinwelt    22
5. Selbstorganisation    23
6. Energieversorgung    28
7. Der Weg zur Zelle    30
8. Offene Fragen    31
      *A. Kopierfehler*    31
      *B. Homochiralität*    31
9. Schlussfolgerung    32

II. WAS NOCH VORHER GESCHEHEN MUSSTE    35
1. Energiehaushalt und die Entstehung der Sauerstoffatmosphäre    35
      *A. Energieumsatz*    35
       *Der aerobe Stoffwechsel*
      *B. Photosynthese*    42
2. Die kambrische Explosion    44
      *A. Was geschah im Kambrium?*    48
       *Der moderne Stammbaum des Tierreichs*
      *B. Warum vollzog sich der Umbruch im Kambrium?*    56
3. Warmblütigkeit oder Endothermie    57

III. ZWEI LEITLINIEN DER EVOLUTION:
GENERATIONENFOLGE UND KOOPERATION    63
1. Gruppenselektion    63
2. Der Weg zum egoistischen Gen    65
3. Vom Gen zur Interaktion: der Fortschritt    70
4. Wachsende Komplexität    74

V. Die Rolle des Gehirns in der Evolution    97
1. Neuronale Grundlagen    98
      *A. Das Neuron*    98
      *B. Die Synapsen*    100
2. Die Evolution des Wirbeltiergehirns    107
      *A. Der Neocortex: ein denkendes Gedächtnis*    109
        *Struktur / Plastizität / Kategorien und Gedächtnis /*
        *Offene, freie Beziehungen / Autonome Aktivität*
      *B. Adaptive Artenbildung*    128
   —➤   *Die Spezialisten / Generalisten oder Vielseitigkeitsexperten*

VI. Wo bleibt der grosse Unterschied?    143
1. Zur Genetik des Gehirns    144
2. Intelligenz    148
3. Motorische Intelligenz    152
      *A. Grundlagen der neuronalen Bewegungssteuerung*    153
      *B. Die Pyramidenbahn*    158
      *C. Handlungsneurone*    161
      *D. Spiegelneurone*    164
4. Sprechen    166
5. Das soziale Gehirn    175
      *A. Bewerten und Entscheiden*    176
      *B. Gefühle und ihre Kontrolle*    184
      *C. Das soziale Lernen*    190

VII. Wer sind wir, und wo gehen wir hin?    199
1. *Homo sapiens*, der Generalist der Evolution    199
2. Die sprachbegabte Gesellschaft    205
3. Gesellschaftsstruktur    211
4. Globale Probleme    218

Zeittafel    231
Bibliographie    235
Stichwortverzeichnis    245
Bildnachweis    253

# VORWORT

»Wer sind wir, woher kommen wir, und wohin gehen wir?«, das seien die drei wichtigsten Fragen der Menschheit, die er mit seiner Romantrilogie beantworten wolle, sagte der Schriftsteller Wladimir Sorokin auf der Leipziger Buchmesse 2006. Er greift damit existentielle und unvergängliche Fragen auf. Bedarf es zu deren Beantwortung eines Romanciers, oder haben nicht die Wissenschaften, allen voran die in üppiger Blüte stehende Biologie, für diese Menschheitsfragen erschütterungsresistente Wissensgebäude mit experimentell vermörtelten Fakten aufgeschichtet? Zu den Reisezielen der Menschheit hat die Wissenschaft sich freilich nur verhalten geäußert, weil spekulatives Räsonieren nicht zu ihren Tugenden zählt.

Dagegen quellen die Datenbanken und Suchmaschinen im Internet über mit Wissenswertem zu unseren Körpern, zu unserer Psyche und zu unserem bis auf Hefestämme zurückzuverfolgenden Erbgut. Es gibt in unserem Körper keinen noch so abgelegenen Winkel, dessen Struktur, Funktion und Pathologie nicht von Mikroskopen und Mess-Systemen erfasst wäre. Wir wissen jenseits jedes vernünftigen Zweifels, dass *Homo sapiens* sich aus der Ordnung der Primaten entwickelt hat. Wir können im Internet abrufen, welche Gene wir nicht nur mit Schimpansen teilen (fast alle), sondern auch mit Mäusen (sehr viele), mit Fruchtfliegen und sogar mit Fadenwürmern. Mit jeder Wochenausgabe der Zeitschriften »Nature« und »Science« lernen wir uns und unsere Welt genauer und umfassender kennen und verstehen.

Trotz dieser Sturzbäche an Wissen und Einsichten, die aus dem misstrauisch beäugten, weltumspannenden Geflecht wissenschaftlicher Labors strömen, ist ausgerechnet dieses Netzwerk bis zum heutigen Tag nicht zu gültigen Antworten auf die drei zentralen Menschheitsfragen gekommen.

Wer sind wir? Sind wir der Spielball unserer Hormone und Neurotransmitter, wie uns die Reduktionisten unter den Biologen kühl lächelnd unter die Nase reiben? Oder sind wir, wie der Genetiker Richard Dawkins erläutert, Tänzer, die nach der Choreographie ihrer egoistischen Gene tanzen? Sind wir ein äußerst unwahrscheinliches, unwiederholbares Zufallsprodukt der Evolution, wie der einflussreiche amerikanische Paläontologe Stephen Jay Gould behauptet, das von der Naturgeschichte zur gegebenen Zeit wieder verschlungen wird? Sind wir in unserem Verhalten nicht mehr als »zweibeinige Affen«, die inzwischen Düsenjäger steuern, wie einige Humanethologen meinen, oder lediglich die Handlanger eines autonomen Gehirns, das uns gnädigerweise in der Illusion verharren lässt, wir würden bewusst und nach freiem Willen handeln? Diese Auffassung vertreten die prominenten Neurobiologen Wolf Singer und Gerhard Roth. Unter den Evolutionsbiologen ist es seit geraumer Zeit wissenschaftlich inkorrekt, dem Menschen in der Geschichte des Lebens eine herausgehobene Stellung zuzuweisen. Wir seien in erster Linie eine von vielen Säugetierarten, die im Zweifelsfall weniger gut sehen und hören, langsamer laufen und leichter das Opfer erbarmungsloser Parasiten werden könne als unsere Klassengenossen. Ausgedrückt in der Münze der Evolution, der Anzahl der Nachkommen, sei jedes Bakterium zigtausendfach effizienter, und je mehr sich Verhaltensforscher mit den kognitiven Fähigkeiten von Ratten beschäftigen, umso mehr schmelze unser Intelligenzvorsprung gegenüber Tieren dahin.

Und wo kommen wir her? Kein vernunftbegabter Wissenschaftler wird bezweifeln, dass wir der Ordnung der Primaten entwachsen sind. Aber wo kommen die Primaten her? Schon darüber streiten sich die Experten. Die Ansichten klaffen erst recht auseinander, wenn es um so entfernte Ereignisse wie die Entstehung des Lebens überhaupt vor knapp vier Milliarden Jahren geht. Gab es so etwas wie einen letzten gemeinsamen Urahn, auf den alles heute Lebende und alle ausgestorbenen Lebewesen zurückzuführen sind? Was unterscheidet prinzipiell lebende Materie von unbelebter, und lassen sich Bedingungen menschlicher Existenz auf Grundprinzipien alles Lebendigen zurückverfolgen? Das sind offene, strittige Fragen nicht nur in der öffentlichen Wahrnehmung, sondern vor allem unter den Fachwissenschaftlern selbst, die mit ihrer Neugier, ihrem Detailwissen und immer spezieller werdenden Methoden diese Fragen beantworten wollen und dabei manchmal ihren Ruf in der Fachwelt aufs Spiel setzen.

Die vielen allgemeinverständlichen Bücher über die Evolution spiegeln getreulich die aktuellen Themen der Forschung wider. Seit den epochemachenden Entdeckungen der molekularen Genetik beherrschen die Gene das Denken über die Evolution. »Zufall und Notwendigkeit« (Jacques Monod), das heißt die zufällige, ungerichtete Variabilität der Gene und eine Natur, die sich durch anpassende Auslese ihre Lebewesen heranzüchtet, haben sich zum theoretischen Gedankengerüst und Dogma verhärtet, das andere evolutive Kräfte unterschätzt, vernachlässigt und bestimmte Begriffe tabuisiert.

Am verhängnisvollsten wirkt sich bis heute aus, dass es in der dogmatischen Evolution keinen Fortschritt geben darf. Der universal gebildete

Evolutionsbiologe Ernst Mayr widmet dem Thema in seinem Werk »Die Entwicklung der biologischen Gedankenwelt« (1984) immerhin viereinhalb von fast 900 Seiten, in einem deutschen Lehrbuch zur Evolutionsbiologie kommt der Begriff gar nicht erst vor, und Stephen Jay Gould hält Fortschritt für eine gesellschaftliche Fiktion. Das Fortschrittstabu geht auf Darwin zurück, der 1872 schrieb: »Nach langem Überlegen bin ich zu der Überzeugung gelangt, dass es keine natürliche Veranlagung für eine progressive Evolution gibt.« Aber derselbe Darwin war von der Tatsache beeindruckt, dass im Ablauf der Erdperioden die jüngeren Organismen den frühen überlegen seien.

Man muss die Augen krampfhaft verschließen, um den Fortschritt in der Evolution nicht zu sehen. Wie dieses Buch zeigen will, führt die Evolution ihre Geschöpfe seit den ersten enzymatischen Reaktionen, den ersten Zellen, den ersten Organismen bis zum Aufblühen der Wirbeltiere vom Einfachen zum Komplexen. Dieses stetige Fortschreiten zu komplexeren Systemen beruht auf der wachsenden Flexibilität und Lernfähigkeit, die komplexeren Organismen mehr Freiräume und Anpassungsmöglichkeiten eröffnen. Die Gehirne, die den ständigen Dialog zwischen Außenwelt und Innenwelt der Organismen führen, werden zum wichtigsten und erfolgreichsten Substrat der Evolution. Wachsende Komplexität wird umgesetzt in zunehmende Befreiung aus den Fesseln einer gnadenlosen Natur. Dieser Fortschritt gipfelt im menschlichen Gehirn, dem kompliziertesten Organ, das dieser Erdball je gesehen hat. Im Menschen emanzipiert sich die Evolution, denn er ist das einzige Lebewesen, das die Werkzeuge der natürlichen Evolution in die Hände nehmen und der natürlichen Welt eine eigene, humane entgegensetzen kann. Mit dem Menschen ist die Macht der natürlichen Evolution gebrochen, sie wird heute von einer schnelleren, kulturellen Evolution überlagert.

Wohin gehen wir? Es wäre unredlich zu behaupten, auf diese Frage gäbe es eine verbindliche Antwort. Entwicklungsgeschichtlich steckt die Menschheit noch in den Kinderschuhen und wird aus ihren Irrtümern in bitterer Erfahrung lernen müssen. Die technisch-naturwissenschaftliche Zivilisation ist gerade einmal 250 Jahre alt und führte in eine rauschhafte, weltumspannende Materialismusorgie. Es ist an der Zeit, dass wir die aus unserer Freiheit erwachsene Verantwortung für die gesamte Biosphäre aktiv und gestalterisch wahrnehmen und die dafür notwendigen internationalen Institutionen aufbauen. Unsere gestaltungsmächtige Freiheit ängstlich und selbstanklagend als Hybris zu verteufeln, führt genauso in die Hölle, wie der Ausbeutung von Mensch und Natur freien Lauf zu lassen.

Wo kommen wir her, wer sind wir, und wo gehen wir hin? Auf diese Fragen gibt das vorliegende Buch Antworten. Es holt den Menschen von der

Anklagebank herunter, auf die ihn schimpf- und schuldbeladen Biologen, Evolutionsforscher, Philosophen, Moralisten und Gutmenschen der Ökologie verbannt haben. Das Buch stellt ihn dorthin, wohin ihn die Natur emporgetragen hat, auf den Gipfel einer Evolution, die von sich selbst organisierender Materie, von Netzwerken und Gehirnen vorangetrieben wurde.

DANKSAGUNG

Ich habe allen Grund, vielen zu danken. Da ist zuallererst das Team des Klaus Wagenbach Verlages zu nennen. Ich bin froh, dass gerade dieser Verlag das Manuskript angenommen und daraus ein schönes Buch gestaltet hat. Seit dem Erscheinen des ersten Quartheftes 1965 hat Wagenbach mit seinen Veröffentlichungen mein Denken und meine Freude an guter Literatur geprägt.

Eine ausgezeichnete Rolle spielt das Wissenschaftskolleg zu Berlin. Durch mehrere Gastaufenthalte hatte ich nicht nur Gelegenheit zu intensiver Arbeit, sondern auch zu vielseitigen Gesprächen mit Kollegen anderer Disziplinen, die dem Text neue Ausblicke und Ideen verschafften.

Mein besonderer Dank gebührt jedoch meinem Freund Reinhart Meyer-Kalkus, ohne dessen ständiges Drängen, Anspornen und Ermutigen das Manuskript wahrscheinlich eine Idee geblieben wäre.

Gerd Schuller hat dankenswerterweise die Endabnahme der Abbildungen übernommen. Schließlich bin ich einigen Kollegen zu Dank verpflichtet, die einzelne Kapitel nach sachlichen Fehlern durchsuchten. Die Fehler, die das Buch jetzt noch enthalten sollte, habe natürlich ich selbst zu verantworten.

Gerhard Neuweiler, August 2008

# I. Wie alles begonnen haben könnte

Wer nach den Wurzeln unseres Daseins gräbt, wird unablässig suchen, bis er auf die Frage stößt, was das Lebendige vom Unbelebten trennt. Diese Neugier führt uns auf eine Reise, die in klar umrissenen, lichten und fest gegründeten Wissensgebäuden beginnt und in weite, flache Landschaften führt, die mit jedem Schritt in immer dichterem Nebel versinken und uns am Ende im Ungefähren Verkehrsschildern überlässt, auf denen zu häufig »vielleicht«, »wahrscheinlich« oder »denkbar« zu lesen ist. Immerhin hat die Wissenschaft solche Wegweiser aufgestellt, und die Ziele, auf die sie hindeuten, sind zu verlockend, als dass wir uns nicht auf den Weg machen sollten.

Kein Biologe wird ernsthaft bezweifeln, dass wir mit unserer riesigen Gehirnrinde, unserem aufrechten Gang und unseren geschickten Händen aus der Gruppe der Menschenaffen kommen und in dem Schimpansen einem Verwandten begegnen, der nicht nur nahezu alle Gene mit uns teilt, sondern auch anschaulich vor Augen führt, wie unser gemeinsamer Vorfahre beschaffen gewesen sein könnte. Entwicklungsgeschichtlich ist der Weg von den einfachsten Säugetieren zu den Hominiden nicht weit. Spitzmäuse, Igel und Maulwürfe, die als Vertreter ursprünglicher Säugetiere gelten, besitzen schon alles, was ein Säugetier, also auch einen Affen, kennzeichnet, wenngleich in einfacherer Ausführung. Die Hirnrinde ist zum Beispiel noch glatt und bietet damit weit weniger Raum für Neurone als die tiefgefurchte der Primaten.

Geht man den Weg weiter zurück bis zum Ursprung aller Wirbeltiere, kommt man zum Lanzettfischchen (*Amphioxus*), das am ehesten ihrem Urahn gleicht, obwohl es zwar ein Gehirn und Rückenmark, aber noch keine Schädeldecke besitzt.

Wirbeltiere gibt es erst seit etwa 600 Millionen Jahren. In den drei Milliarden Jahren, die ihnen vorausgingen, bestand Leben ausnahmslos aus kleinen, ein paar Millimeter großen, wasserbewohnenden Organismen und Einzellern, also Lebewesen, die nur aus einer einzelnen Zelle bestehen.

Diese Einzelgänger begleiten die Evolution bis zum heutigen Tage sehr erfolgreich und in unvorstellbaren Mengen. Man denke nur an das Heer der Bakterien, deren Entdeckung einen eigenen Wissenschaftszweig begründete, die Mikrobiologie. In den ersten zwei Dritteln, also über die längste Zeitspanne der Geschichte des Lebendigen, bewohnten sie unseren Planeten allein. Die bunte Vielfalt der heutigen Lebensformen muss auf diese Einzelzellen zurückzuführen sein, und sie müssen alles enthalten haben, was das Leben von toter Materie unterscheidet.

Die Minimalia des Lebendigen sind: a) Gene, das heißt ein Informationssystem, das den Bauplan und die Funktionen einer Zelle codiert; b) die Fähigkeit zur Replikation, also der identischen Verdopplung, bei der die Zelle ihren genetischen Code kopiert, sich teilt und die Gene zu gleichen Teilen an ihre Tochterzellen weitergibt; c) Stoffwechsel, das heißt biochemische Reaktionen, mit denen die Zelle Energie von außen aufnimmt, die letztlich von der Sonne stammt. Mit dieser Energie betreibt sie ihre Lebensfunktionen und bewahrt ihre auf spezifischer Information beruhende Struktur.

Der Weg vom Menschen zurück bis zu den Einzellern ist, nicht im Detail, aber in seinen Grundzügen wissenschaftlich unumstritten. Die für den Beginn allen Lebens entscheidende Frage, wie nämlich aus chemischen Reaktionen eine Zelle mit den drei oben genannten Fähigkeiten der Informationsspeicherung, der Replikation und des Energieumsatzes entstehen konnte, wird nach wie vor kontrovers diskutiert; begreiflicherweise, denn dieser Übergang liegt ungefähr vier Milliarden Jahre zurück. Da Biochemiker, Genetiker und Zellbiologen aber heute viel über das komplexe Innenleben einer Zelle wissen, können sie plausible, gangbare Wege aus der Chemie toter Materie ins Leben aufzeigen und mit Experimenten als prinzipiell beschreitbar belegen. Einige sollen im folgenden skizziert werden, auch wenn sie hypothetisch sind. Die Entstehung des Lebens ist ein einmaliger geschichtlicher Vorgang, den unzweideutig nachzuzeichnen auch in Zukunft schwer möglich sein wird.

## 1. Katalyse und Enzyme: Ordnung und Information

Trotz unserer grundsätzlichen Unsicherheit steht eines fest: Leben beruht auf Information, und Ausgangspunkt lebensbegründender Information war die Katalyse. Darunter versteht man die Fähigkeit bestimmter Stoffe, der Katalysatoren, die Aktivierungsenergie für chemische Reaktionen, deren Ablauf aufgrund der thermodynamischen Bedingungen viele Jahre oder

Jahrzehnte dauern würde, so herabzumindern, dass die Reaktion sich in kürzester Zeit vollzieht. Katalysatoren erreichen dies, indem sie die Reaktionspartner an sich lagern und so in Position bringen, dass sie mühelos miteinander reagieren können. Dabei wird die chemische Reaktion nicht nur um Größenordnungen beschleunigt, sondern gleichzeitig wird auch selektioniert, weil ein Katalysator nur solche Stoffe anlagern kann, die seiner eigenen Struktur wie Schlüssel und Schloss entsprechen. Die Struktur des Katalysators entspricht damit der Information, dass aus der Vielzahl möglicher chemischer Reaktionen nur eine spezifische beschleunigt werden kann. Katalyse ist eine notwendige, aber keine hinreichende Voraussetzung für die Entstehung des Lebens. Erst die Kombination von Katalyse mit der Fähigkeit zur Replikation lässt Leben entstehen.

Nahezu alle Vorgänge in lebenden Zellen werden von selektiven Katalysatoren ermöglicht und gesteuert. In biologischen Systemen bestehen diese Katalysatoren aus Proteinen und werden als Enzyme bezeichnet, von denen es in jeder Zelle Tausende gibt, die jeweils nur einen spezifischen Reaktionsschritt ermöglichen. Die Struktur des Enzyms enthält die Information, welche Reaktion dies sein wird. Enzymstruktur bedeutet Ordnung, weil nur bestimmte chemische Vorgänge ermöglicht werden. Die Enzymstruktur wird zum Bannerträger des Lebendigen, weil sie dem letztendlichen Schicksal aller Materie entgegenwirkt: der maximalen Unordnung im chemischen Gleichgewichtszustand.

Das Wesen alles Lebendigen ist also Information beziehungsweise präziser Informationsaustausch. Konrad Lorenz bezeichnete Leben als ein »beständiges Fressen von Information«. Information steht am Ursprung des Lebendigen, materialisiert in der Struktur der chemischen und enzymatischen Katalysatoren. Dabei handelt es sich um einen anderen Informationsbegriff als den aus der Kommunikation und ihren Technologien geläufigen, dessen Informationsgehalt umso höher steigt, je unwahrscheinlicher eine Nachricht ist. Biochemiker erläutern ihren Informationsbegriff gerne am Beispiel des sogenannten »Maxwell'schen Dämons«:

Man stelle sich ein gasgefülltes Gefäß vor, dessen Gasmoleküle im Gleichgewicht sind. Das Gefäß sei durch eine Trennwand mit einer Tür zweigeteilt. An der Tür sitzt ein Mikrodämon, der jedesmal, wenn ein schnelles Gasmolekül auftaucht, die Tür kurz öffnet und das Molekül auf eine Seite des Gefäßes entweichen lässt. Da der Dämon schnelle von langsamen Gasmolekülen unterscheiden kann, also über Wissen verfügt, schafft er als Türsteher in kurzer Zeit Ordnung im Gefäß: Das schnelle Gas sammelt sich auf der einen, das langsame auf der anderen Seite des Gefäßes an. Der Dämon erzeugt mit seiner Information geordnete Struktur mit minimalem Aufwand. Der Informationswert 1 wird umso höher sein, je niedriger der Energieaufwand für eine chemische Reaktion gegenüber ihrem Energiebedarf ohne Information ausfallen wird.

Ein eindrucksvolles Beispiel für einen energiesparenden, auf Enzymen beruhenden Lebensvorgang liefert die Photosynthese, die in grünen Pflanzenzellen dank des angesammelten enzymatischen »Wissens« energiearm abläuft, während ihre technische Verwirklichung bis heute unwirtschaftlich hohe Energiemengen verschlingen würde. Anschaulich wird die Energieersparnis durch Wissen auch bei Raubtieren. Während ein Löwe für den Nahrungserwerb erhebliche Muskelenergie und bei gemeinsamer Jagd auf Beute sogar Energie von Partnern aufwenden muss, benötigt eine Kobra, die ihr tödliches Gift auf das Auge ihrer Beute spritzt, wenig Energie, weil das biologische System »Kobra« die fatale Wirkung seines enzymatisch in der Giftdrüse kostenarm produzierten Neurotoxins »kennt« und »weiß«, dass über die Augenflüssigkeit das Gift rasch in den Kreislauf der Beute gelangt.

Damit ist ein Grundphänomen alles Lebendigen angesprochen. In dem von der Sonnenenergie gespeisten ständigen Kreislauf von Materie zwischen fester, flüssiger und gasförmiger Phase klinken sich lebende Systeme wie Parasiten ein, indem sie den gewaltigen Energiekreislauf anzapfen, um mit dieser externen Energie die eigene, hochgeordnete Struktur und damit die in den Strukturen niedergelegten und vielfach vernetzten und kooperativen enzymatischen Informationen aufzubauen und aktiv durch ständigen Energieumsatz vor dem Zerfall zu bewahren, also buchstäblich »am Leben« zu erhalten. So entstehen Milliarden und Abermilliarden unterschiedlichster Systeme, die zumindest für die Zeitspanne eines individuellen Lebens der unausweichlichen Entropie (maximale Unordnung im chemischen Gleichgewicht) ein Schnippchen schlagen.

Information, die Essenz alles Lebendigen, ist zwar immateriell, aber stets an Materie gebunden. Die katalytische Information manifestiert sich in der Struktur der Katalysatoren und braucht Moleküle, an denen sie arbeiten kann. Welches waren diese ersten Substanzen, aus denen sich lebendige Systeme mit den eingangs erwähnten drei Eigenschaften (Informationsspeicherung, Replikation, Stoffwechsel) aufbauten, und wo kamen sie her?

Um eine lebende Zelle zu ermöglichen, müssen als Ausgangsstoffe wenigstens Kohlenhydrate, Aminosäuren, Nukleotide (Moleküle aus dem Zucker Ribose, einer stickstoffhaltigen Base und Phosphat) und Lipide vorhanden sein (Abb.1). Wie die Experimente von Miller und Urey schon in den 1950er Jahren nachwiesen, können zu Beginn des Lebens vor etwa vier Milliarden Jahren mit externer hoher Energie, zum Beispiel durch eine Blitzentladung, aus den reichlich vorhandenen Urgasen Methan, Wasserdampf, Ammoniak und Wasserstoff auf der wasserreichen, sich verfestigenden Erdkruste organische Substanzen wie Aminosäuren und die für die Bildung des genetischen Codes notwendigen Ribosezucker (Kohlenhydrat) und stickstoffhaltigen Nukleotide entstanden sein. Der Übergang von der Chemie zu biologischen Substanzen ist also prinzipiell möglich. Da aber nach Meinung der Biochemiker die präbiotische Entstehung von Nukleotiden zu aufwendig erscheint und generell die Ausbeute bei solchen energiefordernden Synthesen gering gewesen sein musste, die Syntheseprodukte sich außerdem rasch verteilten und wieder zerfielen, hat in letzter Zeit die Vorstellung an Boden gewonnen, solche Lebenssubstanzen könnten mit Meteoriten aus dem Weltall auf die Erde gekommen sein. Vor 4,5 Milliarden Jahren, als die Erde entstand, waren die Meteoriteneinschläge weit häufiger als heute. Etwa 86 Prozent der Meteoriten bestehen aus kosmischem Sedimentgestein, das drei Prozent organische Moleküle enthält. Die meisten Meteoriten fielen aufs Meer und sanken in die Tiefsee ab, an deren Heißwasserkaminen durch hydrothermale Chemie Leben entstanden sein könnte. Für diese Hypothese spricht, dass zu den einfachsten Organismen unserer Zeit die sogenannten *Archaea* gehören, thermophile Tiefseebakterien, die an diesen Kaminen leben, sich bei Temperaturen von ca. 100 bis 140 Grad Celsius am schnellsten vermehren und sich seit den Anfängen des Lebens über die Jahrmilliarden bis heute gehalten haben.

## 2. Die Entstehung der Enzyme

Für die Entstehung der Organismen ist die Frage, wie die Ausgangssubstanzen auf die Erde kamen, weniger bedeutend als die Evolution des energiesparenden Stoffumsatzes durch die strukturellen Informationen der Katalysatoren. Wie kann man sich den Übergang von einer anorganischen Katalyse an toten Substanzen zu Enzymen vorstellen? Enzyme sind katalytisch wirksame Peptide, Proteine und Nukleinsäuren, die bei der präbiotischen Entstehung des Lebens selbst erst durch Katalyse entstanden sein müssen.

Als erste nicht-biologische Katalysatoren wirkten vermutlich anorganische Oberflächen, zum Beispiel geschichtete Tonmineralien, deren Flächen elektrisch geladen sind und im Wasser aufquellen können. In Tiefseeböden findet sich beispielsweise das Ton-Aluminiumsilikat *Montmorillonit*, das im Experiment Aminosäuren und Nukleotide an sich lagern und zu

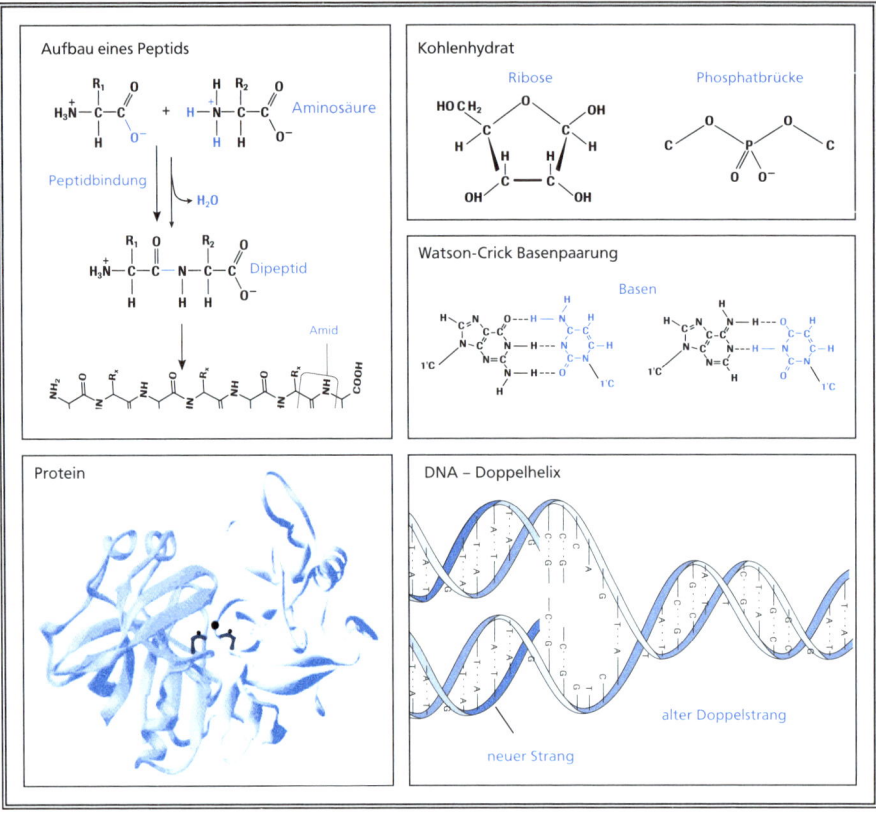

Abb. 1    Bausteine des Lebens

kurzen Peptiden oder kurzen Ribonukleinsäuren (Abb.1) verketten kann. Diese mineralische Katalyse lieferte wahrscheinlich viele verschiedenartige kurze Ketten, allerdings nur mit einer geringen Ausbeute.

## A. Autokatalyse

Unter diesen kurzkettigen Erzeugnissen gab es zufällig auch solche, so die Hypothese, die *sich selbst katalysieren* konnten. Die zunächst durch mineralische Katalyse entstandenen kurzen Ketten lagerten entsprechende Aminosäuren bzw. Nukleotide an sich selbst an und bildeten so komplementäre Doppelstränge, die sich voneinander lösten und erneut einen komplementären Strang aufbauten usf. So konnten sich diese biologischen Ursubstanzen autokatalytisch selbst replizieren und ihresgleichen in höheren, reaktionsfreundlicheren Konzentrationen entstehen lassen, vorausgesetzt, es lag genügend Ausgangsmaterial vor und die entstehenden Peptide und kurzen Ribonukleinsäurestücke wurden nicht sofort weggeschwemmt.

Damit ist die zweite Voraussetzung für das Leben, die Fähigkeit zur Replikation erfüllt. Wie eine Matrize geben diese Moleküle ihre Struktur an ihre Tochtermoleküle weiter. Autokatalysen oder Matrizenkopien sind nichts anderes als positive Rückkopplungsschleifen, mit denen neues biologisches Material entstehen und sich selbst vermehren konnte. Mit der Präsenz solcher Moleküle kann prinzipiell die Evolution des Lebens losgetreten worden sein, wenn bestimmte äußere Bedingungen ebenfalls erfüllt waren. Zu diesen äußeren Bedingungen gehören Wasser als Lösungsmittel, ein moderater Temperaturbereich und der Zugang zu Energie für die Synthese immer längerer Protein- und Nukleinsäureketten. Sie bilden den Nährboden, aus dem das komplexe Leben mit seinen vielfältig interagierenden und kooperierenden Informationssystemen erwächst.

Der Übergang von der mineralischen zur ergiebigeren biologischen Katalyse ließe sich folgendermaßen vorstellen: Bei der ursprünglichen katalytischen Synthese von Peptiden und kurzen Ribonukleinsäuresträngen entstand eine Vielfalt unterschiedlicher Moleküle, darunter auch solche, die ihrerseits katalytische Wirkung entfalteten und als Enzyme bzw. Ribozyme (enzymatisch aktive Ribonukleinsäuren) Peptide und kurze Ribonukleinsäurestücke zu längeren Ketten verknüpfen konnten. Je länger solche Ketten wurden, desto effizienter und genauer war die enzymatische, also katalytische Wirkung dieser größeren Moleküle. Aus der unergiebigen Katalyse durch Tonmineralien wurde in einem ersten Schritt ins Leben die weit ertragreichere enzymatische Verkettung mit der Fähigkeit zur Replikation, die auf Matrizen basierte. Der Übergang von der mineralischen zur biologischen Katalyse, wie immer sie im Einzelnen ablief, bezeichnet den Beginn alles Lebendigen. Ohne die ursprünglich autokatalytische und bald enzymatisch gesteuerte Fähigkeit zur Selbstreplikation gäbe es den seit vier Milliarden Jahren anhaltenden Fortbestand alles Lebendigen nicht.

Es gibt eine interessante Theorie von Stuart Kauffman (2007), der annimmt, dass es schon sehr früh sogenannte »molekulare autonome Agenten« gab. Das sind kleine Molekülensembles, die sich selbst reproduzieren konnten. Inzwischen ist experimentell gezeigt worden, dass sich nicht nur Nukleinsäureketten, sondern auch kleine Peptide, also kurze Aminosäureketten, selbst reproduzieren können. Es handelt sich um gemeinschaftlich autokatalytische Molekülensembles, bei denen eine Kette A die Bildung von B-Ketten aus deren Bruchstücken katalysiert, während ihrerseits die Kette B die Bildung einer Kette A aus deren Bruchstücken katalysiert. Dabei wird Arbeit geleistet, also Energie umgesetzt. Gegenseitige Autokatalyse ermöglicht Replikation auch ohne Kopien von Matrizen, wie bei den Nukleinsäuren. Auf einem höheren Niveau ist eine Zelle ebenfalls ein autonomer Agent, weil sie bei der Zellteilung unter erheblichem Energieumsatz sich selbst teilt und zwei identische Tochterzellen hervorbringt.

### B. Proteine und Nukleinsäuren

Proteine sind nichts anderes als aneinandergekettete Aminosäuren. Mit nur 20 verschiedenen Aminosäuren, in beliebiger Reihenfolge und in prinzipiell unbegrenzter Länge zu Ketten verknüpft, ergibt sich eine unerschöpfliche Vielfalt von Bausteinen für die unterschiedlichsten Bedürfnisse. Sie liefern die Grundlage für die Komplexität und die Vielfalt des Lebens. In jeder Zelle gibt es Tausende verschiedenartiger Proteine, von denen die meisten als kooperierende Enzyme wirken und die Lebensprozesse katalysieren, und andere, die den geordneten Strukturraum aufbauen, in dem sich das Leben in der Zelle vollzieht.

Die andere unabdingbare Komponente des Lebens sind die Nukleinsäuren (Abb.1). Deren Grundgerüst ist ein Zucker, die Ribose oder Desoxyribose, der aus fünf Kohlenstoffatomen besteht. Dagegen sind die Zucker, die wir im Supermarkt kaufen, aus sechs Kohlenstoffatomen aufgebaut. Durch die Verknüpfung der Ribose bzw. der Desoxyribose mit einer von vier Basen und Phosphat entstehen vier verschiedene Nukleotide, die nun ihrerseits in beliebiger Reihenfolge zu unterschiedlich langen Ketten, den Nukleinsäuren polymerisiert werden können. (Als Polymere werden kettenartige und verzweigte Moleküle bezeichnet, die aus gleichen oder gleichartigen Einheiten bestehen.) Die Abfolge der Nukleotide auf den Ribonukleinsäuren liefert die Information, welche Aminosäuren in welcher Reihenfolge zu einem Protein zusammengekettet werden sollen. Die Ribonukleinsäuren enthalten also den Code für den Aufbau der Proteine. Ob und wann die Information zum Aufbau eines Proteins abgefragt wird, steuern wiederum Enzyme.

Während die Proteine Agitatoren des Lebens sind, sorgen die Nukleinsäuren als Informationsspeicher für den Fortbestand des Lebens. Sowohl die Vielfalt der Lebensfunktionen und Organismenformen als auch ihr Weiterleben über endlose Generationsfolgen gründet also auf der enzymatischen Verkettung (Polymerisierung) weniger Grundelemente zu vielfältigen Makromolekülen.

Damit die in den Makromolekülen enthaltene Information von Generation zu Generation weitergegeben werden kann, bedarf es der schon erwähnten Matrizenkopien. 1953 haben James Watson und Francis Crick gezeigt, dass die Nukleinsäuren als Doppelhelix vorliegen (Abb.1). Die Basen der vier verschiedenen Nukleotide, die zu Nukleinsäuren verkettet sind, entwickeln paarweise eine starke Bindung, die Base Adenin mit Thymin und Guanin mit Cytosin. Deshalb bestehen die Nukleinsäuren wie ein Negativ und ein Positiv aus zwei komplementären Strängen, die sich bei der Replikation voneinander lösen. Jeder Einzelstrang bindet seinerseits wieder die passenden Nukleotide, also Adenin mit Thymin und Guanin mit Cytosin, zu einem komplementären Strang an sich. Die Struktur der Doppelhelix beruht somit auf der starken Bindung der beiden Basenpaare.

Ribonukleinsäuren sind deshalb die geeigneten Moleküle für die genetische Informationsspeicherung und deren Replikation, weil sie nicht nur zu langen Ketten polymerisieren, sondern auch weil die komplementären Basenpaarungen ihrer Nukleotide besonders stabil sind. Chemiker haben im Reagenzglas eine Reihe unterschiedlicher Zucker als Gerüstmoleküle für die Ketten ausprobiert und dabei festgestellt, dass die Ribosen, die nur aus fünf C-Atomen bestehen, am besten zur Paarbildung taugen. Allerdings fanden sie auch Zucker (Ribofuranosen), die noch stärkere Paarbildungen entwickelten als die tatsächlich von Zellen verwendeten. Bei einer Zellteilung muss eine Paarbindung aber auch wieder gelöst werden können. Deshalb geht es nicht um maximale, sondern um optimale Bindung. Wie meist im Leben ist auch bei der Genstruktur die brauchbarste Lösung der Kompromiss.

Obwohl die Bausteine für Ribonukleinsäuren in präbiotischer Zeit vorhanden waren, fehlt den Wissenschaftlern der Nachweis, dass sie sich auch ohne Enzyme zusammenbauen konnten. Vielleicht favorisieren wegen dieser Schwierigkeit so viele Chemiker die Vorstellung vom extraterrestrischen Import solcher Moleküle durch Meteoriten.


## 3. Die Entstehung des genetischen Codes

Von besonderem Interesse sind die ersten, kurzen Ribonukleinsäuren (RNA, ribonucleic acid), weil sie zum Ausgangspunkt des genetischen Codes wurden. Als Gen bezeichnet man den Abschnitt einer Nukleinsäure, der die Information für die gesamte Aminosäuresequenz eines Proteins enthält. Nukleotide, die Kettenglieder der RNA, haben eine Affinität zu Aminosäuren, wobei jeweils drei benachbarte Nukleotide (Triplet) in RNA-Ketten für eine Aminosäure stehen. Die Reihenfolge der drei Nukleotide entscheidet, welche Aminosäure angelagert wird, und die Sequenz der Triplets entlang des RNA-Strangs legt fest, welche Aminosäuren aufeinander folgen und anschließend zu einem Protein verknüpft werden. Die Reihenfolge der Aminosäuren begründet ihrerseits die Identität eines Proteins und seine spezifische dreidimensionale Struktur. Mit anderen Worten: Die Nukleotidsequenzen der RNA-Stränge enthalten die Information für ein spezifisches Protein. Durch die Affinität der Aminosäuren zu den Nukleotidbasen entstand der genetische Code. Auch in diesem Fall liegt die lebenspendende und -erhaltende Information in der chemischen Struktur des Moleküls, beim genetischen Code in der Reihenfolge von Nukleotiden und deren Übersetzung in Aminosäuresequenzen von Proteinen.

Der ursprüngliche genetische Code war also nicht, wie heute, auf der Desoxyribonukleinsäure (DNA), sondern auf der Ribonukleinsäure (RNA) abgelegt. Die meisten Biochemiker gehen davon aus, dass die früheste Evolution von selbst-replizierenden, noch relativ kurzen Ribonukleinsäuren beherrscht war. Unter diesen ersten RNA-Molekülen müssen auch enzymatisch aktive gewesen sein, die schon erwähnten Ribozyme, die kurze zu längeren RNA-Strängen polymerisierten. Es wird vermutet, dass generell Ribozyme und nicht Peptid- oder Proteinenzyme zunächst die wichtigeren und häufigeren Enzyme auch für andere chemische Reaktionen waren.

Jüngst ist es Biochemikern gelungen, in einer Art Evolution im Reagenzglas aus einem Gemisch von Ribonukleinsäuren zufallsverteilter Sequenzen eine enzymatisch wirksame herauszufischen, die mit einer Umsatzrate von 360 pro Minute kleinere Nukleotidstücke zu längeren Strängen zusammenknüpfen kann. Solche »Ligasen« können zwar noch nicht vollständige RNA-Stränge duplizieren, aber sie führen genau jene chemischen Reaktionen aus, die eine solche künftige »Replikase« benötigt. Mit solchen einfachen Enzymen könnte der Weg ins Leben begonnen und in eine RNA-Welt geführt haben, die vor ca. 3,5 Milliarden Jahren durch die DNA-Welt verdrängt wurde und verschwand.

Das Leben stammt also vermutlich aus einer RNA-Welt, der DNA-Code entstand erst später. Obwohl in rezenten Zellen die DNA-Fäden die genetische Information für die Proteinsynthesen liefern, sind sie bis heute nicht in der Lage, ohne die Vermittlung eines RNA-Codes die entsprechenden Proteine herzustellen. Sie erzeugen die notwendigen RNA-Stränge als Matrizenkopie entlang ihrer Nukleotidsequenzen selbst.

Proteine wären prinzipiell ebenso geeignet, Information zu speichern, wie Ribonukleinsäuren. Aber Proteine sind mit ihrer komplexen dreidimensionalen Struktur zu instabil und anfällig für Milieuänderungen. Die Nukleinsäuren liefern dagegen mit ihren Basenpaar-Verknüpfungen einen einfachen, robusten Doppelstrang (Abb.1). Dabei erweist sich der DNA-Strang als der stabilere. Die Fehlerrate beim Aufbau der Nukleinsäurestränge bleibt bei der DNA 1 unter 1010 aneinandergeketteten Nukleotiden, während sie bei der RNA schon 1:105 beträgt.

Unklar bleibt, wie und wann die DNA auftauchte. Eine aufregende Hypothese zur Entstehung des DNA-Codes wurde vor kurzem von dem französischen Virologen Patrick Forterre aufgestellt. Er nimmt an, dass die DNA erst zum Träger des genetischen Codes wurde, als sich das Leben schon hinter einer Zellwand abspielte. In dieser frühen Phase der RNA-Welt soll es schon Viren gegeben haben. Das sind eigentlich keine Lebewesen im strengen Sinne, weil sie sich nicht selbst replizieren können und keinen eigenen Energiestoffwechsel besitzen. Sie penetrieren lebende Zellen und borgen sich diese beiden Fähigkeiten von ihren Wirtszellen. Viren bestehen im Wesentlichen aus Nukleinsäuren, in der frühen RNA-Welt also aus RNA-Strängen, die von einer Membran umschlossen sind. Sie manipulierten ihre RNA-Wirtszellen so, dass diese in großen Mengen die Viren-RNA kopierten. Aber die Wirtszellen wehrten sich dagegen, indem sie durch besondere Enzyme diese RNA-Ketten zerstörten. Forterre glaubt, dass RNA-Viren zum Schutz ihres RNA-Codes vor Abbauenzymen der Wirtszelle ihre einsträngige RNA mit stabilerer, doppelsträngiger DNA verschwisterten und somit ihren RNA-Code zum stabileren DNA-Code modifizierten. Im Laufe der Zeit sollen immer wieder Gene auch der Wirtszelle aus dem RNA- in den DNA-Strang eingebaut worden sein, so dass der DNA-Code dank besserer Stabilität wuchs und der RNA-Code allmählich verschwand. Solche DNA-Viren sollen in der Wirtszelle domestiziert worden sein, indem das Virus diejenigen Gene verlor, die für seine eigene Proteinhülle und das Verlassen der Wirtszelle gebraucht werden. Diese abenteuerliche Geschichte über die Entstehung der DNA-Welt durch die Zähmung ursprünglich parasitärer Viren gewinnt durch eine schon lange entdeckte und eindeutig belegte Domestizierungsaffäre an Glaubwürdigkeit: Zwei essentielle Organellen heutiger Zellen, die Mitochondrien als Energiefabriken aller Zellen und die Chloroplasten für die Photosynthese bei grünen Pflanzen, sind nichts anderes als parasitär eingewanderte und dann im Laufe der Evolution zum Zellpartner gewandelte Bakterien.

Natürlich gibt es auch andere Vorstellungen von der Entstehung des DNA-Codes. So soll beispielsweise das Auftreten eines besonderen Enzyms den DNA-Strang zu einem Ring verknüpft haben, wodurch er zu einem besonders stabilen, informationsspeichernden Molekül wurde. Tatsächlich haben ursprüngliche Bakterienformen, die *Archaea*, genau solche ringförmigen Genstränge.

Die DNA-Gene bleiben bis auf den heutigen Tag in vielfältiger Weise auf die Mitarbeit der RNA angewiesen. RNA vermittelt nicht nur die Geninformation an die Ribosomen für die Proteinsynthese, sondern beeinflusst in hochgradig verknüpften Netzwerken, wie Gene aktiviert oder exprimiert werden. Durch ihre Einwirkung kann die Expression ein und desselben Gens sogar zu unterschiedlichen Ergebnissen führen.

## 4. Die Proteinwelt

Nukleinsäuren speichern und transportieren Informationen, mit denen das gesamte enzymatische und strukturelle Proteinrepertoire lebender Zellen aufgebaut wird. Schon sehr früh in der Geschichte des Lebens wandelte sich die RNA-Welt in eine Proteinwelt. Biochemiker sprechen sogar von einem Proteinkosmos, in dem die Proteinwelt des Lebens nur einen winzigen Ausschnitt darstellt. Bei 20 verschiedenen Aminosäuren und einer mittleren Sequenzlänge der Proteine von 200 Aminosäuren ergibt sich die unermessliche Zahl von $20^{200}$ potentiellen Proteinen. Diese Zahl ist größer als die aller Elektronen des Universums. Die heute existierende Proteinwelt schöpft kaum etwas von diesen riesigen Möglichkeiten aus. Wenn man annimmt, dass heute etwa zehn Millionen Organismen, sprich Genome (als Genom wird die Gesamtheit aller Gene eines Organismus bezeichnet) existieren und das Genom im Schnitt aus 5000 Protein-codierenden Genen besteht, so ergeben sich für die heutige Proteinwelt 50 Milliarden unterschiedliche Proteinsequenzen.

Diese für uns immer noch beeindruckende Proteinvielfalt lässt sich aufgrund von Faltungs- und Sequenzverwandtschaften, von gleichen oder ähnlichen funktionell bedeutsamen Sequenzabschnitten, die man als Domänen bezeichnet, zu Protein-Klassen, Familien und Superfamilien ordnen. Warum aus dem unerschöpflichen Proteinkosmos gerade diese Klassen und keine anderen realisiert wurden, bleibt bislang ein Rätsel.

In der Evolution unserer Proteinwelt schlummert ein Problem: Was war zuerst da, die Proteinstruktur oder die Funktion? Entstanden zufällig Proteine, wovon das eine oder andere durch reinen Zufall eine adaptive Funktion erfüllte, oder existierte in der Zelle der Bedarf an einer Funktion, die sich das entsprechende Protein suchte? Beide Kausalketten sind äußerst unwahrscheinlich. Eigentlich sollten Struktur und Funktion synchron miteinander hervorgebracht werden. Eine Lösung dieses Problems lieferte erst die moderne Proteinchemie, die von einer »neuen Sicht« der Proteinfunktion spricht. Diese neue Sicht besagt unter anderem, dass von Genen exprimiertes Protein nicht nur in einer, sondern je nach Umgebungsbedingungen in mehreren dreidimensionalen Gestalten vorliegen kann. So kann zum Beispiel bei der Fruchtfliege eine Domäne des Proteins »drk« bis zu 60 verschiedene Strukturen annehmen und damit unterschiedliche Funktionen erfüllen. Diese strukturelle Diversität ein und desselben Proteins kann eine Quelle plastischer Anpassung sein. Besonders interessant sind die vielen Proteine, die in einer relativ unstrukturierten Form exprimiert werden und sich erst durch die Anwesenheit eines Stoffwechselpartners in die dem Partner angepasste spezifische Struktur falten. Die spezifische Funktionsstruktur entsteht also erst in der Interaktion mit dem potentiellen Funktionspartner. Faltstruktur und Funktion bilden sich, wie gefordert, aneinander heraus, sie entstehen gemeinsam. Diese vom Funktionspartner induzierte spezifische Faltstruktur kann über die Generationen hinweg genetisch fixiert werden. Es ist also nicht die zufällige Veränderung eines Gens, sondern die Interaktion zwischen dem Protein und seiner Umgebung, welche die adaptive Evolution solcher Proteine vorantreibt. Durch ihre Veränderbarkeit (Mutabilität) liefern Gene allenfalls das Ausgangsmaterial für neue Proteindiversitäten. Das eigentliche molekulare Evolutionsgeschehen spielt sich in der Begegnung von Proteinen und ihrer zellulären Umgebung ab, die Gene sind die Buchhalter dieser Evolutionsdynamik. In den Begriffen der Informationstheorie heißt dies, dass durch diese Interaktion der Informationsgehalt der Proteinstruktur enorm anwächst.

Die neue Sicht der Proteinfunktion bezieht sich auch auf die prinzipiellen Netzwerkstrukturen, in denen die meisten Proteine mit ihren funktionsbestimmenden Domänen in der Zelle aktiv sind (siehe Seite 78). Je komplexer diese Netzwerke werden, desto leichter können neue Funktionen an deren Knotenpunkten angegliedert werden. Diese zellulären Multidomänennetzwerke können ihrerseits umso mehr neue Funktionen andocken, je komplexer sie sind, und diese Innovationskraft ist am größten in Organismen mit komplexen Bauplänen. Eine relativ kleine Anzahl von Netzwerkdomänen kann solche zuwachsfreudigen Knotenpunkte bilden, die das ganze Funktionssystem zusammenhalten. Schon auf der Ebene der Proteine gestalten also kooperative Netzwerke und nicht einzelne Proteinspezies das zelluläre Geschehen und sein evolutives Potential.


## 5. Selbstorganisation

Selbstorganisation von Materie klingt nach irrationalem Wunder. Dabei handelt es sich um eine gut zu analysierende chemische Eigenschaft von anorganischen und organischen Substanzen. Die komplexen und schwer vorhersagbaren jahreszeitlichen und in erdgeschichtlichen Zeiträumen sich abspielenden Materiekreisläufe zwischen fester, flüssiger und gasförmiger Phase – wie Wasser, Kohlensäure, Methan und andere – zeugen ebenso von selbstorganisatorischen Eigenschaften wie viele kosmologische Vorgänge. Im Reich des Lebendigen sind es vor allem die langkettigen Moleküle wie Proteine, Nukleinsäuren und Lipoproteine, die sich selbst zu Zellstrukturen, vor allem aber zu komplexen, dynamischen Enzymnetzwerken organisieren. Dabei entstehen neue, oft überraschende Fähigkeiten des Netzwerks, die sich aus der linearen Addition der Eigenschaften seiner Bestandteile allein nicht erklären lassen. Selbstorganisation erzeugt nichtlineare Komplexe, die sich zu immer größeren und in ihrer Wirkung immer unüberschaubareren, dynamisch funktionierenden Systemen vernetzen können. Viele Stoffwechselzyklen der Zelle, aber auch viele Netzwerke des Gehirns belegen die Fähigkeit zur Selbstorganisation. Im Zusammenwirken mit der natürlichen Auslese hat sie im Laufe der Evolution immer komplexere Lebenssysteme erzeugt, bis hin zum komplexesten System, das es einschließlich aller technischen Leistungen je auf der Erde gegeben hat, dem menschlichen Gehirn.

Selbstorganisation wird als ein System definiert, das *neuartige* Eigenschaften besitzt, die ausschließlich auf die zahlreichen Interaktionen seiner Bestandteile zurückzuführen sind. Diese Eigenschaften des Gesamtsystems sind mehr als nur die lineare Addition der Eigenschaften seiner Komponenten. Dabei wirken die einzelnen Bestandteile nur nach ihnen selbst innewohnenden Eigenschaften und Regeln zusammen. Es bedarf keinerlei zusätzlicher Informationen von außen, seien es genetische oder sensorische, um diese neuen Systemeigenschaften entstehen zu lassen. Sie sind vielmehr das Ergebnis des Zusammenwirkens seiner einzelnen Komponenten.

Im Grunde sind schon die Proteine selbst ein Beispiel für Selbstorganisation auf molekularer Ebene. Proteine entstehen in der Zelle als unterschiedlich lange Ketten von Aminosäuren, deren Reihenfolge durch den genetischen Code spezifiziert wird. Sobald diese Kette in das wässrige Zellmilieu der Zelle entlassen wird, faltet sie sich selbsttätig ohne jede weitere Information von Genen oder anderen Strukturen in ihre komplizierte dreidimensionale Gestalt, von der ihre Funktion abhängt. Proteinfaltung ist daher ein Akt der Selbstorganisation. Lipoproteine, aus denen zelluläre Membranen bestehen, legen sich ebenfalls »spontan« zu Membranen zusammen, die sich häufig zu Bläschen schließen. Membran- und Bläschenbildung beruhen ausschließlich auf den Moleküleigenschaften, und es bedarf wiederum keinerlei zusätzlicher Informationen.

Der Vorgang der Selbstorganisation verbraucht Energie. In Bezug auf den weiteren Energiebedarf komplexer Systeme gibt es zwei grundsätzlich verschiedene Strukturen: solche, die in ihrer selbstorganisierten Struktur ein Energieminimum erreicht haben und deshalb in diesem Zustand ohne weitere Energiezufuhr verharren können, und solche Systeme, die dynamisch ständig Energie umsetzen müssen, um die Interaktionen ihrer Bestandteile und damit ihre funktionelle Netzstruktur aufrechterhalten zu können. Zu der ersteren strukturellen Sorte von Selbstorganisation gehören zum Beispiel Zellmembranen und die vielen röhren- und fadenförmigen Zellorganellen ebenso wie die Spindeln, ohne die bei der Zellteilung eine präzise Aufteilung der Chromosomen auf Tochterzellen nicht möglich wäre. Gene wären ohne selbstorganisierte Strukturen der Zelle hilflos. Die anderen, dynamischen und ständigen Energieumsatz verlangenden Netzwerke bestimmen maßgeblich das Leben und wiederholen sich auf allen Organisationsebenen von der Zelle über den Organismus und Tiersozietäten bis hin zu komplizierten Ökosystemen. Mikrotubuli zum Stofftransport in Zellen verdanken ihre Existenz der Selbstorganisation genauso wie der arbeitsteilige Staat von Bienen, Ameisen und Termiten oder die Ökosysteme in unseren Seen und Flüssen.

Die Autokatalyse von Ribonukleinsäure und kleinen Aminosäureketten, mit der das Leben begonnen haben könnte, stellt einen speziellen Fall von Selbstorganisation dar. Dieser Eigenschaft von Materie, insbesondere von organischen Polymeren, verdanken wir komplexe, lebendige Strukturen und Funktionsensembles, an denen sich die natürliche Auslese abarbeiten konnte. Durch Selbstorganisation entstehen aus einfachen Bestandteilen komplexe Systeme. Man kann die selbstorganisierten Strukturen mit Rohdiamanten vergleichen, die durch die natürliche Auslese für das Leben in einer aktuellen, spezifischen Umgebung zurechtgeschliffen werden. Selbstorganisierte Ordnung erzeugt spontan Gestalt von innen heraus, während die natürliche Selektion in eher langen Zeiträumen additiv und in kleinen Schritten Gestalt von außen durch den Informationsaustausch mit der Außenwelt erzeugt.

Charles Darwin hat von Selbstorganisation nichts gewusst. Aber auch die Evolutionsforscher des 20. Jahrhunderts von Ernst Mayr und William D. Hamilton bis Stephen Jay Gould, John Maynard Smith und Richard Dawkins haben diese grundlegende Kraft der Evolution in ihren Analysen und theoretischen Ansätzen kaum beachtet. Leben ist grundsätzlich komplex, und diese Komplexität gäbe es nicht ohne Selbstorganisation. Von den ersten molekularen Anfängen bis zum menschlichen Gehirn und Ökosystemen durchzieht die gesamte Evolution ein durchgehender Trend zu höherer Komplexität, der von keinem Evolutionsbiologen bestritten wird. Mit Hilfe der Selbstorganisation entstanden immer komplexere Systeme, Mikronetzwerke, die sich gegenseitig ergänzten und in Netzwerken höherer Ordnung wieder miteinander kooperierten. Diese wachsende Komplexität, wie sie in den mehrzelligen Tieren von den einfachsten Würmern über die riesige Artenvielfalt der Gliederfüßer (Arthropoden) bis zu den ausdifferenzierten Gestalten der Wirbeltiere zum Ausdruck kommt, geht zwar mit einer zunehmenden Störanfälligkeit einher, wenn zum Beispiel funktionswichtige Knotenpunkte eines solchen Gesamtnetzwerkes fehlerhaft werden. Deshalb sterben Rieseninsekten und Dinosaurier oder Säugetiere eher aus als Bakterien, die sich unverwüstlich durch die Jahrmilliarden halten, seit es zelluläres Leben gibt. Wachsende Komplexität zahlt sich aber dennoch aus, weil sie eine zunehmend differenzierte und detailgetreuere Wahrnehmung der Außenwelt durch Sinnesorgane und Nervensysteme erzeugt und durch entsprechende motorische Organe, durch Flossen, Beine und Flügel, eine unerschöpfliche Vielzahl rascher Verhaltensreaktionen zulässt, die den komplexeren Organismen eine wachsende Flexibilität in ihren Überlebensmöglichkeiten bietet. Komplexere Lebewesen nehmen nicht nur die Welt differenzierter wahr, sondern bereichern ihrerseits durch ihre faszinierenden Fähigkeiten, Gestalten und Lebensweisen die Welt, machen sie interessanter. Ginge es in der Evolution nur um den ewigen Fortbestand der Gene, wären Bakterien die erfolgreichsten Lebewesen. In jedem Menschen leben mehr Kolibakterien, als selbst heute auf der übervölkerten Erde Menschen zu finden sind. Dennoch werden wir ein einzelnes hochkomplexes Lebewesen wie beispielsweise Johann Sebastian Bach ungleich faszinierender finden als alle biologischen Erfolge der Bakterienmassen.

Einzelne Arten, Gattungen oder gar ganze Tierklassen mögen aussterben, weil sie sich in adaptiver natürlicher Auslese zu sehr an bestimmte, sich gleichwohl ständig ändernde Lebensbedingungen und Nahrungsressourcen irreversibel angepasst haben. Aber der Komplexitäts- und der damit einhergehende Freiheitsgrad an Lebensmöglichkeiten einer einmal erreichten Lebensform bleibt erhalten — zum Beispiel im Bauplan eines Wirbeltieres — und lebt in neu entstehenden Arten weiter mit der Chance, sich zu neuen, höheren und damit freieren Komplexitätsgraden zu entwickeln. Das komplexere System hat mehr Möglichkeiten der Adaptation und Ressourcenausschöpfung und ist in der Konkurrenz zwischen den Organismen deshalb das überlegene. Was die Mutabilität der Gene für die Variabilität und Vielfalt des Lebens bedeutet, bedeutet die Selbstorganisation für die Komplexität der Lebensformen.

Den mit der Komplexität wachsenden Möglichkeiten zur flexiblen Anpassung an unterschiedliche Lebensräume verdankt die Evolution ihren unaufhaltsamen Aufstieg zu immer komplexeren Organismen. Dieser Trend endet in einem Organismus, der die Zusammenhänge und Gesetzmäßigkeiten der belebten und unbelebten Welt so durchschaut, dass er sich unter Anwendung dieser Erkenntnisse eine Welt zurechtzimmern kann, die seinen eigenen Bedürfnissen immer besser entspricht. Aus einem passiv reagierenden Organismus ist ein aktiver Mitgestalter der Evolution geworden. Der Mensch ist bislang das einzige Lebewesen, das dank der unermesslichen und leistungsfähigen Komplexität seines Gehirns diese weitgehende Unabhängigkeit und Gestaltungskraft erreicht hat.

Am Ursprung der Evolution stand nicht der Zufall, sondern die Fähigkeit zur Selbstorganisation. Die Evolution strebt zwar kein konkretes Ziel an, aber sie hat von Erdperiode zu Erdperiode immer komplexere Organismen geschaffen. Der absichtslose Zufall, wie er sich in der Veränderbarkeit der Gene ausdrückt, ist ein hervorragendes Mittel, um Vielfalt zu erzeugen, aber die Wurzel evolutionärer Gestaltungskraft ist die Selbstorganisation organischer Moleküle. Sie eröffnet neue Ebenen der Komplexität vom Molekül zum Molekülverbund, zur Zelle, zum Gewebe, zum Organismus, zur Population und zu den Ökosystemen. Das Leitmotiv des Lebens heißt Selbstorganisation, und deshalb taumelt das Leben nicht wie ein Windspiel des Zufalls über den Erdball und durch die Erdgeschichte, sondern folgt von den ersten enzymatischen Reaktionen bis zum Flug zu den Planeten unbeirrt einer Tendenz: wachsende Komplexität. Der blinde Zufall und seine Bewährung in der Wechselwirkung mit der Umwelt sorgen dafür, dass auf dem Weg zu höheren Komplexitäten möglichst viele Spielräume für deren Entfaltung ausgeschöpft werden. Komplexität mag durch kosmische, biologische oder Umweltkatastrophen Rückschläge erleiden. Dennoch wird sie sich von jedem noch verbliebenen Niveau aus erneut auf den Weg machen und wieder bei einem Organismus enden, der die Lebenswelt nach seinen Vorstellungen gestaltet. Dieser Trend verdankt sich keiner göttlichen Eingebung oder irrationalen Lebenskraft, sondern der Fähigkeit der Materie, insbesondere der Proteine, zur Selbstorganisation.

Um Missverständnissen vorzubeugen, sei betont, dass die zentrale Rolle der Selbstorganisation für den Ursprung des Lebens und für die kontinuierliche Zunahme der differenzierten funktionellen und gestalterischen Vielseitigkeit und Komplexität der Organismen der Bedeutung der absichtslosen, zufälligen Variabilität und deren natürlicher Selektion in der Evolution keinerlei Abbruch tut. Aber ohne die Selbstorganisation hätte die ungerichtete Variabilität der Gene weniger Substrat, wahrscheinlich sogar gar keines, das sie verändern könnte, und es gäbe wenig Spielmaterial, aus dem eine örtlich und zeitlich variable Außenwelt das Geeignetere auswählen könnte. Die Bedeutung der Selbstorganisation für alles Lebendige muss deshalb so nachdrücklich hervorgehoben werden, weil sie in Lehrbüchern und aktuellen Debatten über das Evolutionsgeschehen zu wenig wahrgenommen wird.


## 6. Energieversorgung

Leben bedeutet, sich dem unausweichlichen Abstieg in zunehmende Entropie, also in Unordnung, Gleichverteilung und ins chemische Gleichgewicht, durch komplexe, geordnete Informationsstrukturen entgegenzustemmen, bis mit dem Tod letztlich doch das chemische Gleichgewicht den Sieg davonträgt. Tod kann man als das Überhandnehmen fehlerhafter Informationen verstehen, die sich im Laufe des Lebens angesammelt haben.

Lebende Systeme können nur mit einem ständigen Umsatz von Energie bestehen, der es ermöglicht, ihre hochgeordneten Komponenten aufzubauen und in Stoffwechselabläufen aufrechtzuerhalten. Nur grüne Pflanzen und Blaualgen können mit ihrem lichtempfindlichen Pigment Chlorophyll Sonnenenergie direkt in eigene, chemisch gebundene Energie umwandeln. Tiere und damit auch der Mensch sind dagegen auf »Nahrung«, das heißt auf chemisch gebundene Energie in Kohlenhydraten, Fetten und Proteinen angewiesen, die sie aus ihrer Umgebung aufnehmen müssen. Für diese Organismen besteht ein Großteil des Lebens aus der Suche nach geeigneten und ausreichenden Energieressourcen.

Schon in der abiotischen Anfangsphase des Lebens, als es noch keine Enzyme gab, brauchte die Synthese der Ausgangsstoffe, wie Aminosäuren, Zucker und Nukleotide, viel Energie, ganz zu schweigen von der Polymerisation dieser Moleküle zu langen Ketten von Proteinen und Nukleinsäuren. Die Syntheseausbeute war gering, deshalb mussten die dünnen Lösungen energieaufwendig so konzentriert werden, dass Moleküle genügend oft miteinander in Kontakt kamen, um miteinander reagieren zu können.

Mit der Entstehung der Enzyme, der ersten katalysefähigen Proteine, konnten effiziente Stoffwechselzyklen aufgebaut werden, in denen die chemische Energie der Nahrung freigesetzt und für den eigenen Gebrauch in der Zelle in einem zelleigenen Stoff, wiederum als chemische Energie, auf Abruf bereitgehalten wird. In nahezu allen heutigen Lebewesen wurde das Nukleotid Adenosintriphosphat (ATP) zum zelleigenen Energieträger, zur frei handelbaren Energiemünze. Durch die Abspaltung eines der Phosphatreste am ATP wird die chemisch gespeicherte Energie wieder freigesetzt und für zelleigene, chemische Reaktionen verwendet. Die drei energiereichen Bindungen der Phosphate des ATP sind labil genug, um die beim

Abbau der Phosphatreste freiwerdende Energie für Stoffwechselvorgänge einsetzen zu können. Da ATP der universelle Energiespeicher in so gut wie allen Organismen ist, wird vermutet, dass dieses Nukleotid schon in der frühesten Phase des Lebens vorhanden gewesen sein muss. Das Leben wäre daher schon in seinen Anfängen vom Zugriff auf chemische Energie abhängig. Die Frage, wie diese Abhängigkeit gelöst wurde, ist bis heute nicht befriedigend beantwortet.

Eine attraktive Antwort bietet das »chemoautotrophe« Modell der Lebensentstehung von Günter Wächtershäuser. Er hat 1988 die Hypothese aufgestellt, dass das Leben an Eisensulfidoberflächen entstand. Eisensulfid (FeS) bildet große, elektrisch positiv geladene Schichten, an denen katalytisch verschiedene chemische Reaktionen ablaufen können. Eine davon, die oxidative Umwandlung des Eisensulfids in Pyrit ($FeS_2$), setzt energiereichen molekularen Wasserstoff frei, der als Energielieferant für die Synthese biologischer Substanzen und ihren Stoffwechsel zur Verfügung stünde.

Eisensulfid birgt noch einen weiteren Vorteil: Der Aufbau von Aminosäuren und Nukleotiden verlangt nicht nur Energie, sondern auch den Einbau von Stickstoff, der in der Atmosphäre zwar reichlich vorhanden ist, allerdings nur als reaktionsträges Molekül. Eisensulfid kann nachweislich Stickstoff zu reaktionsfreudigem Ammoniak katalysieren und der Biosynthese zur Verfügung stellen. Mit der Energie aus Reaktionen von Eisensulfid und an schwefelhaltigen Oberflächen könnte ohne weiteres Kohlendioxid zu einfachen organischen Säuren reduziert werden, die in Stoffwechselvorgänge einfließen könnten. Diese an Oberflächen gebundenen Komponenten könnten sich autokatalytisch zu einfachen Stoffwechselprozessen verknüpft haben, wie dem sogenannten Zitronensäurezyklus. Der Zitronensäurezyklus, der in zehn Schritten von einer entsprechenden Zahl spezifischer Enzyme gesteuert wird, muss einer der ursprünglichsten Stoffwechselwege gewesen sein, weil er nahezu universell in lebenden Zellen für den Abbau von Zuckern und Fettsäuren – und damit zur Freisetzung ihrer chemisch gebundenen Energie – eingesetzt wird.

Trotz ihrer unbestreitbaren Attraktivität als Modell für den Ursprung des Lebens führt die Eisensulfid-Welt in der Debatte über diesen Ursprung ein Außenseiterdasein. Es wird ihr entgegengehalten, die möglichen Molekül-Umsätze seien extrem niedrig und die Reaktionen zu unspezifisch.

# 7. Der Weg zur Zelle

Mit der Energieversorgung eng verbunden ist die Frage nach Vorläufern einer Zellmembran. Moleküle brauchen räumliche Nähe, um miteinander reagieren zu können. Diese Voraussetzung war in der präbiotischen Urphase sicherlich nicht ohne weiteres gegeben, weil die Syntheseraten niedrig waren und die Produkte sich vermutlich rasch im Medium verteilten. Durch Membranen, die solche ersten biochemischen Systeme und ihre Produkte zusammenhalten, ließe sich das eher gewährleisten. Die Verpackung in Membranen brächte außerdem den Vorteil, dass sich Ionengradienten zwischen innen und außen aufbauen ließen, die zur Energieversorgung beitrügen.

Es wird vermutet, dass die ursprüngliche und unzulängliche Konzentration biologischer Moleküle an adhäsiven Tonmineralien schon früh durch den Einschluss in Phospholipidmembranen ersetzt wurde. Phospholipide sind einfache Moleküle, die sich selbstorganisierend zu Membranen zusammenlagern, mit einer wasserfreundlichen und einer fettfreundlichen, lipophilen, Seite, und sich zu kleinen Bläschen (Vesikeln) abrunden. Aus diesen membranumschlossenen Vesikeln, die verschiedenartige und kooperierende enzymatische Stoffwechselsysteme und RNA- und DNA-Stränge für die Proteinsynthese und genetische Informationsbewahrung und -weitergabe enthielten, muss die erste lebende Zelle entstanden sein. Dieses Gedankenkonstrukt der Biologen hat den Namen LUCA bekommen, der »last universal common ancestor«. Die Evolutionsbiologen haben sich die Vorstellung zu eigen gemacht, dass sämtliche Lebensformen unserer Zeit und aller vorausgegangenen Erdperioden auf eine Urzelle, auf LUCA, unseren letzten universalen und gemeinsamen Urahn zurückzuführen sein müssen. Unter den heute lebenden Organismen soll das von dem Mikrobiologen Karl O. Stetter entdeckte Archibakterium *Methanopyrus kandleri* am ehesten LUCA gleichen. Dieses Archibakterium besitzt eine primitive Zellmembran und als genetisches Archiv einen stabilen, ringförmigen DNA-Strang. *Methanopyrus* lebt an heißen Thermalkaminen (black smokers) der Tiefsee und vermehrt sich am schnellsten bei Temperaturen von 100 bis 106 Grad Celsius. Als Stoffwechselendprodukt setzt es Methan frei. Wahrscheinlich hat die Wächtershäuser'sche Eisensulfid-Welt, in der die Entstehung des Lebens sich in der Tiefsee abspielt, bei der Wahl dieses Archibakteriums zum LUCA Pate gestanden.

# 8. Offene Fragen

Der oben skizzierte Weg aus der reinen Chemie in die Biochemie des Lebendigen verletzt keine chemischen Gesetzmäßigkeiten und ist logisch einleuchtend. Dennoch bezeichnen die Biologen ein solches Szenarium lediglich als einen »Traum« der Molekularbiologie, weil es unbewiesene Annahmen enthält und mit einigen Schwierigkeiten zu kämpfen hat. Zwei der wichtigsten ungeklärten Fragen sind die Korrektur von Kopierfehlern und die Homochiralität.

## A. Kopierfehler

Die Kontinuität des Lebens fußt auf der Autokatalyse und der Matrizenkopie. Bei diesen Kopiervorgängen treten Fehler auf. Wenn es nicht zu viele dysfunktionale sind, können sie sogar von Vorteil sein, denn diese Fehler sind gleichzeitig eine Quelle der Variabilität, aus der neben funktionslosem Schrott auch neue, effizientere biochemische Substanzen erwachsen. Variabilität gehört zur Grundvoraussetzung für das Darwin'sche Evolutionskonzept. Kopierfehler mussten daher nicht vollständig eliminiert, aber so weit eingegrenzt werden, dass das System funktional und reproduktionsfähig blieb. Es ist völlig offen, wie in der frühen Phase des Lebens diese Eingrenzung erreicht wurde. In heutigen Zellen werden Kopierfehler mit großem Einsatz von Enzymen und Energie repariert und minimiert. Ohne solche Reparaturen gäbe es in unserem Körper mit ca. 50 Billionen Zellen jeden Tag Zehntausende bis eine Million DNA-Schäden.

## B. Homochiralität

Wenn Aminosäuren und Kohlenhydrate chemisch synthetisiert werden, entsteht jeweils ein Gemisch spiegelbildlich strukturierter Moleküle, da die verschiedenen Atome am Kohlenstoffatom entweder nach links oder nach rechts ausgerichtet sein können. In Anlehnung an die spiegelbildliche Anordnung der Finger an beiden Händen spricht man von Chiralität. Synthetisiert man im Chemielabor eine chirale Substanz aus achiralen Vorläufermolekülen, so entsteht immer eine 1:1-Mischung links- und rechtsdrehender Moleküle. Eigenartigerweise sind biologische Moleküle homochiral. Proteine und Peptide sind nur aus linksdrehenden Aminosäuren und alle Zuckerderivate aus rechtsdrehenden Bausteinen aufgebaut.

Die Entstehung dieser markanten Homochiralität bereitet den Biochemikern große Probleme. Es gibt drei Hypothesen zur Homochiralität der Aminosäuren und von Zucker.

1) Nach einem deterministischen Modell entstand Homochiralität durch asymmetrische physikalische Einflüsse, wie schwache Kernkräfte. Ein anderes deterministisches Modell sieht ihre Entstehung in einem unterschiedlichen Energieaufwand für die Rechts- oder Linksdrehung.

2) Stochastische Modelle beruhen auf Gesetzmäßigkeiten der Spieltheorie, deren mehr oder weniger zufälliges Ergebnis durch nachfolgende Autokatalyse zu Homochiralität verstärkt werden soll. Ein solches Modell mit autokatalytischer Verstärkung ließ sich im Labor realisieren.

3) Extraterrestrische Modelle berufen sich auf die Tatsache, dass Aminosäuren, die in Meteoriten gefunden werden, immer eine der beiden Chiralitäten im Überschuss zeigen. Dieser Trend zu Homochiralität hat zur Popularität der These vom extraterrestrischen Ursprung des Lebens auf der Erde beigetragen.

Attraktiv sind Modelle, bei denen die Homochiralität biologischer Moleküle das Erbe allererster autokatalytischer Prozesse ist. Allerdings benutzen Gegner der Evolutionstheorie, die den Evolutionsprozess durch »intelligent design« einer imaginären Instanz ersetzen wollen, genau dieses ungelöste Homochiralitätsproblem als Beleg für ihre Schöpfungsvorstellung.

## 9. Schlussfolgerung

Mögen viele, vielleicht sogar die meisten der heutigen Vorstellungen vom Beginn des Lebens sich eines Tages als unrealistisch erweisen, eines ist sicher: Es begann mit Information, Selbstorganisation und Kooperation. Leben wird charakterisiert durch Stoffwechsel, Generationenfolge und manches andere. Es bleibt aber immer, vom Virus bis zum Menschen, ein Meisterwerk der kooperativen Informationsnutzung und -vernetzung. Leben wird lebendig, weil strukturelle Information durch chemische, letztlich solare Energie sich gegen ihren eigenen Zerfall, gegen das chemische Gleichgewicht und damit gegen den Tod stemmt. Dieser nur von außen zu befriedigende Energiebedarf sorgt dafür, dass sich jedes individuelle Lebewesen, gleich welcher einfachen oder komplexen Art, mit seiner Außenwelt auseinandersetzen muss. Lebendigsein bedeutet für jedes Individuum einen ständigen Informationsaustausch zwischen seiner Innenwelt und seiner Lebensumgebung (Außenwelt).

Die anderen Stichworte des Lebens heißen Komplexität und Kooperativität oder, neutraler ausgedrückt, Interaktivität. Schon auf der Ebene der

Proteine beginnen Moleküle, sich gegenseitig zu beeinflussen, was sich bei der Zusammenarbeit von Stoffwechsel- und Informationszyklen fortsetzt. Eine lebende Zelle besteht heute selbst in ihren einfachsten Varianten aus einer Vielzahl solcher biochemischer Vorgänge, die sich gegenseitig kontrollieren, regulieren, verstärken oder hemmen. Wenn man von biologischen Systemen und ihren funktionellen Komponenten spricht, darf man nicht in linearen Kausalketten, sondern nur in Netzwerken denken, in denen viele Komponenten und Ursachen nichtlinear aufeinander einwirken. Solche Vernetzungen leisten nicht nur mehr, sondern werden durch redundante Komponenten auch weniger störanfällig gegenüber Fehlern beziehungsweise Mutationen, wenn nicht gerade Schlüssel-Knotenpunkte davon betroffen sind. Ihre Selektionskapazität ist entsprechend hoch.

Welcher Regler oder welches Ziel hält dieses komplizierte und multifunktionale Systemnetz am Leben? Offenkundig ist es das Bestreben, so lange wie möglich über Generationen hinweg zu existieren. Theoretisch können DNA-Moleküle unsterblich sein, denn ein oder mehrere Gene könnten sich seit LUCA unverändert über alle Generationen erhalten haben und in allen künftigen erhalten bleiben. Der englische Genetiker Richard Dawkins spricht sogar vom »egoistischen Gen«, das den Phänotyp, also die Arten und ihre Individuen, ihre Gestalten und Leistungen, nach ihrer Pfeife tanzen lässt, allein zu dem Zweck, ungeschoren und sich selbst erhaltend durch die Generationen schwimmen zu können. Jedes Individuum, vom einzelnen Bakterium bis zu Johann Wolfgang von Goethe, wäre nur ein Werkzeug, eine gefahrenabwendende Schutzhülle für die sich durch alle Zeiten hindurch duplizierenden Gene. Diese Vorstellung, der eigentliche Lebenszweck sei die Unsterblichkeit der Gene, stellt die Biologie auf den Kopf. Wozu diese unerschöpfliche Formenvielfalt und der gewaltige Zuwachs an Komplexität vom Einzeller bis zum Primaten, wenn es nur um die Unsterblichkeit von Genen geht? Diese Unsterblichkeit ist auf dem Niveau von Bakterien mit ihren gewaltigen Vermehrungsraten und rasanten Vermehrungszyklen besser gewährleistet als auf dem komplexen und durch äußere Einflüsse leichter verwundbaren Niveau der heutigen Tier- und Pflanzenwelt.

Nein, die Essenz des Lebens ist der dynamische Informationsaustausch, die Interaktion zwischen Organismus und Außenwelt, durch die unablässig neue, in sich schlüssige Informationsnetzwerke in Form von Arten entstehen, die sich dem Wettbewerb um begrenzte Energieressourcen stellen, sich behaupten und eines Tages wieder untergehen, wenn sie den ständigen Veränderungen ihrer Lebenswelt nicht mehr gewachsen sind.

Freilich, der reproduktive Überlebenszwang beherrscht alles Lebendige, denn er garantiert den Fortbestand des Lebens. Letztlich muss dieser irrationale »Drang zum ewigen Leben« der Gene auf eine chemische Eigenschaft zurückzuführen sein, vielleicht auf die Fähigkeit zur Selbstorganisation.

Der erste Schritt ins Leben war die Autokatalyse und Matrizenkopie. Aus ihren Produkten entstanden Peptide, Proteine und Ribonukleinsäuren, die ihrerseits als Enzyme das Geschäft der Informationsvermehrung und -verbreitung übernahmen. Die dabei auftretenden unvermeidlichen Kopierfehler schaffen Variation, die bei begrenzten Ressourcen und wechselnden Umgebungsbedingungen zur Auslese derjenigen Molekülsysteme führt, die sich schneller vermehren und dem Zerfall länger standhalten als andere. Schon vor der Entstehung unseres einzelligen letzten gemeinsamen Vorfahren LUCA findet naturnotwendig Evolution durch Auslese nach Zufall und Notwendigkeit statt.

In einem zweiten Schritt ins Leben wird die Strukturinformation vom Stoffwechselgeschehen mit seinen Fehlerrisiken getrennt und in Ribonukleinsäuresträngen, später in Desoxyribonukleinsäuren festgehalten. Diese Leistung beruht auf der spezifischen Codierung von Aminosäuren in Dreiersequenzen von Nukleotiden.

Aus Chemie wird Leben, weil es Moleküle gibt, die autokatalytisch aktiv sein können. Warum gab und gibt es solche Moleküle? Diese Frage ist so wenig zu beantworten wie die, warum es ein Universum gibt. Die Wissenschaft vom Leben hat sich solche Warumfragen als wissenschaftlich nicht zugänglich verboten. Trotz dieses Verbots wird jeder denkende Mensch nicht umhinkönnen, sich diese Frage immer wieder zu stellen.

# II. Was noch vorher geschehen musste

Vorbemerkung: Für die Untergliederung der Erdgeschichte benutzen die Paläontologen Jahresangaben, die von Autor zu Autor oft um mehrere Jahrmillionen differieren. In diesem Buch werden für die Erdperioden die Jahreszahlen benutzt, wie sie von der International Commission of Stratigraphy festgelegt wurden.

Bevor an ein so komplexes, neugieriges, erkenntnishungriges und Informationen verschlingendes Lebewesen wie den Menschen überhaupt zu denken war, mussten drei revolutionäre Umbrüche die Geschichte des Lebens in neue Bahnen lenken:

1) die Entstehung einer Sauerstoffatmosphäre,
2) die kambrische Explosion komplexer Organismenbaupläne,
3) die Endothermie, das heißt die Aufrechterhaltung einer optimalen Körpertemperatur unabhängig von Außentemperaturen.

## 1. Energiehaushalt und die Entstehung der Sauerstoffatmosphäre

### A. Energieumsatz

Man kann nicht oft genug betonen, dass alle lebenden Systeme, alle Zellen energetisch offen sind. Leben geht folglich ohne einen ständigen Energieumsatz zugrunde. Zellen nehmen Stoffe hohen chemischen Energiegehalts wie Fette, Zucker, Stärke und Proteine auf und setzen einen Teil der in den chemischen Bindungen steckenden Energie auf unterschiedlichen Stoffwechselwegen frei, um damit ihre Lebensfunktionen zu betreiben und den Aufbau und Bestand ihrer hochgeordneten Struktur aufrechtzuerhalten. Der nicht umsetzbare Rest wird in Form von Stoffen niederen Energieniveaus von den Zellen wieder ausgeschieden.

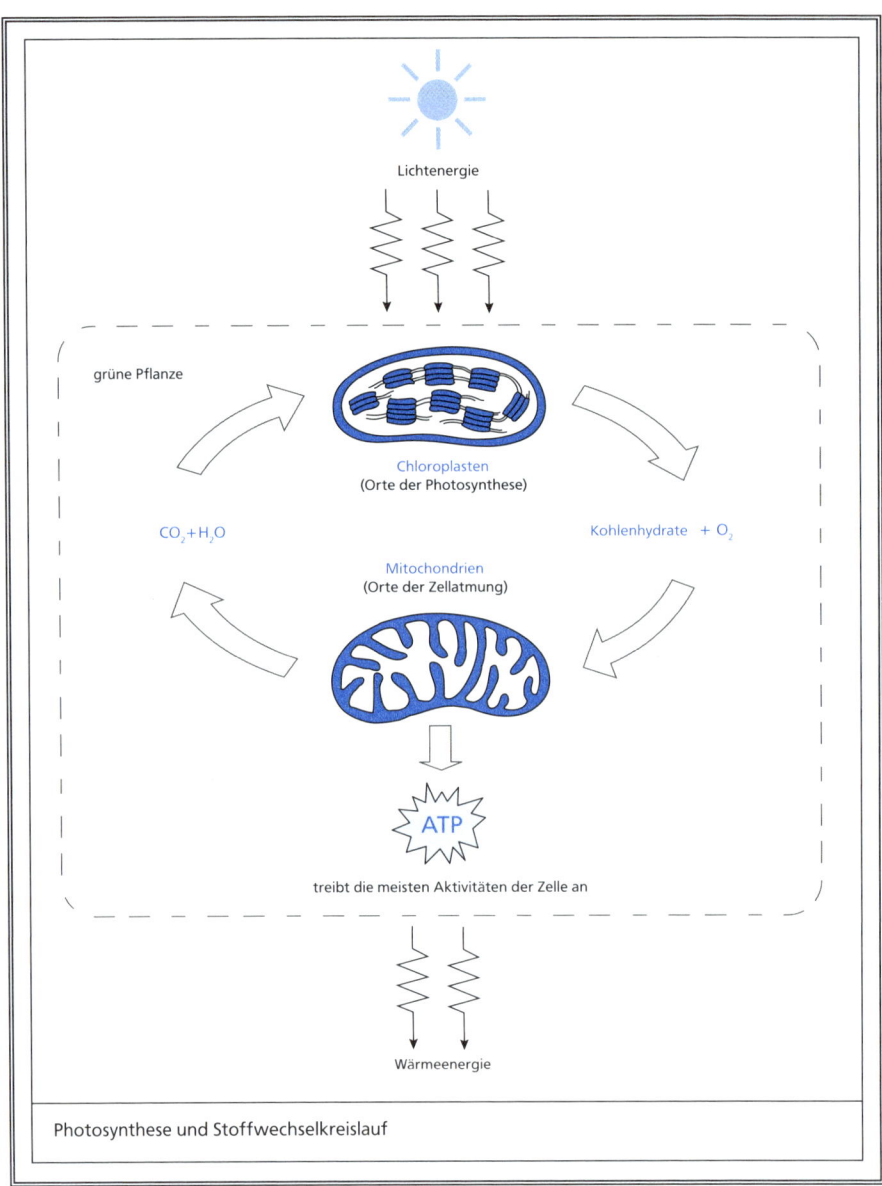

Lichtenergie

grüne Pflanze

Chloroplasten
(Orte der Photosynthese)

$CO_2 + H_2O$

Kohlenhydrate + $O_2$

Mitochondrien
(Orte der Zellatmung)

ATP

treibt die meisten Aktivitäten der Zelle an

Wärmeenergie

Photosynthese und Stoffwechselkreislauf

Abb. 2a

Der Energieumsatz aller Zellen erwächst aus einem fortwährenden Elektronenhandel. Die meisten Nährstoffe sind Kohlenwasserstoffe, deren Bindungen zwischen den Kohlenstoff- und Wasserstoffatomen Elektronen auf einem hohen Energieniveau enthalten. Beim Abbau solcher Kohlenwas-

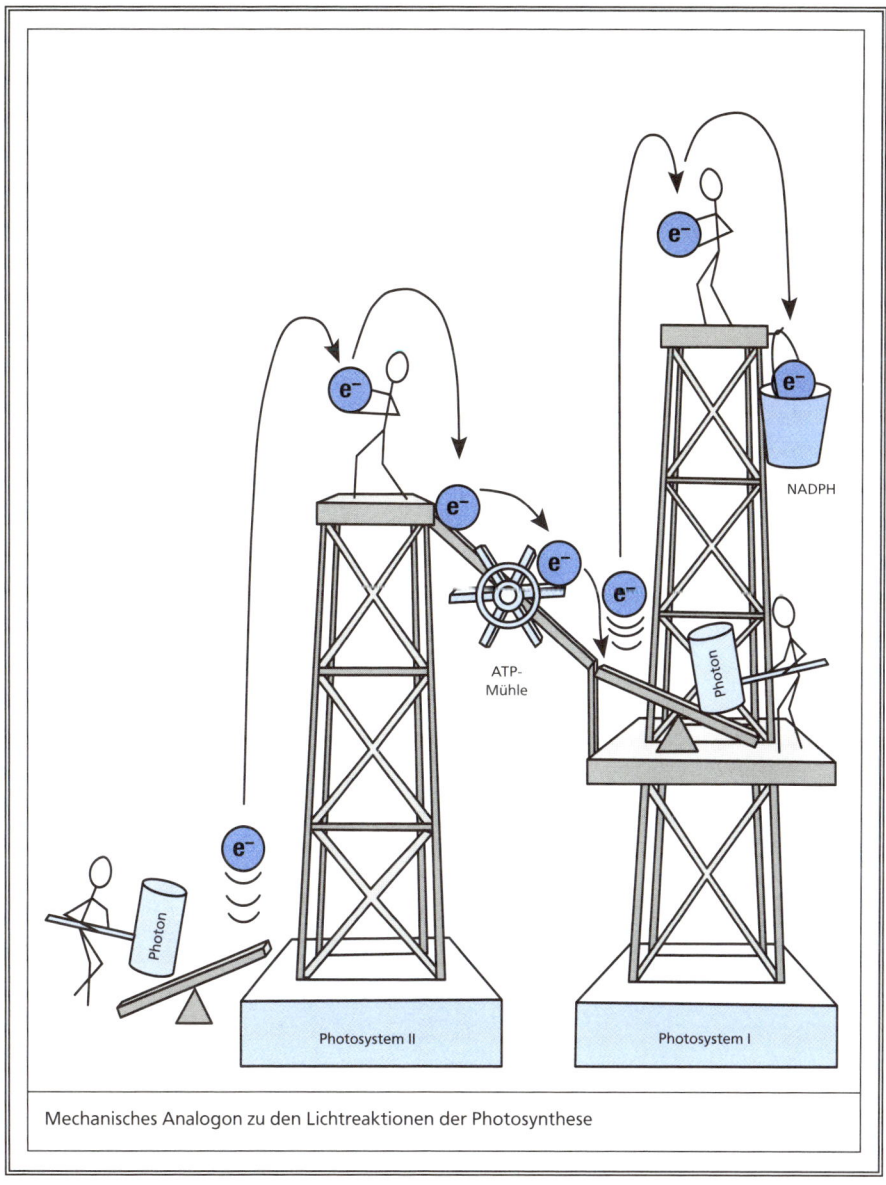

NADPH

ATP-
Mühle

Photon

Photon

Photosystem II

Photosystem I

Mechanisches Analogon zu den Lichtreaktionen der Photosynthese

Abb. 2 b

serstoffketten wie Fette, Kohlenhydrate und Proteine werden Elektronen hohen Energiegehalts durch Enzymketten schrittweise herabgeführt auf ein tieferes Niveau. Mit anderen Worten, aus energiereichen Nährstoffen werden energiearme Abfallstoffe mit festeren chemischen Bindungen, weil die energieärmer gebundenen Elektronen weniger reaktionsfreudig sind. Man kann diese Energiegewinnung mit einer bergab fahrenden Zahnradbahn vergleichen: Oben auf dem Berg sitzen die energiereichen Elektronenspender. Die Elektronen werden mit der Zahnradbahn vorsichtig von Station zu Station hinabgeführt zu einem Elektronenakzeptor, der die Elektronen energiearm chemisch bindet. Die bei dieser Talfahrt freiwerdende Energie wird an den »Stationen« durch Enzyme wieder chemisch gebunden und auf diese Weise aufbewahrt. Durch die Aufteilung der freiwerdenden Elektronenenergie in kleine Portionen wird verhindert, dass das ganze empfindliche Enzymsystem der Zelle mit Hunderten von aktiven Proteinen durch einen plötzlichen Energiesprung geschädigt wird.

Die Energieportionen werden an jeder »Station« wiederum in Form von chemischer Energie gespeichert, und zwar in dem Energieträger Adenosintriphosphat (ATP, Abb. 2 a,b), ein Nukleotid, das drei Phosphatreste an sich bindet. Diese Phosphatbindungen sind energiereich und lassen sich leicht wieder lösen, um die freiwerdende Energie für die vielfältigen, energiehungrigen Reaktionen des Zellstoffwechsels einsetzen zu können. Mit dem Wechselgeld dieses Elektronenhandels, dem ATP, bauen die Zellen einen regelrechten Speicher auf, dem Geld für Investitionen entnommen und der andererseits ständig durch den Abbau von Nährstoffen wieder aufgefüllt wird. Das Wechselgeld wird in die energiehungrigen Funktionen und zelleigenen Stoffsynthesen, vor allem in den ständigen Bedarf an Proteinen investiert. Mit diesem Energiehandel zwischen Elektronen liefernden Nährstoffen, den vielen Enzymen als Vermittlern und den Elektronenakzeptoren des eigenen Stoffwechsels leistet die Zelle fortwährend Arbeit, die ihre Struktur und Funktion am Leben erhält.

Sauerstoff zieht Elektronen mit besonderer Kraft an sich. Deshalb liefert die Oxydation von Nährstoffen, der aerobe Stoffwechsel, die meiste Energie. Doch in der frühen Erdatmosphäre gab es noch gar keinen Sauerstoff. Die sauerstofffreien (anaeroben) Stoffwechselwege liefern weit weniger Energie, weil sie nur einen Teil der energiereichen Bindungen aufspalten können. Damit sind die Ausscheidungsprodukte immer noch Moleküle mit relativ energiehaltigen Bindungen. Alkohole, Methan, organische Säuren wie Milchsäure sind solche Ausscheidungsprodukte, deren Energiegehalt für die Zelle verloren ist. Beim anaeroben Stoffwechsel fährt, um im Bild zu bleiben, die enzymatische Zahnradbahn nur einen vergleichsweise flachen Berghang hinunter und entlässt auf der letzten Station die Elektronen noch als relativ energiehaltige Fahrgäste.

*Der aerobe Stoffwechsel*

In den ersten zwei Milliarden Jahren der Biosphäre entstand zwar ein umfassender anaerober Elektronenhandel zwischen den gut funktionierenden Stoffwechselzyklen, doch das Leben dümpelte mit dem Heer der Einzeller und Mikroorganismen bei niederen Umsatzraten und geringer Dynamik dahin. Sehr viel mehr Energie hätte für das Geschehen in der Zelle gewonnen werden können, wenn es gelungen wäre, die energiereichen Nahrungsstoffe bis auf das energiearme Niveau des Kohlenstoffdioxids ($CO_2$) und des Wassers abzubauen. Doch dazu hätte es einen besonders elektronenhungrigen Reaktionspartner wie den Sauerstoff gebraucht. Die Uratmosphäre bestand aber zu 80 Prozent aus Wasserdampf, hinzu kamen zehn Prozent Kohlenstoffdioxid, ca. fünf Prozent Schwefelwasserstoff, und die restlichen fünf Prozent teilten sich Stickstoff, Wasserstoff, Methan, Ammoniak und Kohlenstoffmonoxid. Sauerstoff kam erst durch Organismen, die ihn als Stoffwechselendprodukt freisetzten, in die Erdatmosphäre und ins Wasser. Mit diesem Sauerstoff stand endlich der kräftige Elektronenakzeptor für einen effizienten aeroben Stoffwechsel zur Verfügung.

Die Helden der Evolution, durch die ein höheres Leben mit komplexeren Organismen erst möglich wurde, sind die Cyanobakterien (sie wurden früher für Algen gehalten und werden deshalb auch als Blaualgen bezeichnet). Sie konnten als Erste mit Hilfe der Sonnenenergie aus anorganischem Material wie $CO_2$ und Wasser organische Kohlenhydrate aufbauen. Dabei setzen sie als Abfallprodukt Sauerstoff frei (siehe Seite 42 ff.: Photosynthese).

Vor mehr als zwei Milliarden Jahren begannen die Meere den von den Cyanobakterien abgegebenen Sauerstoff in nennenswerten Mengen an die Atmosphäre abzugeben. Das heutige Niveau von 21 Prozent Sauerstoff in der Luft wurde vor 350 Millionen Jahren erreicht. Die Evolution höherer Organismen vollzog sich also in einer sauerstoffhaltigen Atmosphäre und wäre ohne den aeroben Zellstoffwechsel nicht möglich gewesen.

Beim aeroben Stoffwechsel nutzen die Organismen zur Energiegewinnung die Knallgasreaktion, bei der aus Sauerstoff und Wasserstoff Wasser entsteht. Wie schon der Name sagt, ist das Energiepotential dieser Reaktion sehr hoch. Im Reagenzglas führen Gasgemische von Sauerstoff und Wasserstoff sogar zur Explosion. In der Zelle wird durch Enzymketten diese heftige chemische Reaktion gezähmt.

Der Abbau der Nährstoffe (Kohlenhydrate) führt in den sogenannten Citratzyklus der Zellen, der an Trägermoleküle gebundenen Wasserstoff bereitstellt (Abb. 2 a). Über Transportketten werden die Elektronen vom Wasserstoffäquivalent auf den eingeatmeten Sauerstoff übertragen. Die in der Bilanz verbliebenen positiv geladenen Wasserstoffionen vereinigen sich letztendlich mit den negativ geladenen Sauerstoffionen zu Wasser. Die Energiebilanz dieser kontrollierten Knallgasreaktion ist für die Zelle ein durchschlagender Erfolg. Während beim sauerstofffreien, anaeroben Abbau von einem Mol Glukose nur 2–3 Mol ATP gewonnen werden, sind es beim aeroben Abbau 30–38 Mol ATP.

Sauerstoff ist als Oxydationsmittel nur verträglich, weil seine Reaktionskraft durch Enzymketten kontrolliert wird. Hätte es Sauerstoff schon in der Uratmosphäre gegeben, als in der präbiotischen und enzymfreien Zeit die organischen Bausteine entstanden, wäre das Leben nie in Fahrt gekommen, weil einige der damals noch kurzkettigen Substanzen von Sauerstoff sofort oxydiert worden wären.

Mit Ausnahme einiger Pilze und Einzeller benutzen alle Zellen mit einem Zellkern (die sogenannten Eukaryoten) und damit die mehrzelligen Organismen den effizienten, aeroben Stoffwechsel. Aber die Eukaryoten haben den aeroben Stoffwechsel gar nicht selbst erfunden, sondern von Bakterien übernommen, die sie sich als in der Zelle mitlebende Mikroorganismen (Endosymbionten) einverleibt haben, wo sie heute als Mitochondrien in jeder Zelle weiter existieren und den wichtigsten Teil des aeroben Stoffwechsels durchführen. Mitochondrien sind kleine Zellkörperchen mit einer verzweigten Binnenfaltung. In den Membranen dieser Innenfalten sind die Enzyme für den Citratzyklus aufgereiht, der von den Nährstoffen den Wasserstoff abspaltet und bereitstellt, und die Enzymkette, die in kleinen Schritten die Elektronen des Wasserstoffs auf den Sauerstoff überträgt (Abb. 2a). Die dabei freiwerdende Energie wird als ATP gespeichert. Der elektronenbeladene Sauerstoff lässt sich nunmehr auf milde Weise mit dem seiner Elektronen beraubten Wasserstoff ohne Knall zu Wasser synthetisieren. Am Ende des aeroben Stoffwechselweges stehen die beiden energiearmen Produkte Wasser und das $CO_2$. Als Gewinn bleiben der Zelle mehr als das Zehnfache an gespeicherter Energie gegenüber dem erdgeschichtlich alten anaeroben Stoffwechsel.

Die ungleich dynamischeren aeroben Stoffwechselwege müssen den zellulären Energie- und Stoffumsatz verändert haben. Mit der Sauerstoffatmosphäre entstanden neue Enzyme und Stoffwechselwege, die bisherige anaerobe Prozesse der Energiegewinnung überlagerten und ablösten. Der aerobe Stoffwechsel erhöht und beschleunigt nicht nur den Energieumsatz in der Zelle, sondern führt auch zu neuen Kooperationen und Vernetzungen mit alten, anaeroben Stoffwechselwegen und zu neuen Produkten.

Die Biochemiker Jason Raymond und Daniel Segré haben vor kurzem auf dem Computer ein interessantes Simulationsexperiment durchgeführt, das Auskunft gibt, wie bei einem Sauerstoffangebot definierte bekannte Stoffwechselnetzwerke sich verändern und expandieren können. Als Ausgangsnetzwerk benutzten die Forscher 6836 biochemische Reaktionen, an denen 5027 Substanzen beteiligt sind und die aus 70 Genomen, sprich 70 unterschiedlichen Organismen stammen. Ausgehend von einem definierten biochemischen Netzwerk lässt man die simulierten Reaktionen immer wieder ablaufen und fügt die neu entstandenen Reaktionsprodukte dem Netzwerk so lange hinzu, bis sich das Netzwerk nicht mehr verändert. Auf Anhieb wurde in diesem Modell Sauerstoff zu dem Molekül, das am meisten umgesetzt wurde. Aus 105 getesteten Netzwerken ergaben sich im Endzustand vier Netzwerktypen unterschiedlichen Umfangs und Vernetzungsgrades. Netzwerke, die Sauerstoff verwendeten, konnten sich in Verflechtungsgrade expandieren, die für anaerobe Netzwerke nicht erreichbar waren. In diesen höher vernetzten aeroben Stoffwechselensembles liefen bis zu tausend Reaktionen mehr ab als in denen, die ohne Sauerstoff auskommen mussten.

Das Ergebnis dieser Simulation zeigt eindeutig, dass mit Sauerstoff nicht nur ein effizienterer Energieumsatz, sondern auch ein höherer Grad an selbstorganisierter Vernetzung und damit an Kooperation erreicht wird. Dabei kann die Zahl der Reaktionen und Substanzen in einer Zelle um das Anderthalbfache ansteigen. Noch wichtiger ist das Ergebnis, dass mit Sauerstoff ganz neue Reaktionswege und Netzstränge entstanden, die neuartige Gruppen von Substanzen für die Zelle verfügbar machten. Dieser Simulationsbefund belegt unzweideutig die unglaubliche Fähigkeit zur Selbstorganisation, ohne die es die vielfältig kooperierenden Stoffwechselnetzwerke in den Zellen nicht gäbe. Wie im ersten Kapitel erläutert, hätte ohne sich selbst organisierende Biochemie das Darwin'sche Konzept von zufälliger Variation und der Auslese von Varianten, die am besten an die Lebenswelt angepasst sind, keine Chance. Das Resultat des Simulationsexperiments hat wenig mit zufälliger Variation und deren Auslese zu tun, sondern mit den neuartigen Möglichkeiten, die der Sauerstoff der Selbstorganisation enzymatischer Reaktionsketten eröffnete.

Klarer lässt sich der evolutive Fortschritt durch komplexere Vernetzungsgrade biochemischer Zellvorgänge nicht belegen. Der Kern des Fortschritts liegt in der komplexeren Vernetzung, die nicht nur eine höhere und adaptationsfähige Innovationskraft erzeugt, sondern das Netzwerk gegenüber zufälligen, schädlichen Veränderungen immunisiert. Ein Reaktionsweg, der plötzlich ausfällt, kann mit hoher Wahrscheinlichkeit durch einen ähnlichen im Netzwerk ersetzt werden. Das gilt freilich nur, solange davon nicht Reaktionen betroffen sind, die Knotenpunkte des Netzwerkes darstellen. Im Laufe der Evolution haben Zellen gelernt, diese Knotenpunkte durch besondere Maßnahmen zu schützen.

Die Stoffwechselnetzwerke expandierten am meisten bei den Zellen, die einen Zellkern besitzen (Eukaryoten). Einzellige Eukaryoten sind das Ausgangssubstrat für die Entstehung multizellulärer Organismen. Die dem Sauerstoff zu verdankende höhere Effizienz des Stoffwechsels, die größere Komplexität der biochemischen Vernetzung und die damit gewonnene biochemische Innovationskraft und Kooperationspotenz sind Voraussetzungen dafür, dass vor mehr als 500 Millionen Jahren geradezu explosionsartig eine Tier- und Pflanzenwelt mit höher organisierten und großen Organismen entstand, wie wir sie im Prinzip heute noch vorfinden (siehe Seite 44–48: kambrische Explosion).

## B. Photosynthese

Ohne Photosynthese gäbe es keine Tierwelt und keine Menschen, deshalb sei dieser lebenspendende Prozess kurz dargestellt. Noch einmal: Die entscheidenden Gestalter der Evolution waren die Cyanobakterien, die ein lichtempfindliches Pigment entwickelten, das Chlorophyll, das Sonnenlicht aus dem energiereicheren Blau- und Rotanteil absorbiert und damit genügend Energie aufnimmt, um Wasser zu Wasserstoff und Sauerstoff zu spalten. Mit dem Chlorophyll der Cyanobakterien beginnt der Siegeszug der grünen Pflanzenwelt, wie wir sie heute kennen. Ohne deren sonnengetriebene Produktion von Zucker, Stärke, Ölen und anderen organischen Substanzen gäbe es keine Tierwelt, und von deren Sauerstoffabgabe und $CO_2$-Aufnahme hängt das Leben auch in Zukunft ab. Die Photosynthese dreht den aeroben Stoffwechselabbau von Kohlenhydraten zu Wasser und $CO_2$ um und benutzt diese beiden Abfallprodukte zur Synthese von Kohlenhydraten mit der Sonne als Energiespender (Abb. 2a).

Wie der Abbau lebt auch die Photosynthese von kooperierenden, komplexen Enzymketten. Die Enzymketten der Photosynthese ermöglichen, dass dem Sauerstoffion des Wassers Elektronen entzogen werden. Diese Elektronen und die nun elektronenfreien Wasserstoffionen $H^+$, die man als Protonen bezeichnet, werden an besondere Trägermoleküle gebunden und so dem Zellstoffwechsel zur Verfügung gestellt. Der bei dieser Wasserspaltung übrigbleibende molekulare Sauerstoff wird in die Umgebung abgegeben.

Die Energie für die enormen Syntheseleistungen verdankt sich der besonderen Lichtempfindlichkeit des Chlorophyllmoleküls. In diesem Molekül werden Elektronen durch Sonnenlicht geeigneter Wellenlänge auf ein hohes, aber instabiles Energieniveau gehoben. Diese Elektronen fallen innerhalb einer millionstel Millisekunde wieder in den energetischen Grundzustand zurück. Ohne die Enzyme der Photosynthese ginge dieser große Energieunterschied als Wärme oder fluoreszierendes Licht für die Zelle ungenutzt verloren. Aber bei der Photosynthese wird die Rückkehr zum Grundzustand durch Transportketten, die aus ca. hundert Enzymgliedern bestehen, in handhabbare Energieschritte gestückelt, und diese Energiepakete werden als chemische Energie in Form von ATP gebunden (Abb. 2a). Die $H^+$-Ionen aus der Wasserspaltung werden mit dem Kohlenstoffdioxid der Atmosphäre zur Synthese von Kohlenwasserstoffen verwendet. So entstehen in grünen Pflanzen durch Photosynthese sechskettige Zucker ($C_6H_{12}O_6$), die ihrerseits zu langkettigen Großmolekülen, wie der Stärke, gespeichert in Samenkörnern, oder der Zellulose polymerisiert werden, mit der Pflanzen ihre Gestalt aufbauen.

Diese sogenannte Photosynthese mit Hilfe des lichtempfindlichen grünen Chlorophylls ist in zweierlei Hinsicht für die Evolution von fundamentaler Bedeutung:

1) Aus Wasserspaltung und Kohlendioxid ($CO_2$) photosynthetisieren die chlorophyllhaltigen grünen Pflanzen die meisten Nährstoffe, von denen die Tierwelt direkt oder indirekt lebt, in erster Linie Kohlenhydrate und Fette. Die chlorophyllhaltigen Cyanobakterien und Pflanzen zapfen direkt die Sonnenenergie an.
2) Mit der Wasserspaltung entsteht molekularer Sauerstoff, der zunächst Eisenverbindungen und Sulfide oxydierte und die Wassermassen der Erde mit Sauerstoff anreicherte. Als schließlich auch die Meere sauerstoffgesättigt waren, entwich er in die Atmosphäre, wo er heute ein Fünftel der Luftzusammensetzung ausmacht. Damit verhilft der Sauerstoff den Organismen zu einem weit effizienteren Stoffwechsel, als allen früheren Kleinlebewesen über Jahrmilliarden je zur Verfügung stand.

Das Besondere am Chlorophyll der Cyanobakterien ist nicht die Fähigkeit, Sonnenenergie in chemische Energie umzuwandeln. Das beherrschten mit anderen lichtempfindlichen Pigmenten auch andere Bakterien. Deren Farbstoffe absorbierten jedoch nur Licht aus dem energieärmeren Infrarotbereich, das zur Wasserspaltung nicht ausreicht. Das Revolutionäre am Chlorophyll war und ist bis zum heutigen Tag, dass es energiereicheres Sonnenlicht im Blau- und Rotbereich absorbiert und damit über Enzymketten Wasser in molekularen Sauerstoff und Wasserstoff spaltet.

Bei Licht besehen verdanken die gesamte Tierwelt und der Mensch ihre Existenz den Bakterien. Es sei an die Mitochondrien erinnert, die nichts anderes als eingewanderte Bakterien sind, die für jede Zelle den aeroben Stoffwechsel betreiben. Dieselbe trickreiche Ausbeutung bakterieller Fähigkeiten wiederholt sich bei der Photosynthese mit Chlorophyll. Dieses Pigment der Cyanobakterien kennzeichnet die üppig gedeihende grüne Pflanzenwelt, weil sie chlorophyllbildende Bakterien als Endosymbionten in ihre Zellen aufgenommen hat, wo diese bis heute als grüne Chloroplasten weiter existieren und die Photosynthese betreiben, ohne die es kein tierisches Leben gäbe. Mit der Aufnahme von Bakterien als Endosymbionten haben Eukaryoten auf elegante und billige Weise ein komplettes Enzymnetzwerk kooptiert, zum einen für den aeroben Stoffabbau und zum anderen für die Photosynthese der grünen Pflanzen – ein erneuter Beleg für die unglaubliche Kraft zur Selbstorganisation zellulärer Enzymnetzwerke.

## 2. Die kambrische Explosion

»Die Natur macht keine Sprünge«, heißt es zu Recht, denn alles Leben beruht auf der Fähigkeit von Enzymen, chemische Energieflüsse in kleinen Schritten schonend durch die Zellen zu führen, ohne dass Energiesprünge das empfindliche Funktionsgeflecht zerstören können. Nun zeigen uns aber die Paläontologen anhand der Fossilgeschichte, dass es in der Evolution keineswegs nur einen kontinuierlichen Strom von allmählichen, kleinen Veränderungen gab, wie das Darwin'sche Prinzip von zufälliger Variabilität und natürlicher Auslese nahelegt. Vielmehr entstand nach Jahrmilliarden der Stagnation vor etwa 550 Millionen Jahren plötzlich eine Fülle von Organismen, aus denen sich jene Handvoll Bautypen herausgeschält hat, die bis heute das Aussehen der Tierwelt bestimmen. Die fossilen Zeugnisse dieser gänzlich neuen Tierformen finden sich weltweit im Kambrium, so benannt nach Lagerstätten in *Cambria*, der alten Bezeichnung für Wales, in Schichten, die nur einige zehn Millionen Jahre umfassen. Für die zu Beginn des Kambriums schon vier Milliarden Jahre alte Erde ist das nur ein Augenblick, deshalb spricht die Evolutionsbiologie von einer Explosion der Organismenvielfalt.

Bis in die Mitte des letzten Jahrhunderts gab es keinerlei Fossilfunde aus präkambrischen Zeiten, und was seither in bis zu 3,6 Milliarden Jahre alten Sedimenten an Lebenszeugnissen bewahrt wurde, ist nur unter dem Mikroskop auszumachen. Seit die Erde sich so weit abgekühlt hatte, dass sich Meere bilden konnten, gibt es einzellige Bakterien und blaugrüne Algen. Nach heutiger Kenntnis repräsentierten 2,3 Milliarden Jahre lang, das sind fast zwei Drittel der bisherigen Biogeschichte, solche einzelligen Mikroben das Leben alleine. Wie wir jeden Tag erfahren können, sind Bakterien unglaublich lebens- und anpassungsfähig. Die Mikrobiologen vermuten, dass erst weniger als zehn Prozent aller Bakterienarten bekannt sind. Die Einteilung der Bakterien in Arten ist allerdings problematisch, weil sie Gene auf breiter Basis durch lateralen Gentransfer untereinander austauschen können. Dadurch entsteht eher so etwas wie ein genetisches Kontinuum als eine scharfe und langfristige Trennung in einzelne Bakterienarten.

In 1,4 Milliarden Jahre alten Sedimenten tauchen die ersten Einzeller mit einem echten Zellkern auf. Bei diesen Eukaryoten ist das auf Chromosomen aufgereihte Genmaterial innerhalb der Zelle hinter einer Doppelmembran als Zellkern aus dem Cytoplasma verbannt. Damit beginnt die Aufteilung des Zellbinnenraums in unterschiedliche funktionelle Kompartimente. Durch die Sequestrierung hinter eine Kernmembran ist die Zelle von einer großen Bürde befreit, denn die langen Nukleinsäurestränge und die sie begleitenden Proteine drohten aus dem flüssigen, für freie Stoffe leicht durchquerbaren Cytoplasma ein zähes Gel zu machen. Mit dem Zellkern konnte sich das Zellvolumen und damit der Gehalt an vernetzten Stoffwechselwegen bis um das Tausendfache vergrößern. In dieser Zeit tauchen in den eukaryotischen Zellen auch die endosymbiontischen Bakterien auf, die als Mitochondrien die Funktion eines zellulären Kraftwerks ausfüllen. Sie verlieren ihre selbständige genetische Steuerung und geben sie an den Zellkern ihrer Wirtszelle ab.

Mit dem Auftauchen des Zellkerns gelingt eine funktionelle Untergliederung der Zelle in verschiedene Bereiche:

- der Zellkern als genetischer Steuermann,
- die Mitochondrien als Energiekraftwerke,
- die Ribosomen als Synthesemaschinen für Proteine, sprich hauptsächlich für Enzyme, die nach Anweisungen der Gene des Zellkerns aufgebaut werden,
- ein internes Cytoskelett mit kontraktilen Proteinfäden; entlang den Proteinfäden können Stoffe gerichtet in verschiedene Räume der Zelle transportiert werden,
- sensorische und informationsleitende Strukturen in der Zellmembran, mit denen Kontakt zur Außenwelt aufgenommen wird,
- und schließlich Bewegungsorganellen auf der Zellmembran in Form von Flagellen oder Wimpern (Abb. 3).

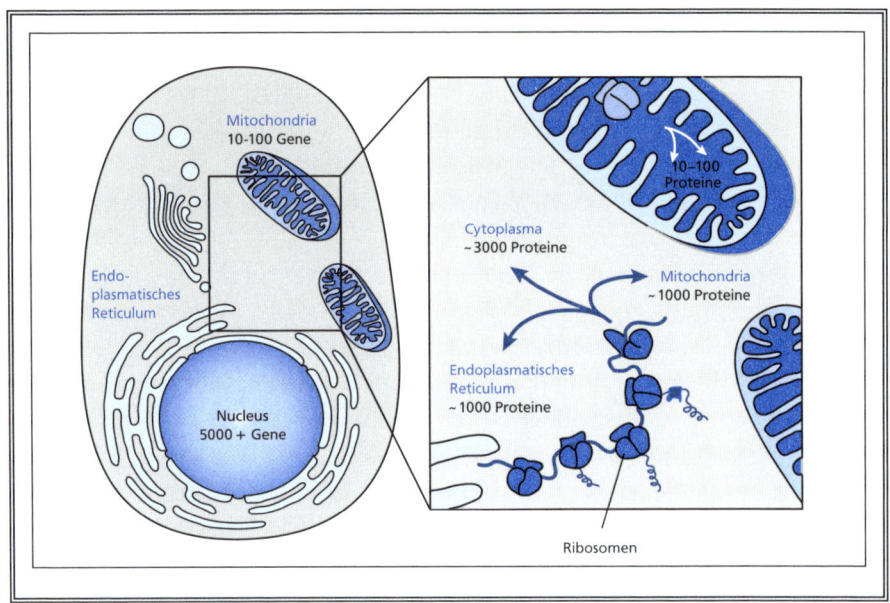

Abb. 3   Eukaryotische Zelle

Mit dieser funktionellen Differenzierung können Eukaryoten flexibler auf unterschiedliche Umweltbedingungen reagieren und sich andersartigen Umwelten leichter anpassen. Darin liegt der evolutive Fortschritt, nicht in einer größeren Zahl aktiver Gene hinter der Kernmembran. Bei Eukaryoten ist zu jedem Zeitpunkt nur eine beschränkte Zahl der vorhandenen Gene exprimiert. Durch die Größe des nicht exprimierten, also aktuell inaktiven Genoms und durch die Rekombinierbarkeit der Gene über sexuelle Kernverschmelzungen wird bei eukaryotischen Organismen ein wachsender Anteil der Gene der unmittelbaren Selektion durch die Umwelt entzogen. Denn nur die Expressionsprodukte aktiver Gene stellen sich der natürlichen Auslese in einer individuellen Umwelt. Komplexität drückt sich daher auch in der Größe des nichtfunktionellen, scheinbar nutzlosen Genanteils aus, der beim Menschen 97 Prozent ausmacht. Dieser große Anteil stummer DNA enthält eine unschätzbare evolutive Vorratskammer und ein Spielmaterial an Informationen, die Eukaryoten mit sich herumtragen und aus der sie in entsprechenden neuen Situationen bei Bedarf schöpfen können.

Da sie keine harten Skelettteile besaßen, sind die eukaryotischen Einzeller in Fossilschichten kaum auszumachen, was es uns heute schwermacht, eine Vorstellung von der Variationsbreite dieser Protozoen (Einzeller) zu bekommen. Aber einer von ihnen muss die Urzelle aller mehrzelligen Organismen gewesen sein, der schon vorgestellte LUCA (last universal common ancestor).

Die ersten mehrzelligen Organismen, die Metazoen, finden sich noch vor dem Kambrium in 630 Millionen Jahre alten Schichten des Ediacariums, so benannt nach den Ediacar-Hügeln in Australien. Die Fossilbelege sind spärlich, weil es sich um weichhäutige, höchstens ein paar Millimeter große tellerflache Tiere handelt. Aber hartschalige Tiere tauchten ebenfalls schon vor dem Kambrium auf. Es handelt sich um kleine, 1–5 Millimeter lange zweischalige Tierchen, die Meeresriffe bildeten.

Durch diese präkambrische, weichhäutige und hartschalige Mikrowelt mehrzelliger Tiere relativiert sich der Begriff einer kambrischen Explosion etwas. Dennoch ist die mit dem Beginn des Kambriums vor etwa 540 Millionen Jahren plötzlich auftretende Vielfalt größerer (mehr als einen Zentimeter großer) Organismen ohne Beispiel. Alle Baupläne unserer heute lebenden Tierwelt, von den Korallen über die Würmer, Gliederfüßer (Arthropoden: Krebse, Spinnen und Insekten) bis zu den Wirbeltieren entstanden zu dieser Zeit und haben sich in ihrer Grundstruktur seither nicht mehr verändert. Die kambrische Tierwelt war vor allem beherrscht von Arthropoden, Borstenwürmern und den heute seltenen Eichelwürmern (Priapuliden). Es gab alleine 30 verschiedene Gattungen von Arthropoden mit der damals dominanten Tiergruppe der Trilobiten, die allein aus über 15.000 bislang beschriebenen Arten bestand. Bei einem großen Massenaussterben vor 250 Millionen Jahren verschwanden die Trilobiten wieder, ebenso wie 95 Prozent der Meeresfauna und 75 Prozent der Landtiere.

Ein lebhaftes Bild jener Tierwelt mit ihren merkwürdigen Formen liefern die Fossilien aus dem mittleren Kambrium in den Burgess-Schiefern der kanadischen Rocky Mountains. Diese Lagerstätten wurden zu Beginn des letzten Jahrhunderts von dem amerikanischen Paläontologen Charles D. Walcott entdeckt, dem späteren Direktor des Smithonian, des wichtigsten Naturkundemuseums in Amerika. Er beschrieb als Erster diese merkwürdigen Tiere, und obwohl deren Baupläne nie wirklich richtig passten, schob er sie in die uns von der heutigen Tierwelt bekannten Schubladen. Er machte sie also zu Würmern, Krebsen, Mollusken, Insekten, Spinnen usf. Erst eine jüngere Wissenschaftlergeneration wagte es, die vorgegebene Tiersystematik zu verlassen und die Burgess-Tiere als das zu beschreiben, was sie tatsächlich sind: heutigen Tierformen ähnelnde, aber eigenständige Tierformen, die in keine Klassifizierung der heutigen Tierwelt passen. Im Kambrium sind eine Fülle unterschiedlicher Baupläne entstanden, wovon einige wenige zu den Urahnen unserer heutigen Tierstämme wurden. Es war eine Zeitspanne des Ausprobierens von Baukonstruktionen für größere

Tiere, von denen sich offenkundig nur wenige langfristig bewährt haben und auf uns gekommen sind.

Zwei zentrale Fragen wirft die kambrische Explosion auf:
A) Welche Neuerungen ermöglichten es, nach einer einzelligen und mikroskopisch kleinen Tierwelt plötzlich Grundstrukturen für große Tiere entstehen zu lassen?
B) Warum ereignete sich dieser einschneidende Wandel gerade im Kambrium und zu keinem früheren oder späteren Zeitpunkt?

### A. Was geschah im Kambrium?

Wie schon der unbiologische Begriff Explosion ahnen lässt, war das plötzliche Auftauchen großer und so verschiedenartiger Tiere im Kambrium für Evolutionsbiologen ein Rätsel. Erst mit dem Aufblühen der Entwicklungsbiologie im Zuge der Einführung molekularbiologischer Methoden und Konzepte kam in den letzten beiden Jahrzehnten des vergangenen Jahrhunderts Licht in das geheimnisvolle Dunkel.

Es fällt auf, dass im Kambrium mit den neuen Bauplänen ein Sprung aus der bisherigen Millimeterwelt in eine makroskopische Zentimeter- und Meterwelt größerer Organismen einherging. Allerdings verbringen viele der damals entstandenen und wasserbewohnenden Tierformen bis zum heutigen Tag ihre erste Lebensphase immer noch als mikroskopisch kleine Larven, die in Struktur und Größe ganz der präkambrischen Lebenswelt gleichen. Erst in einem aufwändigen Umwandlungsprozess entsteht aus der unscheinbaren Larve das völlig anders gebaute, große, adulte Tier. Gute Beispiele für diese zweistufige Lebensform liefern die Larven unserer heutigen Meereswürmer und der Seeigel. Diese Larven machen einen Teil des Planktons aus, das die Ernährungsbasis vieler großer Meeresbewohner bis hin zu den riesigen Walen liefert. In den Anfängen wissenschaftlicher Zoologie sorgten diese gänzlich unterschiedlichen Gestalten ein und desselben Individuums, das von einer frei schwimmenden, planktonischen in eine andere Lebensweise wechselte, für ziemliche Verwirrung.

Dieses Leben in zweifacher Gestalt und Lebensweise wird als maximale indirekte Ontogenese bezeichnet und beruht auf zwei verschiedenen, aufeinanderfolgenden Entwicklungsvorgängen:

1) *Typ-1-Entwicklung:* Nach der Befruchtung des Eis werden mit jeder Zellteilung Gene exprimiert, die das entstehende Zellenmaterial sofort differenzieren, das heißt in Art und Funktion festlegen. Offensichtlich

48

ist es bei einem solch synchronen Ablauf von Zellteilung und -differen-
zierung nicht möglich, beliebig viele Zellteilungen aufeinander folgen zu
lassen. Spätestens nach zehn bis zwölf Teilungsschritten hört der Organismus auf, seine Zellen weiter zu vermehren, und bleibt somit ein Mi-
kroorganismus, der lediglich aus einigen tausend Zellen besteht.

2) *Maximale indirekte Entwicklung:* Auch die Larven kambrischer Organismen entwickeln sich nach dem Typ 1. Aber gegenüber den gleich gestalteten Mikroorganismen der gesamten vorkambrischen Welt gibt es
bei diesen kambrischen Larven einen entscheidenden Unterschied: Sie
enthalten ein paar Zellen, die den Differenzierungsgenen der Larve
entzogen wurden und daher ihre entwicklungsbiologische Omnipotenz
bewahrt haben. Die amerikanischen Entwicklungsbiologen um Eric H.
Davidson am California Institute of Technology in Pasadena sprechen
anschaulich von »set-aside cells«, beiseitegelegten Zellen. Aus diesen
beiseitegelegten Zellen entsteht das adulte und vergleichsweise große
Tier. Versorgt von der Larve, können diese beiseitegelegten Zellen zu
einem Konvolut von vielen Zellen anwachsen, auf das ein besonderer
Satz von Entwicklungsgenen angewandt wird, der fortwährende Zellteilungen, also Wachstum erlaubt, bis die neuartige Körpergestalt ihre
optimale Größe erreicht hat.

Die Entwicklung zum adulten Tier läuft also indirekt über eine mikroskopisch kleine Larvenform. Die Entwicklungsbiologen sprechen von einer
maximalen indirekten Entwicklung, bei der nur die »set-aside«-Zellen, nicht
aber die Zellen der Larve zum adulten Tier beitragen. Die Larven werden
in der Regel bei der Umwandlung verdaut. Man gewinnt den Eindruck, als
wurden im Kambrium die bis dahin einzig möglichen mikroorganismischen
Lebensformen zu einem Behältnis degradiert, das lediglich dazu dient, die
kostbaren, beiseitegelegten Zellen zu ernähren und zu schützen, bis der
Zeitpunkt gekommen ist, um aus ihnen wie ein Phönix aus der Asche das
komplexe und vergleichsweise große, adulte Tier aufsteigen zu lassen.

Natürlich gibt es in der Natur keine Wunder, auch nicht im Kambrium.
Das neuartige, komplexe und makroskopische Tier erwächst aus den beiseitegelegten Zellen, weil sie einem Regulationsnetzwerk von Entwicklungsgenen
unterworfen werden. Entwicklungsgene sind Gene, die Transkriptionsfaktoren exprimieren, die ihrerseits andere Entwicklungsgene und proteinexpri-
mierende Gene steuern. Transkriptionsfaktoren wirken auf den Embryo
räumlich und zeitlich eng begrenzt. Das Netzwerk gleicht einem aufeinander
abgestimmten, hierarchisch aufgebauten Werkzeugkasten. Die Entwicklung
des Organismus beginnt auf einer abstrakten Ebene und führt über Durch-

gangsstadien zum schrittweise immer feiner regulierten und detaillierten Endzustand. Das hierarchisch oberste Werkzeug des Regulationsnetzwerks sind seine Knotenpunkte. Sie legen zunächst die Körperachsen vorne und hinten, Rücken und Bauch sowie in konzentrischen Ringen Körpermitte und -außenseite fest. Als Nächstes werden in dem so definierten Raum des Embryos räumliche Domänen festgelegt, denen bestimmte Körperteile zugewiesen werden, die Art der Körperorgane, die Lage der Extremitäten und Sinnesorgane, die Spezifizierung des Nervensystems und andere mehr. So bestimmt beispielsweise bei Wirbeltieren das Entwicklungsgen *HoxC-6* das Areal für die Vorderbeine. Ist dies festgelegt, sorgen unterschiedliche Differenzierungsgene dafür, dass aus diesem Areal bei der Maus und beim Frosch Vorderbeine, beim Huhn Flügel und beim Fisch Brustflossen entstehen. Diese mehr planerisch-strukturierenden Knotenpunkte bleiben stammesgeschichtlich hochkonserviert und erstrecken sich gleichartig über mehrere Tierstämme. Wird das Gennetzwerk eines Knotenpunkts beschädigt, schlägt die Embryobildung fehl, weil ganze Körperteile ausfallen.

Den Knotenpunkten arbeiten untergeordnete, kleinere Netzwerke des Regulationssystems zu, die in festgelegten Körperdomänen bestimmte Differenzierungsaufgaben übernehmen. Sie können mit Einschüben verglichen werden, die in unterschiedlichen Zusammenhängen und Stufen des Entwicklungsvorgangs als Mehrzweckwerkzeug eingesetzt werden. Besonders wichtige Subnetzwerke sind Ein-/Ausschalter, die festlegen, wann, wo und für wie lange Gene aktiviert sein dürfen. Auf ihrer Arbeit beruht zum Beispiel die unterschiedliche Größe von Organen bei verwandten Arten, wie die des Herzens, der Kiefer, der Beinlängen usf. Giraffen haben wie der Mensch sieben Halswirbel, allerdings sind diese viel größer und ergeben so einen langen Hals. Auch die Fünffingerigkeit beruht nicht auf einem spezifischen Gen, sondern auf der Zeitspanne, die Genschalter für die Fingerentstehung vorgeben. Verändert man die Zeit, in der fünf Zellaggregate bestimmten Genen ausgesetzt sind, so lassen sich mit den gleichen Genen mehr bzw. weniger als fünf Finger generieren.

Am Ende des ganzen Entwicklungsprozesses, gewissermaßen an der Peripherie des Generalplans, stehen die Differenzierungs-Genbatterien. Das sind Gene, die in einer ihnen zugewiesenen Raumdomäne das Zellmaterial ausdifferenzieren. Sie bilden Muskelzellen, das Material für Skelettelemente, Hautgewebe, Synapsensysteme usf. Diese Gene regulieren keine anderen Gene und erzeugen keine Körperteile, sondern gestalten sie aus. An dieser peripheren Endstelle der Embryogenese lassen sich am leichtesten Veränderungen vornehmen, ohne den gesamten Bauplan durcheinanderzuwerfen. Stammesgeschichtlich sind daher diese Differenzierungsgene am veränderungsfreudigsten und sorgen für die Vielgestaltigkeit des Grundbauplans. Die Vielfalt der Arten im Rahmen der Grundbaupläne beruht in erster Linie auf Variationen des Ein- und Ausschaltens von Genen und nicht auf Mutationen.

Diese großen genetischen Regulationsnetzwerke sind so komplex vernetzt, dass sie nur fehlerfrei arbeiten, wenn ihre Knotenpunkte unverändert bleiben. Wenn sie einmal miteinander verschaltet sind, können sie nicht wieder neu zusammengesetzt werden. Man kann an sie nur anbauen. Änderungen an Bauplänen, die sich über die letzten 500 Millionen Jahre ergaben, müssen sich also unterhalb der Hierarchie der Knotenpunkte abgespielt haben. Die erdgeschichtliche Weiterentwicklung und Diversifikation der Tierwelt blieb daher bis zum heutigen Tage im Netz der Regulationsgene gefangen, das seit dem Kambrium vorgegeben ist. Dieses konservative Regelwerk ist die Ursache dafür, dass es nur eine begrenzte Zahl verschiedener Grundbaupläne gibt und keine neuen mehr entstanden sind. Schon am Ende des Kambriums lassen sich alle 35 Stämme unserer heutigen Fauna belegen. Es ist nach diesen Einsichten in die Steuerung der Ontogenese auch nicht mehr erstaunlich, dass wir so viele Gene mit anderen, auch weit entfernten Tierarten gemeinsam haben. Die Entwicklungsgene, die Körperachsen festlegen, teilen wir beispielsweise ebenso mit der kleinen Fruchtfliege wie das Gen, das die Entstehung des Auges festlegt.

In der maximalen indirekten Entwicklung beweisen sich diese großen Regulationsnetzwerke zum ersten Mal an den beiseitegelegten Zellen. Ein Teil ihrer Gene stammt aus der vorkambrischen Mikrowelt, aber ihre Anzahl und Vernetzung sind wesentlich größer: Das Genom der Hefe arbeitet mit 300 Transkriptionsfaktoren, das der Fliege *Drosophila* mit 1000 und das des Menschen mit ca. 3000. Das Neue sind weniger neue Gene als vielmehr die hochgradig vernetzte und hierarchische Kooperation dieser Entwicklungsgene, die neuartige Regulationsmechanismen erlaubte.

Die Tierwelt war zu Beginn der kambrischen Revolution zweigestaltig: Jedes Tier lebte zunächst als kleine Larvenform, die später das anders gestaltete, größere Tier aus sich heraus entließ und abstarb. Im weiteren Verlauf der Stammesgeschichte entsteht eine Tendenz, das Larvendasein dieser zweigestaltigen Tierwelt einzuschränken bis hin zu einer larvenlosen, direkten Entwicklung. So gibt es heute im Tierreich ein Kontinuum von Entwicklungsformen, die von der maximalen indirekten bis zur direkten Entwicklung reichen, bei der offensichtlich die Gene für die Larvenform stillgelegt wurden. So bilden zum Beispiel alle Wirbeltiere keine embryonalen Larven mehr. Wahrscheinlich ersetzen Dotter und Eihüllen die ernährende und schützende Funktion der Larven.

*Der moderne Stammbaum des Tierreichs*

Neben Strukturverwandtschaften von Ribonukleinsäuren und Proteinen haben vor allem die geschilderten Mechanismen zur Steuerung der Entwicklung vom befruchteten Ei zum Adulten den Stammbaum der Tiere gründlich verändert. Seit Ernst Haeckels Zeit im 19. Jahrhundert beziehungsweise seit es den Ehrgeiz gibt, mit dem System der Tierarten deren stammesgeschichtliche Verwandtschaft abzubilden, gründeten sich solche Stammbäume auf Körpermerkmale. Wie oben gezeigt, beruhen aber Baupläne und viele andere Gemeinsamkeiten zwischen unterschiedlichen Tiergattungen und -klassen auf Mechanismen der Ontogenese. Die Entwicklung eines hochdifferenzierten Lebewesens aus einer einzigen Zelle, dem befruchteten Ei, ist für sich genommen eine biologische Höchstleistung, die oft genug auch scheitert.

Ausgehend von dem unbekannten LUCA, dem letzten universellen Urahn, wird das Reich der Organismen heute in drei Domänen aufgeteilt, die Bakterien, die *Archaea* oder Archibakterien und die Eukaryoten, also Organismen, deren Zellen einen Zellkern besitzen. Die Herkunft der Eukaryoten bleibt bis heute ungeklärt. Man hielt sie für Abkömmlinge der Archibakterien, dann für ein Verschmelzungsprodukt von Bakterien und Archibakterien, weil der Zellkern Gene enthält, die von beiden Typen von Organismen stammen können. Dieser Hypothese widerspricht, dass weder Bakterien noch Archibakterien andere Zellen in sich aufnehmen können. Diese Aufnahmefähigkeit muss aber die Vorläuferzelle der Eukaryoten besessen haben, denn sonst besäßen sie keine Mitochondrien, die Abkömmlinge inkorporierter Bakterien sind.

Wie auch immer die Verwandtschaftsverhältnisse sein mögen, Bakterien und Archibakterien sind vom Beginn des Lebens bis heute sehr erfolgreich ihrer Verpflichtung nachgekommen, ihre Gene von Generation zu Generation weiterzureichen und sie damit über Jahrmilliarden am Leben zu halten. Auch die Eukaryoten stehen ihnen in dieser Pflichterfüllung nicht nach; aber nur sie alleine besaßen mit ihrem dichten Stoffwechselnetzwerk das Potential, vielzellige Organismen aufzubauen, mit strukturbewahrenden Skelettelementen und differenzierten Organen, die spezifische Funktionen erfüllen.

Im Ediacarium überwiegen noch radialsymmetrisch gebaute Metazoen. Im Kambrium werden Metazoen mit einem bilateral symmetrischen Körperbau (*Bilateria*) vorherrschend. Sehr früh teilt sich ihre Diversifizierung in zwei große Bereiche auf, die Protostomier und die Deuterostomier. Die beiden Begriffe beziehen sich auf ein frühes Detail der Ontogenese: Die ersten Zellteilungen des befruchteten Eis führen zu einer zweischichtigen Blastula,

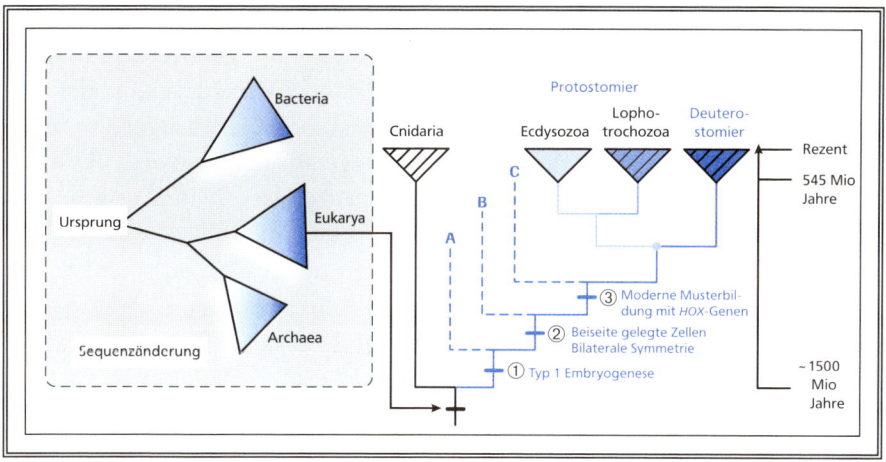

Abb. 4

die einer eingedellten Blase mit einer Öffnung gleicht, dem Urmund. Bei den
Protostomiern entwickelt sich dieser Urmund zum endgültigen Mund des
Tieres, während er bei den Deuterostomiern zum After wird und ein neuer
Mund am gegenüberliegenden Pol durchbricht. Die besondere Bedeutung
dieses entwicklungsmechanischen Details ist bis heute unklar geblieben.
Vielleicht ist die Lage des Mundes nur eine markante Begleiterscheinung
eines ontogenetisch wichtigeren Merkmals: Bei Deuterostomiern werden die
Zellen bei der Furchung spät determiniert, bei den Protostomiern dagegen
früh, freilich nicht bei allen. Vielleicht hängt auch die Lage des Mundes mit
der des Zentralnervensystems zusammen, denn bei Protostomiern verläuft
der Nervenstrang ventral unter dem Darm und bei Deuterostomiern dorsal
über dem Darmrohr. Da es sich bei der Mundbildung um einen frühen Ent-
wicklungsschritt handelt, wirkt er nachhaltig auf alles Folgende und hat den
Stammbaum der Tiere in zwei dicke Äste aufgeteilt (Abb. 4).

Bei den vielen genetischen Gemeinsamkeiten, vor allem an Regula-
tionsgenen für die Ontogenese, müssen Proto- und Deuterostomier einen
gemeinsamen bilateral symmetrischen Urahn mit Körpermerkmalen wie
segmentale Gliederung, photosensible Organe, ein Zentralnervensystem,
ein Herz und bewegliche Körperanhänge gehabt haben. Dieser Urahn soll
schon etwa 100 Millionen Jahre vor dem Kambrium entstanden sein. Allerdings fehlt von ihm jede fossile Spur, wahrscheinlich weil er ein kleines,
weichhäutiges Tier war.

Die Protostomier werden heute in zwei große Domänen aufgeteilt.
Eine Domäne sind die *Ecdysozoa*, zu denen neben einigen Wurmstämmen

vor allem die nach Artenzahl und Biomasse die Landmassen beherrschenden Arthropoden, also Insekten, Spinnen und Krebse gehören. Der Name bezieht sich auf das Häutungshormon *Ecdyson*. Es handelt sich also um Tiergruppen, die wegen ihres äußeren Chitinskeletts nur durch Häutungen wachsen können. Die andere Domäne, die *Lophotrochozoa*, verdankt ihren Namen den Larventypen. Zu dieser Gruppe gehören neben weniger bekannten Tierstämmen des Wassers vor allem die uns durch die Regenwürmer geläufigen Anneliden und der riesige Stamm der Mollusken mit Schnecken, Muscheln und Tintenfischen. Auch diese Aufteilung in *Ecdysozoa* und *Lophotrochozoa* soll weit vor dem Kambrium begonnen haben, aber auch dafür gibt es keine fossilen Belege.

Wir Menschen sind Deuterostomier. Zu dieser Domäne gehören neben den eher unangenehm auffallenden Stachelhäutern der Meere, wie Seeigel, Seesterne und Seegurken, vor allem die Wirbeltiere (*Vertebrata*). Das heute noch im Meeressand organisches Material herbeistrudelnde Lanzettfischchen, *Amphioxus* (der wissenschaftliche Name lautet heute *Branchiostomma*), ist jedem Biologiestudenten geläufig, weil dieses Tier dem Urahn aller Wirbeltiere entspricht. Das nur wenige Zentimeter lange fischähnliche Tier zeigt alles, was ein Urwirbeltier aufweisen sollte: einen Chordastab, der längs über dem Darm den schmalen Körper stützt, darüber ein Rückenmark, weiterhin segmental gegliederte Muskeln und einen Kiemendarm, wie ihn alle Fische besitzen. In jüngster Zeit wurden in der chinesischen Provinz Yunnan Urwirbeltiere gefunden, die dem Wirbeltierbauplan noch besser entsprechen. Zwar fehlen diesen Fossilien aus 530 Millionen Jahre alten Schichten mit den abenteuerlichen Namen *Myllokunmingia* und *Haikouichthys* ebenfalls noch Knochen und Zähne, doch besitzen sie schon Knorpelskelettelemente mit einem Schädel, der *Amphioxus* fehlt.

Mögen sich die Anfänge der Proto- und der Deuterostomier auch noch so weit im Dunkel der präkambrischen Zeit verlieren, fest steht doch, dass die in diesen Organisationsformen schlummernden komplexen, wachstumsfähigen Baupläne erst im Kambrium sichtbar wurden. Diese Diversifikation höherer Komplexität verdankt sich weniger den beiseitegelegten Zellen der maximalen indirekten Ontogenese – sie lieferten nur das Material –, als vielmehr den großen, regulatorischen Gennetzwerken. Erst die hierarchisch geordnete Kooperation vielfältig vernetzter Regulationsgene und ihrer Transkriptionsfaktoren machte Organismen mit räumlich geordneten, spezifischen Funktionen gewidmeten Organen möglich, und die Diversifikation der Baupläne beruht weniger auf neuen oder veränderten Genen per se, sondern auf Veränderungen im großen Regulationsnetzwerk der Ontogenese. So wie das kooperierende Stoffwechselnetzwerk der Eukaryoten erst mehrzellige Metazoen möglich gemacht hat, so hat ein anderes kooperierendes Netzwerk, das der Regulationsgene, komplexe, wachsende Baupläne und damit die makroskopische Tierwelt möglich gemacht. Die Entstehung dieser großen genetischen Regulationsnetzwerke für die Entfaltung eines organdifferenzierten Organismus aus einer einzigen befruchteten Eizelle ist das einschneidendste und wichtigste Ereignis in der gesamten Geschichte des Lebens.

Dieser Vorgang weckt den Verdacht, dass es in der Evolution durch Zufall und natürliche Auslese nicht nur um die erfolgreiche Weitergabe der Gene auf nachfolgende Generationen gehen kann. Diese Bedingung für fortwährendes, nie abbrechendes Leben bewältigen Bakterien und Einzeller, seit es Leben gibt, erfolgreicher und schneller als jedes Wirbeltier. Die Entstehung der zellulären Stoffwechsel- und der regulatorischen Gennetzwerke drängt die Schlussfolgerung auf, dass die Evolution höhere Komplexitäten, dichtere Vernetzungen und damit vielfältige Kooperationen für ihre Kinder anstrebt. Dabei spielt die Selbstorganisation solcher letztlich biochemischer, kooperierender Netzwerke der Gene und des Stoffwechsels eine tragende Rolle. Damit haben freilich die meisten Biologen, die nur zufällige Mutation und deren natürliche Auslese, also ungerichtete Evolution akzeptieren, ihre Schwierigkeiten, wie zum Beispiel in einem Aufsatz aus der Feder der beiden prominenten Evolutionsbiologen Eörs Száthmary und John Maynard Smith zum Ausdruck kommt: »Es gibt keinen theoretischen Grund zu erwarten, dass Evolutionslinien im Lauf der Zeit ihre Komplexität erhöhen, es gibt auch keinen empirischen Beleg dafür. Dennoch sind eukaryotische Zellen komplexer als prokaryotische, und Tiere und Pflanzen sind komplexer als Einzeller, und so fort.« (1995)

Der zweite Satz beschreibt vollkommen richtig eine unbestreitbare Realität, die sich in die Zukunft fortsetzt. Der erste Satz beruft sich auf eine Theorie, die offenkundig der Realität widerspricht. Was muss sich also ändern, die Theorie oder die Realität? Doch auf die wachsende Komplexität in der Evolution und ihre Folgen wird später zurückzukommen sein, wenn es um das Zusammenspiel von Genen und ökologischen Möglichkeiten geht.

Welche Mechanismen im Kambrium die Vielfalt neuartiger, komplexer Baupläne für eine makroskopische Tierwelt erzeugen, ist dank der Entwicklungsbiologie bekannt. Warum allerdings Mikroorganismen plötzlich begannen, undifferenzierte Zellen beiseitezulegen (set-aside cells), und warum sie auf diese Zellen ein besonderes Netzwerk regulatorischer Gene anwandten, bleibt unbeantwortet. Welche zufällige Innovation, welcher evolutive Druck hat diesen Wandel hervorgerufen? Viele Gene des Netzwerks lassen sich auch bei Mikroorganismen wiederfinden, sind also nicht neu.

Das Neue ist vielmehr in deren Kombination, ihrer wachsenden Vielzahl und im Zusammenwirken zu suchen. Die nicht zu unterschätzende Dynamik selbstorganisierender Fähigkeiten spielt dabei eine wichtige, freilich noch ungeklärte Rolle.

## B. Warum vollzog sich der Umbruch im Kambrium?

Der Ursprung der im Kambrium so großartig aufblühenden Metazoen verliert sich irgendwo im frühen Ediacarium und reicht vielleicht noch viel weiter zurück ins sogenannte Tonium vor nahezu einer Milliarde Jahren. Der Grund für die Unauffindbarkeit der Urahnen könnte nicht nur in ihrer Weichhäutigkeit und Kleinheit zu suchen sein, sondern auch in einschneidenden Klimaveränderungen. Dem Ediacarium gingen große Eiszeiten voraus, die zum Cryogenium zusammengefasst werden, das vor 850 Millionen Jahren begann. Die letzten beiden großen Eiszeiten jener Erdperiode ereigneten sich vor 760 bis 700 Millionen Jahren (Sturtian-Eiszeit), und die letzte, die sogenannte Varanger-Eiszeit, reicht in das Ediacarium herein. Es wird vermutet, dass damals die Erde für mehrere zehn Jahrmillionen vollständig mit Schnee und Eis bedeckt war, also auch in den Äquatorzonen. Computersimulationen, die mit unterschiedlicher Sonneneinstrahlung und variierendem Kohlenstoffdioxidgehalt der Atmosphäre operieren, ergaben Vereisungen, die tatsächlich den ganzen Erdball bedeckten oder wenigstens denen der letzten großen Eiszeit entsprachen. Für Jahrmillionen könnten Ozeane unter einer bis zu zehn Meter dicken Eisschicht gelegen haben, und die Erde fror bei globalen mittleren Oberflächentemperaturen von minus 27 Grad Celsius. Bei solchen klimatischen Bedingungen dürfte es keine Bioproduktivität mehr gegeben haben. Die Klimaforscher halten es aber für möglich, dass trotz Meeresvereisungen selbst am Äquator freie Meeresoberflächen lokal existiert haben könnten. Da jedoch solche Computermodelle mit vielen unbelegten Annahmen arbeiten müssen, bleiben die Szenarien spekulativ.

Wie die Vereisung auch immer ausgesehen haben mag, die ca. 200 Jahrmillionen des Cryogeniums müssen für den Fortbestand des Lebens eine harte Prüfung gewesen sein. Erlaubt man sich trotz der Kargheit der Daten dennoch einige Gedanken, könnte eine heute übliche Überlebensweise unwirtlicher Klimazeiten den Weg zur indirekten Entwicklung mit beiseitegelegten, undifferenzierten Zellen geebnet haben. Es gibt in unserer heutigen Welt Organismen, die arktische Kälteperioden und winterliche Jahreszeiten als tiefgefrorene Sporen überleben. Sporen sind kleine wasser- und luftdicht beschalte Gebilde, in denen vom Organismus beiseitegelegte Zellen in ruhendem, dehydriertem Zustand als undifferenzierte Zellen die

Spezies repräsentieren. Dieser ruhende Stellvertreter kann selbst im tiefgefrorenen Zustand für lange Zeit die zellulären Strukturen intakt halten, bis mit schmelzendem Wasser und entsprechend höheren Temperaturen ein Zellstoffwechsel wieder möglich ist. Sporen ähneln in ihrer Funktion der maximalen indirekten Entwicklung, mit dem Unterschied, dass bei den günstigen Klimabedingungen des Kambriums eine »lebendige Spore«, die Larve, die ruhenden, undifferenzierten Zellen aus anderen als klimatischen Gründen schützt und am Leben erhält. Das Verfahren hätte einen Funktionswandel durchgemacht. Bei der Spore geht es ums nackte Überleben, bei der Larve um höhere Komplexität.

Wie auch immer, die Eiszeiten bremsten massiv die evolutive Entwicklung. Die verschiedenen Fossilien des Ediacariums stammen aus Schichten nach der letzten großen Eiszeit. Obwohl das Wenige, das wir mit Sicherheit über die Eiszeiten wissen, die Entstehung der indirekten Entwicklung mit dem großen Netzwerk der Entwicklungsgene für das adulte Tier nicht konkret erklären kann, steht fest, dass die kambrische Explosion sich aus dem Zusammenwirken von genetischen Möglichkeiten und ökologischen Opportunitäten ergibt, verstärkt durch das Zusammenspiel der Organismen, die einen Lebensraum bewohnen. Zufällige Mutationen sind zwar eine der Voraussetzungen, aber keineswegs die Motoren, welche die Evolution vorantreiben. Das sind vielmehr Selbstorganisation und die Interaktionen zwischen Umwelt, Individuum und seinen Genen. Auf sie wird im vierten Kapitel ausführlich einzugehen sein.

## 3. Warmblütigkeit oder Endothermie

Die dritte Vorstufe, die auf dem Weg zur Entstehung des Menschen noch zu erklimmen ist, betrifft nur die terrestrischen Wirbeltiere. Als vor etwa 410 Millionen Jahren die Wirbeltiere begannen, an Land zu gehen, gewannen sie gegenüber den im Wasser zurückbleibenden Fischen einen Riesenvorteil: Sie lebten fortan im Sauerstoffüberfluss. Die Luft enthält heute 21 Prozent oder 209 Milliliter Sauerstoff pro Liter Luft; das ist zehnmal mehr als in kaltem und sogar fünfunddreißigmal mehr als in 40 Grad warmem Wasser, weil sich Sauerstoff in Wasser wenig löst und die Löslichkeit temperaturabhängig ist. Wasserbewohner müssen für ihre Aktivitäten daher die geringen Sauerstoffmengen möglichst effektiv aus dem Wasser in ihre Blutbahn bekommen. Für diesen Gasaustausch haben sie große Kiemenflächen entwickelt, die zehn- bis sechzigmal größer sind als die gesamte

Körperoberfläche. Die Kiemenatmung geht allerdings mit dem Nachteil einher, dass über die hauchdünnen Kiemenblättchen viel Körperwärme ans Wasser verlorengeht und ein Fisch für den unentwegten Wasserstrom durch die Kiemen ca. 30 Prozent seiner Energie aufwenden muss. Ein Landbewohner braucht dagegen zur Ventilation seiner Lungen mit der praktisch schwerelosen Luft nur ein bis drei Prozent seiner Körperenergie. Und obwohl die Alveolenfläche der Lunge sogar hundertmal größer ist als die Körperoberfläche, verlieren die Landtiere wenig Körperwärme, weil Luft ein guter Wärmeisolator ist und die Lungen ins Körperinnere verlagert sind.

Obwohl Körperwärme eigentlich nur als Nebenprodukt der Zellarbeiten anfällt, ist sie ein entscheidendes Thema der Evolution. Alle chemischen Reaktionen laufen umso rascher ab, je schneller sich die beteiligten Moleküle bewegen, das heißt je höher die Temperatur steigt. Für die Lebewesen, die ihren Stoffwechsel mit Proteinen betreiben, gibt es eine Obergrenze bei etwa 42 Grad Celsius. Sie erklärt sich daraus, dass die Proteine bei höheren Temperaturen ihre komplexe, dreidimensionale Struktur und damit ihre enzymatische Wirkung verlieren. Optimale Temperaturen für raschen Stoff- und Energieumsatz liegen nahe bei dieser gefährlichen Obergrenze, bei 35 bis 42 Grad Celsius.

Bei den ersten Landwirbeltieren, den Amphibien und Reptilien, reicht der Stoffwechsel bei Weitem nicht aus, um mit der anfallenden Körperwärme solche optimalen Temperaturen zu erreichen. Für eine rasche Reaktionsfähigkeit bei maximalem Energieumsatz müssen sie daher Wärme von außen, von der Sonne tanken (Exothermie). Eine Eidechse oder eine Schlange kann nur dann blitzschnell in einem Versteck verschwinden, wenn sie in tropischer Wärme lebt oder vorher auf einem aufgeheizten Stein ein Sonnenbad genommen hat.

Diese unbefriedigende Abhängigkeit von den äußeren Temperaturbedingungen des Biotops änderte sich erst, als vor etwa 200 bzw. 150 Millionen Jahren die ersten Säugetiere durchs Gebüsch rannten und die ersten Vögel sich in die Lüfte erhoben. Diese beiden Tierklassen waren die ersten und sind bis heute die einzigen geblieben, die unabhängig von Außentemperaturen aus eigener Kraft, also endotherm, nicht nur bestimmten Muskeln, sondern dem gesamten Organismus dauerhaft eine optimale Betriebstemperatur verschaffen konnten.

Endothermie oder Warmblütigkeit scheint auf den ersten Blick keinen großen Zugewinn gebracht zu haben, im Gegenteil, die Sauerstoffabhängigkeit wurde gegenüber den Exothermen größer. Die Warmblüter benötigen schon im Ruhezustand etwa soviel Sauerstoff wie Schlangen bei maximaler Aktivität, eine ruhende Echse verbraucht beispielsweise nur zehn bis zwanzig Prozent der Energie eines schlafenden Säugers. Diese Abhängigkeit bleibt allerdings folgenlos, solange die Tiere an freier Luft mit ihrem hohen Sauerstoffüberschuss leben. Auch die Schnelligkeit scheint sich bei den Bodenbewohnern nicht wesentlich verändert zu haben. Obwohl Säugetiere mit ihren senkrecht unter den Körper gestellten Beinen die leichtfüßigeren Läufer sind, erreichen sie maximale Laufgeschwindigkeiten, die nicht wesentlich größer sind als die von schnellen Echsen.

Die Endothermie bringt zwei andere Vorteile, Ausdauer und relativ größere innere Organe. Diese Zugewinne scheinen wenig aufregend zu sein, sind aber evolutiv folgenreich. Die Ausdauer hat einen kurzfristigen und einen langfristigen Aspekt. Sowohl für Raubtiere als auch für deren Beute entscheiden oft lange Laufstrecken mit hoher Geschwindigkeit über Erfolg oder Misserfolg einer Jagd oder Flucht. Fliehende Tierherden oder unsere durchtrainierten Marathonläufer beweisen, dass die Säugetiere und wir hohe Geschwindigkeiten stundenlang durchhalten, während Reptilien zwar auch blitzschnell reagieren können, aber nach einigen Minuten eine Ruhepause brauchen. Wenn fliehende Echsen nicht schnell ein Versteck finden, sind sie rettungslos verloren. Der langfristige Aspekt manifestiert sich im Zug- und Wanderverhalten von Vögeln und Tierherden. Ausdauer erlaubt es ganzen Populationen, saisonal über Wochen in ertragreichere Biotope zu wandern oder sogar, wie die Vögel und die Fledermäuse, Tausende von Kilometern in andere Regionen und selbst auf andere Kontinente zu ziehen. Damit können Ressourcen erschlossen werden, die nur periodisch und für kurze Zeit eine ausreichende Nahrungsgrundlage liefern.

Bei endothermen Tieren in Bewegung erzeugen Muskeln die meiste Wärme. Sie beanspruchen bei Säugetieren nahezu die Hälfte des Körpergewichts. Im Ruhezustand liefern jedoch Leber, Niere, Gehirn, Herz und das Verdauungssystem nahezu drei Viertel der Wärme, obwohl diese Organe nur acht bis zehn Prozent des Körpergewichts ausmachen. Die relativ größere Masse dieser inneren Organe endothermer Tiere kann nur die Hälfte der notwendigen Körperenergie liefern, die andere Hälfte stammt aus einem generell höheren Zellstoffwechsel. Der mengenspezifische Sauerstoffverbrauch ist bei einer Ratte verglichen mit einem Reptil in der Leber 4,3mal, in der Niere 3,8mal und im Gehirn 1,6mal höher, wobei das Gehirn nach der Muskulatur das sauerstoffhungrigste Organ ist und allein 20 Prozent des Sauerstoffs benötigt.

Mitochondrien sind die ATP-erzeugenden Kraftwerke aller Zellen. Auf ihren eng gepackten inneren Membranen reihen sich die Enzyme auf, die letztlich für die Energiefreisetzung durch die Knallgasreaktion den Sauerstoff auf den Wasserstoff übertragen. Bei Mitochondrien endothermer Tiere ist die enzymatisch aktive Membranfläche zwei- bis dreimal größer als bei jenen der exothermen Reptilien, und ihre gewichtsspezifische Enzymaktivität ist doppelt so hoch. Diese quantitativen und qualitativen Veränderungen an den Mitochondrien lieferten beim Übergang von den Reptilien zu den Vögeln und Säugetieren die Basis für die Endothermie. Man kann die Mitochondrienkraftwerke der Reptilien und der Säugetiere mit dem Leistungsunterschied zwischen einem Zweitaktmotor und einem »Sechszylinder« vergleichen. Nur ein »Sechszylinder« kann den raschen Energieumsatz und -bedarf eines großen Gehirns gewährleisten. Ohne die Warmblütigkeit hätte es innerhalb der Säugetiere die Evolution zu immer größeren Gehirnen von den Igeln bis zu den Primaten nicht gegeben, und auch nicht den Schritt von den Primaten zum Menschen mit seinem überdimensionalen Vorderhirn.

Unter den Paläontologen gibt es zur Zeit eine Diskussion darüber, ob Warmblütigkeit nicht schon einige Saurierarten und die frühen säugetierähnlichen Reptilien auszeichnete. Endotherme Tiere schützen ihre Körperoberfläche mit Unterhautfettgewebe und durch ein Federkleid beziehungsweise Fell gegen Wärmeverluste. Vor allem das Fell hüllt den Körper in einen zwischen den Haaren gefangenen, unbewegten und daher wärmeisolierenden Luftmantel ein. Federähnliche Strukturen gab es bei Flugsauriern an den Flügeln, aber waren auch ihre Körper zwecks Wärmeisolation bereits gefiedert? Damit stellt sich auch die Frage, welche Faktoren zu den größeren und effektiveren Zellkraftwerken, den Mitochondrien, führten. Bei Vögeln könnte diese Entwicklung durch den hohen Energiebedarf der Flugmuskulatur ausgelöst worden sein, aber bei den Säugetieren? Die ersten Säugetiere waren keine pfeilschnellen Renner, sondern kleine, mausgroße Felltiere, die sich vermutlich der Bedrohung durch die Dinosaurier nur durch ein vorwiegend nächtliches und verborgenes Leben im Unterholz entziehen konnten. Vielleicht haben sie, so könnte man spekulieren, der Kraft der kleinhirnigen Dinosaurier dank Endothermie die Schlauheit eines relativ größeren und schnell arbeitenden Gehirns entgegengesetzt. Vielleicht haben die Säuger die Warmblütigkeit auch von ihren Vorgängern geerbt, den raubtierzähnigen Therapsiden, unter denen es ausgesprochene Schnellläufer gab. Vielleicht entstand sie aber auch als Folge einer besseren Atemtechnik. Reptilien sind nicht in der Lage, ihren Lauf- und Atemrhythmus aufeinander abzustimmen, was die Ventilation der Lungen einschränkt. Als die säugetierähnlichen Reptilien ihren Körper vom Boden abhoben, fiel dieses Hindernis weg, und die verbesserte Ventilation durch synchronen Lauf- und Atemrhythmus, unterstützt durch ein Zwerchfell, das anderen Reptilien fehlt, könnte durch den generellen Heißhunger der Zellen nach

Sauerstoff dazu geführt haben, dass sich relativ rasch größere und effizientere Mitochondrien entwickelten. Endothermie wäre dann ein Nebenprodukt einer verbesserten Atemtechnik beim Laufen. Man sieht, ganz unterschiedliche Szenarien sind denkbar.

# III. Zwei Leitlinien der Evolution:
## Generationenfolge und Kooperation

In den sechziger Jahren des letzten Jahrhunderts begann unter Evolutions-biologen eine heftige Diskussion über die Frage, worauf sich die natür-liche Auslese richte, auf die ganze Tierart, auf einzelne Populationen, auf das einzelne Individuum oder gar nur auf das einzelne, sich selbst replizie-rende Gen, das als Erbträger seit Beginn des Lebens immerhin den Fort-bestand des Lebendigen von Generation zu Generation gesichert hat.

Darwin war der Auffassung, dass die natürliche Auslese am einzelnen Organismus ansetzt, der sich in seiner Lebenswelt bewegt, sich geschickt oder weniger geschickt verhält und entsprechend mehr oder weniger Nach-kommen in die Zukunft entlässt. In die Sprache der modernen Genetik übersetzt, hieße dies, dass die Selektion auf das individuelle Genom zielt. Es sei nachdrücklich an das unerschütterliche Dogma der Evolutionsbiologie erinnert: Am fittesten sind diejenigen, welche die meisten reproduktions-fähigen Nachkommen in die nächste Generation entlassen. Evolutiver Er-folg oder Misserfolg wird allein an der Zahl reproduktionsfähiger Nach-kommen gemessen.

## 1. Gruppenselektion

Die meisten Tiere fristen ihr Leben nicht als Einzelgänger, sondern bewe-gen und bewähren sich innerhalb von Sozialverbänden. Das reicht von lo-ckeren Familienverbänden, wie beispielsweise den über ein größeres Areal verteilten Familienbauten der Füchse oder den unterirdischen Nest-Netz-werken von Kaninchen, über hierarchisch strukturierte Rudel bei Wölfen bis hin zu Herden, die wie Zebras und Gnus zu Tausenden den mit dem Regen aufschießenden Grassteppen nachwandern. Durch die sexuelle Fort-pflanzung, bei der jedes Jungtier von seiner Mutter und seinem Vater ein doppeltes, neu und individuell gemischtes Genom erhält, kann sich eine individuelle, günstige Genveränderung in wenigen Generationen auf die ganze Population ausbreiten. Also ist es sinnvoll, den gesamten Genpool einer Population als Gegenstand der natürlichen Auslese aufzufassen.

In einer großen Population gibt es viele verschiedene Varianten einzelner Gene. Diese als Allele eines Gens bezeichneten Varianten setzen sich in den Gruppenindividuen der natürlichen Auslese aus. Erweisen sich Träger eines bestimmten Allels im Wettbewerb um die begrenzten Ressourcen der Population als besonders durchsetzungsfähig, so wird die Häufigkeit dieser Genvariante im Genpool der Population rasch anwachsen. Paradebeispiele für solche evolutiv günstigen Varianten des genetisch gesteuerten Gruppenverhaltens sind Populationen, die ihre Größe selbst regulieren und nicht nur der Unbill ihrer Umwelt überlassen. Manche Tierarten vermehren sich dagegen »wie die Kaninchen«. Versiegen wegen Übervölkerung die Nahrungsquellen, bricht die Population zusammen, wie das bei Mäusen in regelmäßigen Zyklen geschieht; jeder Bauer kennt die Mäusejahre. Clevere Tierarten vermeiden solche unökonomischen Populationszyklen und reduzieren ihre Fruchtbarkeit drastisch, wenn Übervölkerung droht. Die Geburtenrate wird nicht willentlich gesteuert, sondern regelt sich über hormonelle und neuronale Kontrollen der Fortpflanzungsorgane. Wenn sich Tiere ständig auf die Pelle rücken, wächst der soziale Stress, körperliche Auseinandersetzungen nehmen zu und eine sensorisch hohe Belastung, zum Beispiel durch Gerüche, wird zum Dauerzustand. Solche Stressfaktoren können rasch die Fruchtbarkeit vermindern oder, wie bei Kaninchen, zur Vernachlässigung der Neugeborenen führen, die manchmal sogar aufgefressen werden. Daher müssen in einer solchen Population Allele vorliegen und aktiviert werden, die solche Wege der Fruchtbarkeitseindämmung codieren. Diese Gene sind nur für die ganze Population, nicht aber für das einzelne Tier von Belang.

Die heftigen und immer noch nicht verebbten Fehden um natürliche Selektion entweder auf der Ebene von Populationen oder Individuen erweisen sich aus heutiger Sicht als Prinzipienreiterei. Natürlich treten Genmutationen immer nur in einzelnen Mitgliedern einer Gruppe auf. Die meisten Genveränderungen wirken schädlich und verschwinden rasch aus dem Genpool. Manche Genveränderungen in einem Individuum wirken jedoch nur in der Gruppe, weil sie beispielsweise Sozialverhalten codieren. Die natürliche Auslese gestaltet daher sowohl das Individuum wie auch ganze Populationen. Eines der besten Beispiele sind die Ameisenstaaten, die als evolutive Einheit aufzufassen sind. Ein Ameisenstaat zum Beispiel, in dem die vielen Kasten und Unterkasten etwas besser zusammenarbeiten als in anderen Staaten der gleichen Art, wird mehr Reproduktionstiere aufziehen als die anderen. Der evolutive Vorteil entsteht nur durch die Kooperation in der Gruppe. Gruppenselektion gibt es überall dort, wo Individuen in locker organisierten Populationen oder wie in Insektenstaaten nach festen Regeln interagieren und kooperieren, gleichgültig ob die Gruppenmitglieder miteinander verwandt sind oder nicht.

Selektion spielt sich also auf verschiedenen Niveaus ab, zwischen kooperierenden Genen eines Genoms, zwischen kooperierenden Enzymen und Signalketten in der Zelle, zwischen kooperierenden Geweben und Organen eines Individuums und zwischen konkurrierenden sozialen Gruppen.

## 2. Der Weg zum egoistischen Gen

Natürliche Auslese geht nicht nur von den physikalischen und biologischen Eigenschaften eines Lebensraumes aus, sondern auch von den vielfältigen, zum Teil subtilen Sozialbeziehungen zwischen Mitgliedern einer Tiergemeinschaft. In einer Population gibt es verschiedenartige und abgestufte Verhaltensstrategien, etwa in der Konkurrenz um die Stellung in der Gruppe, um den Zugang zu Sexualpartnern usf. In den Gruppen kommt es zu allmählich eskalierenden Auseinandersetzungen und Rivalenkämpfen, die oft so ritualisiert sind, dass derjenige, der als Verlierer aus dem Kampf herausgeht, keine lebensbedrohlichen Schäden erleidet. Die Population würde sich sonst mit der Zeit selbst schwächen.

In der Sprache der Genetiker hängt also die Fitness eines Genoms (also des Individuums) von der Anwesenheit und dem Verhalten anderer Genome in der Population ab. Die Frage ist, wie sich in einem Genpool die Allele für bestimmte Strategien der Konfliktlösung über Generationen halten, während andere wieder verschwinden. Warum setzen sich zum Beispiel brutale Kämpfer, die ihren Gegner grundsätzlich niedermachen, in Tiergesellschaften nicht durch? John Maynard Smith hat diese Frage beantwortet, indem er die Spieltheorie auf die Konfliktlösungen in Tiersozietäten anwendete. Er erweiterte die Evolutionstheorie um den Begriff der evolutiv stabilen Strategie (ESS). Eine ESS kann eine einzelne Verhaltensweise sein oder eine zusammengesetzte, die beispielsweise aus verschiedenen Elementen für eskalierende Auseinandersetzungen besteht. Eine Strategie der Konfliktlösung ist dann evolutiv stabil, wenn sie von allen Mitgliedern einer Population befolgt wird und durch keine bessere im Sinne der genetischen Fitness ersetzt werden kann. Die ESS führt nicht zu effektiveren Konfliktlösungen, sondern macht das System immun gegen Sozialbetrüger aus der eigenen Population. In den Begriffen der Genetiker heißt dies, dass sich die

Häufigkeit der Genvarianten für Konfliktlösungsstrategien im Genpool nicht mehr ändert. Der Genpool wird zu einem über Generationen stabilen Satz von Genen, in den sich veränderte oder neue Gene nur schwer einschleichen können.

Die meisten neuen Gene werden durch Selektion aus dem Genpool eliminiert. Gelingt es einem neuen Gen doch einmal, sich im Genpool zu halten, weil es Vorteile bringt, so wird der Genpool eine Zeitlang instabil sein, bis sich wieder ein neues evolutiv stabiles Gleichgewicht eingestellt hat. Indem sich der Genpool um einen kleinen Schritt verändert, verändert sich also auch das Konfliktverhalten der Population. Damit hat sich ein bisschen Evolution des Sozialverhaltens ereignet. Die ESS erweitert die klassische Darwin'sche Theorie um die Auslese durch soziale Parameter oder, genetisch formuliert, um die Auslese zwischen konkurrierenden Genvarianten im Genpool.

Merkwürdigerweise haben Biologen wenig Mühe, Schlechtes, Negatives und Nachteiliges zu erklären. Dagegen tun sie sich bei den schönen und angenehmen Dingen des Tierreichs schwer. Mitglieder einer Tiergemeinschaft konkurrieren nicht nur mit ihren Artgenossen um die bessere Futterstelle, um den Zugang zu fruchtbaren Weibchen oder um den sichersten Schlafplatz, sie kooperieren auch untereinander zum gegenseitigen oder sogar einseitigen Nutzen des anderen. Der Hahn kräht, wenn er einen Raubvogel sichtet, und schickt die Hennenschar in Deckung, während er selbst mit seinem Warnruf für den Fressfeind auffälliger wird und sich erhöhter Gefahr aussetzt. Bodenbrütende Vogelweibchen täuschen vor, flügellahm zu sein, um die Aufmerksamkeit eines Räubers auf sich selbst hin- und von ihren Jungen abzulenken. Die im Menschheitsgedächtnis so verschrienen blutdürstigen Vampire geben nach ihrem nächtlichen Ausflug großzügig einen Teil ihrer Blutbeute an diejenigen hungrigen Koloniegenossen ab, die in jener Nacht vergeblich nach einem Opfer gesucht haben. Selbst eine so kleine altruistische Geste wie die gegenseitige Fellpflege kann die Fitness um ein Geringes vermindern, weil sie den, der laust, Zeit und ein bisschen Energie kostet.

Solch offenkundiger Altruismus im Tierreich stürzt die ursprüngliche Darwin'sche Evolutionslehre in große Schwierigkeiten. Denn wer altruistisch handelt, vermindert zwangsläufig seine eigene Fitness und verstößt so gegen das oberste Gebot der Fitnessmaximierung im Interesse des Reproduktionserfolgs. Man könnte vermuten, dass nur solche Tiere sich altruistisch verhalten, die dieses Gebot schon erfüllt haben und im unfruchtbaren Alter stehen. Es sind aber gerade die jungen, kräftigen Tiere, die ihren Nachbarn helfen und sich als Wächter exponieren.

Der englische Biologe William D. Hamilton zog aus, um mit dem genetisch vererbten Sozialverhalten den Altruismus für die Darwin'sche Evolutionstheorie zu erobern, und kam mit dem Begriff der inklusiven Fitness und der Verwandtschaftstheorie (kinship theory) wieder zurück, die seit 1964 die Evolutionsbiologie beherrscht. Nach dieser Theorie kümmert sich ein Individuum, in der Sprache der Genetik also ein Genom, nicht nur um die Replikation seiner eigenen Gene, sondern auch um diejenigen seiner Gene, die auch in anderen Artgenossen (Genomen) enthalten sind. Die Wahrscheinlichkeit, dass eines meiner Gene auch in meinem Gegenüber zu finden ist, wächst mit dem Verwandtschaftsgrad r. Bei meinen Geschwistern beträgt dieser Verwandtschaftsgrad 0,5, bei Halbgeschwistern 0,25, bei Vettern und Basen 0,125 usf. In dieser Hamilton'schen Modellwelt, die nur von genetisch fixiertem Verhalten handelt, könnte man daher sein Leben riskieren für zwei Geschwister, für vier Halbbrüder oder acht Vettern, ohne durch seinen selbstlosen Tod dem Fortbestand seiner Gene zu schaden. Wenn man den Selektionswert eines Gens für den eigenen reproduktiven Erfolg kalkuliert und den Replikationserfolg dieses Gens in meinen Verwandten, gewichtet mit dem Verwandtschaftsgrad r, hinzurechnet, so ergibt sich daraus die inklusive Fitness. Ein Gen, das altruistisches Verhalten induziert und damit die eigene Fitness mindert, kann sich dank der inklusiven Fitness im Genpool einer Gruppe halten und ausbreiten, wenn sich die Selbstlosigkeit auf die nahe Verwandtschaft bezieht.

Diese Verwandtschaftstheorie auf der Basis inklusiver Fitness breitete sich wie ein Buschfeuer in der Evolutionsbiologie aus und öffnete den Blick auf die Gene. Nach dieser Theorie sind es einzelne Gene und nicht bestimmte Genome (Individuen) oder gar Genpools (Gruppen), auf die sich die Selektion in erster Linie richtet und deren Fortbestand in künftigen Generationen durch die inklusive Fitness begünstigt wird. Seit die Verwandtschaftstheorie das Feld beherrscht, betrachten Biologen das Evolutionsgeschehen vorwiegend aus dem Blickwinkel der Gene.

Diese Sichtweise beherrscht die Szene, weil die Soziobiologen zahllose Belege beibringen konnten, nach denen altruistisches Verhalten in Tiergesellschaften tatsächlich nahen Verwandten zugutekommt. Dies geschieht zum einen schon deshalb, weil viele Tiersozietäten dadurch entstehen, dass Verwandte lange zusammenbleiben und in einer solchen Klan-Gesellschaft die Wahrscheinlichkeit groß ist, dass einem ein Verwandter gegenübersteht. Zum anderen schien die Sozialstruktur in Insektenstaaten die durchschlagendsten Belege für die Richtigkeit der Verwandtschaftstheorie zu liefern: Das Bienenvolk besteht aus einer Königin, die als Einzige berechtigt ist, Eier zu legen, weiterhin aus ein paar Männchen, den Drohnen, und aus einer Heerschar unfruchtbarer Arbeiterinnen, die Pollen und Nektar herbeischaffen, den sie in Form von Honig in den Waben speichern, und die Brut aufziehen. Die Arbeiterinnen füttern die Larven zunächst mit einem Nährsekret, dem sogenannten Gelée royale. Wird diese Spezialfütterung nach drei Tagen abgebrochen, werden aus den Larven junge Arbeiterinnen, wird sie jedoch fortgesetzt, entwickelt sich eine neue Königin, die mit einem Teil der Arbeiterinnen ausschwärmt und ein neues Bienenvolk gründet. Die Königin besitzt einen lebenslangen Samenvorrat, den sie von ihrem Hochzeitsflug zurückgebracht hat. Aus ihren befruchteten Eiern werden Arbeiterinnen, die einen diploiden, doppelten Gensatz besitzen, einen von der Mutter und einen vom Vater. Die Königin kann jedoch auch unbefruchtete Eier legen. Aus ihnen entwickeln sich die männlichen Drohnen, die nur einen haploiden Gensatz besitzen, den ihrer Mutter. In einem solchen haplodiploiden Bienenstaat ergeben sich besondere Verwandtschaftsverhältnisse. Die Drohne ist ein Klon der Königin und hat den Verwandtschaftsgrad $r = 1$. Die Arbeiterinnen sind mit der Königin und ihrem Vater je zur Hälfte verwandt, mit ihren Arbeitskolleginnen sind sie zu drei Vierteln verwandt. Würde eine Arbeiterin wie eine Königin sich paaren und Eier legen können, dann erzielte sie mit ihren Kindern einen Verwandtschaftsgrad $r$ von 0,5. Um im Sinne der Fitnessmaximierung möglichst viele Kopien der eigenen Gene zu erzeugen, lohnt es sich für eine Arbeiterin eher, in die zu drei Vierteln verwandten Schwestern zu investieren als in eigene Nachkommen mit dem Verwandtschaftsgrad 0,5. Die Verwandtschaftstheorie mit der inklusiven Fitness kann widerspruchslos den unermüdlichen Altruismus erklären, mit dem Bienenarbeiterinnen den Nachwuchs der Königin, ihre jüngeren Schwestern, hochziehen und auf eigene Nachkommen verzichten. Die Selbstlosigkeit der Bienenarbeiterin verdankt sich also in Wahrheit dem Egoismus der Gene, die mit ihrem »Replikationsdrang« das Verhalten des Organismus bestimmen. Kann man sich einen schlagenderen Beweis für die Richtigkeit der inklusiven Fitness vorstellen?

Die Bienenforscher haben in den letzten Jahren ziemlich viel Wasser in diesen reinen Wein gegossen. Wenn eine Königin zum Hochzeitsflug ausfliegt, steuert sie Drohnensammelplätze an, an denen Hunderte von Drohnen aus bis zu 240 verschiedenen Völkern herumschwirren. Der Drohn, der das Glück hat, mit der einfliegenden Königin zu kopulieren, gibt sein Spermapaket an die Königin ab und stirbt, noch bevor die Kopulation beendet ist. Die Königin belässt es nicht bei dieser einen Paarung, sondern kopuliert anschließend mit anderen Drohnen. Bei unserer Honigbiene trägt sie schließlich den Samen von ca. zwölf Männchen nach Hause, bei einer asiatischen Bienenart, *Apis dorsata*, gibt es sogar über 50 Kopulationen. Der

Samen unterschiedlicher Herkunft vermischt sich im Samenspeicher der Königin. Damit wird bei den diploiden Arbeiterinnen das ideale Verwandtschaftsverhältnis von 0,75 bei gleichem Vater nicht durchgehalten. Es gibt in Bienenvölkern wenigstens zehn verschiedene Vaterschaftslinien und damit Gene von zehn verschiedenen Vätern. Beobachtungen aus jüngster Zeit zeigen, dass der Altruismus der Arbeiterinnen weniger durch Verwandtschaft als durch gegenseitige soziale Kontrolle und Sanktionen aufrechterhalten wird.

Auch bei anderen Tierarten zeigte sich, dass die Verwandtschaft bei weitem nicht alle altruistischen Wohltaten erklären kann. So gibt es zum Beispiel bei einigen tropischen Vogelarten Helfer, die sich ständig in der Nähe eines Nestes aufhalten und dem Pärchen helfen, seine Brut hochzuziehen. Es hat sich herausgestellt, dass unter diesen Helfern nicht nur Verwandte, sondern auch fremde Zugezogene arbeiten. Nach den streng regulierten sozialen Verhaltensweisen der Ameisenstaaten entscheidet nicht die Verwandtschaft, sondern die geruchlich definierte Zugehörigkeit zum eigenen Staat, ob eine Begegnung zu sozialen Wohltaten wie beispielsweise zur Fütterung führt oder aber zu einem erbarmungslosen Kampf.

Dennoch gibt es keinen Zweifel, dass im Tierreich die »Vetternwirtschaft« weit verbreitet ist. Seit man weiß, dass zumindest Säugetiere ihre nächsten Verwandten, ihre eigenen Kinder und ihre Geschwister am Geruch, an der Stimme und vor allem am Immunprofil erkennen können, hat sich eine wichtige Prämisse der Verwandtschaftstheorie bestätigt. Heute ist diese Theorie, die auf der inklusiven Fitness fußt, ein ebenso fester Bestandteil der Evolutionsbiologie wie Darwins Prinzip von zufälliger Variabilität und natürlicher Auslese.

Doch die frühen Bestätigungen der Verwandtschaftstheorie haben in der Evolutionsforschung das Konzept durchgesetzt, wonach im Mittelpunkt der natürlichen Selektion nicht die Gruppe, auch nicht das Individuum, sondern die replikationsdurstigen DNA-Moleküle stehen, die als Gene die Instruktionen für den Bau, die Leistungsfähigkeit und das Verhalten eines Individuums enthalten.

Der Egoismus des Gens als Motor der Evolution und Garant für den Fortbestand des Lebens beherrscht heute die Vorstellung über die Evolution innerhalb und außerhalb der Biologie, vor allem dank der Bücher von Richard Dawkins. Mit seinem Werk »Das egoistische Gen« (1978) und dessen Nachfolgebüchern hat er die Evolution zum öffentlichen Thema gemacht und Wissenschaftsgeschichte geschrieben. Dawkins hat ein unabweisbares Argument zugunsten der Rückführung des Evolutionsgeschehens auf die Gene vorgetragen: »In ihrer allgemeinsten Form meint natürliche Selektion das differenzierende Überleben von Einheiten (units). Bestimmte Einheiten leben, andere sterben. Aber damit dieser selektive Tod irgendeine Auswirkung auf die Welt haben kann, muss eine zusätzliche Bedingung erfüllt sein. Jede Einheit muss in Form vieler Kopien existieren, und wenigstens einige dieser Einheiten müssen in Form von Kopien über eine beachtliche Zeit der Evolution potentiell überlebensfähig sein. Kleine, genetische Einheiten haben diese Eigenschaften, Individuen, Gruppen und Arten haben diese Eigenschaften nicht.« Diese Replikatoren werden somit zur Ultima Ratio unserer Existenz. Wir, das heißt die individuellen Phänotypen vom einzelnen Bakterium, Wurm, Fisch, Vogel, Säugetier bis zum Menschen, sind die sterblichen Vehikel, mit denen die Gene ihre Replikation und ihre Unsterblichkeit absichern. Die Gene liefern die Instruktionen, wie ihre Überlebensmaschinen gebaut werden und als individuelle Organismen in ihrer Lebenswelt so agieren, dass möglichst viele Genkopien in die Zukunft entlassen werden. Wir, die Individuen, sind Marionetten, die nach der Choreographie unserer Gene zu tanzen haben. Gene sind deshalb egoistisch, weil sie ihre Replikationsmöglichkeiten naturgesetzlich gegen jede Konkurrenz durchzusetzen versuchen. Es konkurrieren nicht nur die Genome verschiedener Vehikel, also die Individuen und Tierarten, sondern auch die Gene untereinander. Der nächstliegende Rivale eines Gens sind seine Allele, mutierte Kopien seiner selbst, die unter der gleichen Adresse auf einem Chromosom zu finden sind. Es wird letztlich jene Variante erhalten bleiben, die sich im Getriebe der Überlebensmaschine, dem einzelnen Organismus, und ihrer Auseinandersetzung mit der Außenwelt als vorteilhafter erweist. Im evolutiven Wettbewerb um die höchsten Überlebensraten steht nach diesem Konzept das einzelne Gen.


## 3. Vom Gen zur Interaktion: der Fortschritt

Wer wie die heutige Evolutionsbiologie die Macht der Gene in den Mittelpunkt der Evolution stellt, übersieht leicht, dass diese Gene für sich genommen hilflos sind. Sie brauchen immer eine Zellumgebung. Enzymketten der Zellen liefern den Genen die Energie für »ihre Leidenschaft«, die Replikation. Gene benötigen die zelluläre Reparaturmaschinerie, ohne die das Kopieren sich in Fehlern verheddern würde, und sie benötigen die Zellen, um ihre Instruktionen in entsprechenden Vehikelstrukturen, Phänotypen, umzusetzen und zu realisieren. Es gibt keine Gene außerhalb von Zellen, und wo es sie doch in Form von Viren gibt, müssen sie als Piraten eine

Zelle entern, um sich mit deren Hilfe zu vermehren. Die Genumgebung nimmt Einfluss auf das, was Geninstruktionen bewirken.

Wie oben gezeigt, erzeugt Darwins »survival of the fittest« evolutiv stabile Strategien, die in sich kooperierende und harmonierende Genome hervorbringen. Diese erfolgreichen Genome eliminieren schädliche Mutationen und können sich so über zahllose Generationen unverändert am Leben erhalten. Die seit Jahrmillionen nicht veränderten Baupläne der Wirbeltierklassen, der Fische, Amphibien, Reptilien, Vögel und Säugetiere sind ein Beispiel hierfür. Wer allerdings nur aus dem Blickwinkel der Gene auf die Evolution schaut, rückt die Erhaltung des Stabilen, das Fortleben des Bewährten, das Statische in der Geschichte des Lebens in den Vordergrund und übersieht die überschießende Lebendigkeit der Evolution, ihre Wandlungsfähigkeit und Dynamik. Wie zwei gegenläufige Stränge durchziehen die einander zuwiderlaufenden Gesetzmäßigkeiten von der Bewahrung des Bewährten und der unablässigen adaptiven Wandelbarkeit die Evolution seit den Anfängen des Lebens. Für das Bewährte ist jede Mutation eine Bedrohung, ein Kopierfehler bei der Replikation der Gene. Für die Vielfalt der Organismen liefern genau diese Fehler jedoch das Spielmaterial (Roheisen) für die Entstehung neuer Arten in der Schmiede natürlicher Auslesen. Das Leben spielt sich in der ständigen Auseinandersetzung der individuellen Organismen mit ihrer Lebenswelt ab. Die Gene sind nicht der Inhalt, sondern das Ergebnis des Lebens. Alle Dramen und Triumphe spielen sich auf der Lebensbühne ab, der tägliche Kampf um Wasser und Nahrung, das Erschließen neuer Lebensräume durch spektakuläre Leistungen wie Tauchen und Fliegen, die Erfolge und Niederlagen im Sozialverband und das Durchstehen und Erliegen bei Pest und Cholera.

Wer vom Niveau der Gene auf die Evolution schaut, behauptet zu Recht, dass es in der Evolution keinen Fortschritt gibt. Für Gene geht es nur um eines: möglichst viele Nachkommen in die nächste Generation zu schicken, gleichgültig, ob das Vehikel hierfür ein Einzeller, ein Wirbelloser, ein Wirbeltier oder gar ein Mensch ist. Man schaue jedoch auf das Evolutionsgeschehen selbst, auf die uferlose Artenvielfalt vergangener Epochen und der heutigen Biosphäre, auf die Art und Weise, wie ein Organismus auf die Herausforderungen und Einschränkungen seiner Lebenswelt antwortet. Wenn man beobachtet, ob und wie er sein Umfeld zu seinen Gunsten verändern kann, ob er genügend Energie beibringen kann, um sich ein flexibles, lernfähiges Gehirn leisten zu können, das Wahrnehmungen in adaptive Handlungen umsetzt, dann stellt man fest, dass es vom Beginn des Lebens bis heute eine kontinuierlich fortschreitende Entwicklung vom Einfacheren zum Komplexeren gibt. Dieser Fortschritt mündet schließlich in einem intelligenten Organismus, dem *Homo sapiens*, der die Gesetze der Natur durchschaut und dieses Wissen einsetzt, um seine Lebenswelt nach seinen eigenen Vorstellungen zu gestalten, der die lebendige Welt seinem Willen unterwirft und sich als erstes und einziges Lebewesen der Tyrannei seiner Gene entziehen kann. Natürlich ist auch der Mensch an die Randbedingungen seiner Struktur und ihrer Leistungsfähigkeit gebunden, die ihm seine Gene vorgeben. Als einzige Spezies kann er sich aber dem unerbittlichen Diktat der Fitnessmaximierung bewusst widersetzen.

Der Begriff Fortschritt blieb in der Evolutionsbiologie bis heute tabuisiert. Wie bereits erwähnt, hat der große Mitbegründer der modernen Evolutionsbiologie, Ernst Mayr, in seinem knapp neunhundertseitigen Buch »Die Entwicklung der biologischen Gedankenwelt« immerhin viereinhalb Seiten auf den Fortschritt verwendet. Er hält für den *Homo sapiens* eine Spitzenposition für möglich, wenn er schreibt. »Als Julian Huxley (1942) die ›Beherrschung der Umwelt‹ zu einem Maß für den Fortschritt machte, setzte er ohne jeden Zweifel den Menschen als Gipfelpunkt weit über alle anderen Organismen, obgleich Termiten, Bienen und einige andere Organismen hinsichtlich der Beherrschung ihrer Umwelt recht erfolgreich gewesen sind. Unabhängigkeit von der Umwelt ist vielleicht ein besserer Maßstab; ein weiteres gutes Kriterium ist die Fähigkeit des Nervensystems, Informationen zu speichern und zu benutzen. Offene Verhaltensprogramme müssen zweifellos als fortschrittlicher angesehen werden als starr geschlossene Programme.«

Ernst Mayr benutzt das Wort »Unabhängigkeit« von der Umwelt. Dieser Begriff greift aber zu weit, um das zu definieren, was mit der Befreiung von Umweltbeschränkungen im Zuge der Entstehung des Menschen gemeint ist. Selbstverständlich bleibt der Mensch der Biosphäre verhaftet, er benötigt wie alle anderen Lebewesen Wasser und chemisch gebundene Energie in Form von Nahrung, und er braucht die grüne Pflanzenwelt, wenn er nicht in Sauerstoffarmut ersticken will. Die vollständige Nutzbarkeit aller Lebensbedingungen dieser Erde, das Ausschöpfen all ihrer Ressourcen und die Gestaltung der Lebensräume zu humanspezifischen Biotopen ist das, was Mayr mit »Unabhängigkeit von der Umwelt« meint. Humanspezifische, globale Umweltnutzung trifft eher die einzigartige Position des Menschen gegenüber allen Lebensräumen dieser Erde.

Was Ernst Mayr als Möglichkeit einräumt, den »Menschen als Gipfelpunkt«, ist Realität. Die Evolutionsgeschichte zeigt, dass wachsende neuronale Komplexität in die flexible Umweltanpassung führt, bis hin zur Gestaltung der Umwelt zum eigenen Nutzen. Im *Homo sapiens* erreicht diese Entwicklung ihren Höhepunkt. Er ist, dies sei noch einmal betont, die einzige Spezies, die sich zwar nicht den Regeln, wohl aber dem Diktat der

Fitnessmaximierung durch natürliche Auslese ungestraft entziehen und sich autonome Ziele setzen kann. Mit der Heraufkunft des Menschen gibt die Evolution einem eigenen Geschöpf die Naturgesetze und ihre eigenen Regeln in die Hand. Seit es den Menschen gibt, bestimmen nicht nur natürliche Auslese, sondern anthropogene Ziele die Zukunft der Evolution. Dank Technik und Wissenschaft verändert der Mensch die Welt bis hin zum globalen Klima nach seinem Bilde. Damit legt *er* fest, und nicht mehr allein die natürliche Auslese, welche Arten eine Zukunft haben und welche verschwinden. *Er* hat die Macht, sich im künftigen Verlauf der Erdgeschichte von keinem anderen Lebewesen überholen zu lassen, und nutzt diese Macht ohne Skrupel. Schon Johann Gottfried Herder hat am Ende des 18. Jahrhunderts in seinen »Ideen zur Philosophie der Geschichte der Menschheit« (1784–1791) den Mut der Natur bewundert, einem so unvollkommenen Geschöpf wie dem Menschen die Gabe der Freiheit und der Vernunft geschenkt zu haben. Wenn es diesem Geschöpf weiterhin gelingt, die Fluten reproduktions- und mutationsfreudiger Mikroben zu kontrollieren, und wenn es lernt, seine egoistischen Gene in Schach zu halten, um den unabwendbaren Folgen der Übervölkerung und Ressourcenplünderung zu entgehen, dann wird es tatsächlich dort sein, wo es Julian Huxley hingesetzt hat und wo es die heutigen Biologen in falschem Verständnis der Zufallsevolution und von schlechtem Gewissen geplagter Demut gegenüber den misshandelten Mitgeschöpfen auf keinen Fall sehen möchten: an der Spitze der Evolution.

Sollte die Evolution aus irgendeinem Grund um 600 Millionen Jahre in eine vorkambrische Zeit zurückfallen, so stünde am Ende einer neu einsetzenden Evolution wiederum ein intelligentes Wesen, das die Gesetze der Natur nach eigenem Gutdünken nutzen würde. Dass dieses Wesen wiederum *Homo sapiens* hieße, wäre unwahrscheinlich, aber auch nebensächlich.

Die über die Jahrmillionen wachsende Komplexität der informationsverarbeitenden Systeme im Tierreich speist sich aus zwei Quellen – der Selbstorganisation und der unablässigen Interaktion zwischen individuellem Organismus und seiner Umgebung, zwischen intrinsischen und extrinsischen Welten. Wie im ersten Kapitel ausgeführt, liefert die große Fähigkeit zur Selbstorganisation von biochemischen und biologischen Systemen den Rohstoff, der im Zusammenspiel mit der Außenwelt, durch natürliche Auslese, an ein Biotop angepasst und für diese Lebenswelt fit gemacht wird. Diese Interaktion zwischen Individuum und belebter Umwelt, die Darwin in einseitiger Sicht als den Kampf ums Dasein bezeichnete, ist das, was wir Leben, was wir in der Natur Werden und Vergehen nennen, aus dem auf der Basis veränderbarer Genome neue Arten entstehen. Diese Interaktion ist auch die Grundlage dessen, was wir Menschen als Glück und Leid erleben.

Die Auseinandersetzung zwischen Organismus und Umwelt wird bewusst nicht als Kampf, sondern als Interaktion bezeichnet, weil der Organismus durch sein Verhalten, sei es autonom oder reaktiv, auf die Umwelt zurückwirkt und sie verändert: Man denke nur an die riffbildenden Korallen oder an die humusbildenden Regenwürmer. Im Gegensatz zu Darwins Kampf ums Dasein beschränkt sich der Begriff Interaktion nicht nur auf die Konkurrenz um Ressourcen, sondern bezieht sich auch auf Kooperation und gegenseitige Begünstigung.

Diese Interaktion bedient sich zweier ganz verschiedener Instrumente, der Epigenetik (Kapitel IV) und des Zentralnervensystems (Kapitel V). Beide Interaktionswege führen die meisten Arten in immer detailgetreuere Anpassungen an spezifische Biotope und ihre besonderen Ressourcen und damit in immer vollständigere Abhängigkeit von spezifischen Umwelten. Dieser sich ständig feiner verzweigenden Spezialisierung sich evolutiv anpassender Arten verdanken wir die unerschöpfliche Artenvielfalt. Einigen wenigen Arten gelang es, diese Sackgasse hochgradiger Spezialisierung zu vermeiden und sich stattdessen durch offene Lernfähigkeit und das Vermögen, nahezu alle Nahrungsquellen auszuschöpfen, eine Fähigkeit zu genereller Anpassung an die verschiedenartigsten Lebensbedingungen zu bewahren. Zu diesen wenigen, aber lebenstüchtigen Generalisten gehört der Mensch. Doch darüber wird im fünften Kapitel zu reden sein.

## 4. Wachsende Komplexität

Der in der Biologie weitgehend unreflektiert benutzte Begriff der Komplexität bedarf einer genaueren Betrachtung. Auch diejenigen, die im Sinne des Konzepts vom egoistischen Gen von der völligen Gleichwertigkeit aller Organismentypen als Gen-Vehikeln ausgehen, bestreiten nicht, dass im Laufe der Erdgeschichte zunehmend komplexere Organismen entstanden sind. Seit mehr als vier Milliarden Jahren ziehen sich durch die Evolution des Lebens daher zwei rote Fäden und nicht nur einer. Der eine ist die Replikation der Gene, ohne die beide Fäden abreißen würden, der andere ist das Auftauchen immer komplexerer Organismen.

Was ist Komplexität? Ein vager und vielseitig verwendeter Begriff, der nicht zu quantifizieren ist. Versuche, Komplexität zu beschreiben, fallen ihrerseits komplex aus. So weist Richard Dawkins in seinem Buch »Der blinde Uhrmacher« (1990) Komplexität vier Attribute zu:

1) Eine heterogene Struktur: Ein Tier besteht aus verschiedenartigen Organen und verschiedenen Materialien, ein reiner Kristall besitzt dagegen eine homogene Struktur.

2) Die Bestandteile komplexer Strukturen sind nicht zufällig zusammengebaut, sondern nach einem zweckgerichteten Plan.

3) Komplexe Strukturen besitzen eine zweckgerichtete Leistungsfähigkeit, die Organe eines Tierkörpers beispielsweise die Fähigkeit, das Individuum am Leben zu erhalten.

4) Die Art, wie Einzelteile zu einer komplexen Struktur zusammengefügt sind, erklärt sich aus der spezifischen Leistung dieser komplexen Struktur.

Solche Attribute erläutern, aber definieren nicht, was das Komplexe vom Einfachen unterscheidet. Das Lochkameraauge des Argonautenboots (ein ursprünglicher Tintenfisch) ist nach der Erläuterung oben eine komplexe Struktur, aber einfach im Vergleich zum kompliziert gebauten Linsenauge einer Muschel. Es fehlt eine Messlatte, mit der Grade der Komplexität gemessen werden können.

Komplexe Systeme verhalten sich nichtlinear – soll das als Kennzeichen von Komplexität herhalten? Dann besteht die ganze Biologie nur noch aus komplexen Strukturen, was so falsch nicht ist. Komplexität gibt es in der Biologie auf jeder Organisationsstufe, von der Zelle über Zellverbände, Gewebe, Organe, Organismen, Populationen bis zu Ökosystemen. Mitochondrien zum Beispiel setzen in zeitlich-räumlich koordinierten Kettenreaktionen 700 verschiedene chemische Substanzen ein, um schließlich ATP zu erzeugen, eine an Komplexität kaum zu überbietende Meisterleistung. Hunderte von Proteinen schalten in jeder Zelle, gesteuert von inneren und äußeren Signalen, bestimmte Gene ein und andere aus, ein bis heute undurchschaubar komplexes Geschehen, das sich unentwegt zigmillionenfach in unserem Körper so abspielt, dass er funktions- und leistungsfähig bleibt.

Solche Beispiele komplexer biologischer Leistungen liefern einen Schlüssel, wie zumindest für biologische Systeme der Grad an Komplexität erfasst werden kann. Es müssen viele verschiedenartige Reaktionsketten zusammenarbeiten, um das Ziel, zum Beispiel die Produktion von ATP-Molekülen, zu erreichen, wobei Zusammenarbeit beides bedeuten kann, sich gegenseitig bei der Erfüllung einer Teilaufgabe zu unterstützen oder den weniger geeigneten Partner zu hemmen. Je mehr Teilsysteme zusammenarbeiten, desto komplexer wird die Struktur, beispielsweise eines Mitochondrions. In der Biologie bedeutet Komplexität de facto Kooperativität, und je mehr Partnersysteme zusammenarbeiten müssen, umso komplexer wird das System. Kooperation im Lebendigen heißt nicht Zusammenarbeit der Gleichen – die homogene Kristallstruktur –, sondern Zusammenarbeit der Verschiedenartigen. Es sind verschiedenartige, spezialisierte Enzyme, die kooperativ in Mitochondrien ATP erzeugen, es sind verschiedenartige Zelltypen, die funktionsspezifische Organe ermöglichen: Verschiedenartige Organe müssen im lebensfähigen Individuum kooperieren, verschieden befähigte Individuen interagieren in Populationen und verschiedenartige Organismen tragen das Gleichgewicht eines Ökosystems. Biologie ist nicht nur eine komplexe, kooperative Wissenschaft, sondern sie ist die Wissenschaft *von* Komplexität.

Das Prinzip der Kooperativität beherrscht seit seinen Anfängen in der Erdgeschichte das ganze Leben. Es sei daran erinnert, dass schon in präbiotischen Zeiten solche katalytischen Reaktionen, die mit anderen verkoppelt waren, sich besser erhalten sollten als nicht kooperierende. In der Biologie gibt es zahllose Beispiele effektiver Zusammenarbeit:

- alle Stoffwechselwege der Zellen bestehen aus kooperierenden Enzymen;
- das einzelne Gen vermag nichts, es benötigt in aller Regel kooperierende Gene und vor allem kooperierende Transduktionsfaktoren und RNA-Ketten, um seine Instruktionen an den Mann zu bringen;
- das informationsverarbeitende Systemgeflecht eines Gehirns kann nur funktionieren, weil in zahllosen, miteinander kooperierenden Mikronetzwerken ihrerseits wieder viele verschiedene Neurone zusammenarbeiten, zuarbeitende Neurone erregen und antagonistische hemmen;
- die Staaten vieler sozialer Insekten sind Meisterleistungen komplex strukturierter Zusammenarbeit.

Eine wichtige Frage ist zu klären: Ist dieser Trend zu wachsender Komplexität ein Ergebnis der Selektion an zufällig entstandenen, unterschiedlich komplexen Einheiten, oder ist er eine intrinsische Eigenschaft des Systems Leben? Stephen Jay Gould, der durch seine glänzenden Essays viel für die Verbreitung des Evolutionsgedankens geleistet hat, kann als Sprachrohr der herrschenden Meinung gelten, wenn er nachdrücklich behauptet, der Mensch sei ein *reines Zufallsprodukt*. Würde die Lebensgeschichte heute von Neuem beginnen, wären die Ergebnisse unvorhersehbar, vor allem aber völlig anders als unsere heutige Organismenwelt.

Es gibt einen interessanten Modellversuch aus der theoretischen Chemie, der zu klären versucht, ob tatsächlich von Anfang an der Zufall die Evolution beherrscht: Es existiert kein Leben ohne Stoffwechsel, also ohne enzymatisch gesteuerte chemische Reaktionen. Der abstrakte Modellversuch mit einem Kalkulus, der biochemische Prozesse abbildet, begann mit 1000 zufällig generierten chemischen Objekten. Das Ergebnis war, dass solche Systeme nicht nur sich selbst replizieren und organisieren können, sondern sich unter bestimmten realistischen Randbedingungen so organisieren, dass entweder ein System dominant wird oder eine sich selbst erhaltende Metaorganisation entsteht. Solche Metaorganisationen können einfacher organisierte Systeme kooptieren und zu einem Teil des Gesamtsystems machen. Diese Metaorganisation kooperierender chemischer Funktionszyklen entsteht spontan und ohne jeden selektionierenden Einfluss, also als Ergebnis der Selbstorganisation biochemischer Systeme. Nach diesem Modell ist also die Fähigkeit zu wachsender komplexer Kooperation eine dem System innewohnende Eigenschaft und kein Ergebnis des Zufalls oder äußerer Faktoren. Wer bei der Betrachtung und Analyse der Evolution nur auf die Gene und deren Drang zum ewigen Leben starrt und den phantastischen Anstieg an Komplexität von den Bakterien bis zur heutigen Tierwelt ausblendet, streift einäugig durch die üppige Geschichte des Lebendigen.

Dieser Modellversuch zeigt exemplarisch, dass komplexen biologischen Systemen auf allen Ebenen, vom Zellstoffwechsel bis zum neuronalen Netzwerk im Gehirn, die Fähigkeit zur Selbstorganisation innewohnt, eine weitere zentrale Eigenschaft neben den vier oben nach Dawkins zitierten, die Komplexität kennzeichnen. Sich selbst organisierende Systeme sind stets komplex, sie verhalten sich nichtlinear, und ihre Einzelelemente samt deren Verknüpfungen können sich jederzeit ändern. Diese Eigenschaft führen exemplarisch Nervennetze vor, deren Neurone durch Synapsen miteinander verbunden sind. Nicht nur können sich Synapsen wieder lösen und andere Verbindungen innerhalb des Netzwerks eingehen, auch die Synapsen selbst ändern oft ihre Eigenschaften unter dem Einfluss neuronaler Aktivitäten (siehe Seite 106).

Komplexe, sich selbst organisierende Netzwerke wirken mit ihren Aktivitäten auch auf sich selbst zurück, was wiederum zum Ausgangspunkt weiterer, veränderter Aktivitäten des komplexen Systems werden kann. Durch diese sogenannte Selbstreferenz erlangen komplexe Systeme eine hohe Stabilität und die Fähigkeit zu nicht von außen angestoßener, autogener Aktivität. Sich selbst organisierende Systeme sind weitgehend autonom und erzeugen zudem Redundanz, eine höchst willkommene Eigenschaft, mit der sich Komponenten des Systems bis zu einem gewissen Grade gegenseitig ersetzen können, ohne die Funktion zu stören.

Der Hang zu wachsender Komplexität und Kooperation ist dem Leben also durch die Natur der sich selbst organisierenden Proteine eingeschrieben. Proteine enthalten eine oder mehrere sogenannte Domänen: funktionell wichtige und in der Evolution hochkonservierte Abschnitte ihrer Aminosäuresequenzen. Da Domänen Anknüpfungspunkte für andere Proteine sind, entstehen komplexe Proteinnetzwerke, deren Domänen sich wiederum zu interagierenden Proteinen mit zahlreichen unterschiedlichen Funktionen in der Zelle übersetzen. Je komplexer das Proteinnetzwerk, desto mehr Möglichkeiten der Interaktion entstehen. Die Reichen werden also immer reicher oder, in der Begriffswelt der Evolution, die Fitten (Geeigneten) werden immer fitter (geeigneter).

Die Evolution kann keinen anderen Weg als den zu immer komplexeren Systemen einschlagen. Dieser Weg führt zu Organismen, die sich durch Eigenschaften wie Lernfähigkeit, Gedächtnis, hohes Anpassungsvermögen, motorische Leistungsfähigkeit, differenzierte Wahrnehmung, rasche Assoziationskraft und schließlich Sozialstrukturen mit kulturellem Gedächtnis auszeichnen. Verfolgt man die ständig wachsende Komplexität biologischer Systeme von den ersten Zellen bis zum Menschen, wird erkennbar, dass wachsende Komplexität mit wachsender Freiheit einhergeht – von der einfachen Freiheit, aus zwei Alternativen eine auswählen zu können, bis zur Freiheit des Menschen, sich naturfremde, im wörtlichen Sinne eigenwillige Ziele zu setzen. Freiheit unterscheidet das Leben von der toten Materie, und autonome Freiheit, wie sie bislang nur dem Menschen zukommt, ist das eindeutige und notwendige Ziel jeder biologischen Evolution.

Je mehr Teilsysteme kooperieren, um eine bestimmte Leistung zu erbringen, desto komplexer ist das System, und umso mehr müssen die Teilfunktionen durch übergeordnete Systeme koordiniert und gesteuert werden. Das Bündeln der Kräfte von Teilsystemen durch Koordinatoren stößt die Tür auf für Innovationen durch Differenzierung und Kooptation.

1) *Differenzierung:* Je mehr Teilsysteme unter einem Koordinationssystem zusammenarbeiten, desto größer wird das Spektrum an Möglichkeiten, durch Kombination unterschiedlicher Teilsysteme beziehungsweise Ruhigstellung anderer neue Produkte zu erzeugen oder neue Leistungen zu erbringen. So kann zum Beispiel ein Gen, je nachdem in welchem kooperativen Kontext es von übergeordneten Koordinatoren aktiviert wird, ganz unterschiedliche Wirkungen entfalten (Beispiele hierfür liefern die Steuerungsnetzwerke der Embryonalentwicklung, siehe Seite 91–94).

2) *Kooptation:* Neuartige Leistungen biologischer Systeme ergeben sich auch, wenn solche koordinierenden Steuersysteme bereits bestehende andere Funktionssysteme kooptieren, also in ihr Netzwerk, unter Umständen nur zeitlich begrenzt, einbeziehen, um damit eine neue Aufga-

be zu erfüllen. Ein gutes Beispiel für eine Kooptation in der Evolution liefert das stammesgeschichtlich alte zelluläre epigenetische Gedächtnis (das epigenetische System wird später genauer zu erklären sein, siehe Seite 91 ff.): Die DNA-Stränge werden vom sogenannten Chromatin begleitet, dessen chemische Struktur Signale aus der Zellumgebung und Außenwelt repräsentiert und Gene aktivieren bzw. stilllegen kann. Bei jeder Zellteilung wird dieses zelluläre Gedächtnis unverändert an die Tochterzellen weitergegeben, so dass der spezifische Charakter der Mutterzelle in den Tochterzellen erhalten bleibt. Mit wenigen Ausnahmen teilen sich Neurone nicht mehr und müssen daher die Struktur ihres zellulären Epigenoms nicht für Tochterzellen konservieren. Nach einer gut belegten These von Jonathan M. Levenson und J. David Sweatt (2005) kooptiert das Gehirn das epigenetische System der Neurone und benutzt es als Langzeitgedächtnis für unsere aktuellen Wahrnehmungen und Erfahrungen.

Die intuitiv plausible Vorstellung, dass wachsende Komplexität der Organismen eine höhere Anzahl an Genen verlangt, hat sich als falsch erwiesen. Die Anzahl der proteincodierenden Gene liegt beim Menschen bei ca. 20 000, das ist nicht viel mehr als bei dem Nematoden *Caenorhabditis elegans*, der aus nur 1000 Zellen besteht, aber über 19 300 proteincodierende Gene verfügt. Dagegen nimmt der Anteil nicht proteincodierender DNA-Anteile, die zum großen Teil als sogenannte Introns zwischen codierenden Abschnitten eingeschoben sind, mit der Komplexität der Organismen und den damit verbundenen komplizierter werdenden Entwicklungsprozessen vom befruchteten Ei bis zum Adulten fortwährend zu. Beim Menschen scheinen die proteincodierenden Gene in den nicht codierenden Sequenzen unterzugehen, die 98 Prozent der Sequenzen ausmachen. Diese nicht proteincodierenden Intronsequenzen hielt man lange Zeit für funktionslosen Abfall, der sich im Lauf der Evolution angesammelt habe. Inzwischen wird deutlich, dass diese Introns unter anderem viele kleine RNA-Moleküle beherbergen, die zum unverzichtbaren epigenetischen Werkzeug der Genregulierung gehören. Wachsende Komplexität drückt sich also nicht in der Zahl der Gene aus, sondern in einem umfangreicheren, komplexen Apparat, der entscheidet, an welchen Orten zu welchem Zeitpunkt welche Gene exprimiert oder stillgelegt werden.

Kooperierende, komplexe Systeme unterschiedlichen Grades gibt es schon auf dem Niveau der Zelle. Im Laufe der Evolution bauen sich neue, die älteren jeweils überlagernden und nutzenden Ebenen der Kooperation auf: Zellen schließen sich zu mehrzelligen Strukturen zusammen und kooperieren untereinander. Sie benötigen ein übergeordnetes, koordinierendes System, also Zellsignale, die von außen, beispielsweise vom pH-Wert des Milieus gesteuert werden. Zellverbände differenzieren sich auf einer höheren Ebene zu Geweben, die nur spezifische Funktionen erfüllen können, und Gewebe werden Bestandteile besonderer Körperorgane, deren Funktionen wiederum durch übergeordnete Systeme koordiniert werden müssen. Im zweiten Kapitel (siehe Seite 46–56) wurde geschildert, wie auf einer abstrakten Ebene durch einen Satz räumlich und zeitlich auf das Genaueste kooperierender Steuerungsfaktoren größere Organismen und differenziertere Baupläne möglich wurden, wie wir sie aus der heutigen Tierwelt kennen.

Die spezifischen Organfunktionen werden zu einem kohärent funktionierenden Organismus zusammengekoppelt durch eine darüberliegende, höchste Ebene der Kooperation, die informationsverarbeitenden Systeme, die ihrerseits intern in höchst komplexen und in hierarchisch aufgebauten Netzwerken zusammenarbeiten. Es handelt sich um die hormonale und die neuronale Informationsverarbeitung. Das Hormonnetzwerk steuert und koordiniert die Organe in erster Linie in Bezug auf interne Zustände des Organismus und auf längerfristig wirkende Signale der Außenwelt, wie den Hell-Dunkel-Wechsel des Tages, die jahreszeitliche Veränderung der Tageslänge, die lebenszeitliche Gestaltung der Fortpflanzungsfähigkeit oder die soziale Stellung im Gruppenverband.

Das Zentralnervensystem ist der für die Evolution wichtigere der beiden Koordinierungsmechanismen, weil es mit seinen Sinnesorganen und den im Millisekundenbereich arbeitenden Neuronen eine ungleich schnellere und aktuellere Verbindung zwischen Außen- und Innenwelt des Organismus herstellt und damit die für die natürliche Auslese wichtige Interaktion zwischen dem Individuum und seiner Umwelt dominiert. Das Gehirn ist in der Lage, in Erregungsmustern die Außenwelt zu repräsentieren, diese Repräsentation mit den Zuständen der Körperorgane zu assoziieren und aus diesem Abgleich lebenserhaltende Handlungsanweisungen für den Organismus zu generieren. Unerlässlich für eine im Sinne der Lebenserhaltung erfolgreiche Interaktion ist dabei die Einbeziehung der im Gedächtnis abgespeicherten Erfahrungen, die das Individuum mit seinen vom Gehirn gesteuerten Aktivitäten gemacht hat.

Das Gehirn liefert ein Musterbeispiel für ein Steuerungs- und Koordinierungsorgan, das seinerseits aus einer Vielzahl von Mikroschaltkreisen besteht, die parallel arbeiten und durch übergeordnete Schaltkreise in immer wieder wechselnden Kombinationen für unterschiedliche Aufgaben rekrutiert und kooptiert werden können. Obwohl das Hirn parzelliert ist in umfangreiche Ensembles von Schaltkreisen, die klar definierten Aufgaben –

wie dem Sehen, Hören, der Motorik usf. – gewidmet sind, wohnt ihm prinzipiell eine unbegrenzte Flexibilität inne. Diese Flexibilität entsteht durch die Möglichkeit, parallel arbeitende Schaltkreise in unterschiedlichen Kombinationen zu aktivieren und zu bündeln, um durch Kooperation mit dem gleichbleibenden Instrumentarium unterschiedliche Aufgaben zu lösen.

Dabei spielt die zeitlich kohärente Bündelung zu Erregungswellen unterschiedlicher Frequenzen eine entscheidende Rolle. Über die Fenster seiner Sinnesorgane und mit den Algorithmen seiner Schaltkreise gelingt es dem Gehirn, die Welt in ihrem nie versiegenden Zeitfluss in Erregungsmustern abzubilden, um den Organismus, den es führt, erfolgreich in seinem natürlichen und sozialen Umfeld agieren zu lassen. Dieses neuronale Weltbild ist immer subjektiv durch die individuelle Erfahrung und artspezifisch durch die limitierenden Eigenschaften des Körpers, der die genetisch niedergelegte Erfahrung vorangegangener Generationen der Tierart spiegelt. Die farbige Welt einer Biene mit ihrer Rotblindheit und UV-Sensitivität sieht anders aus als die unsere, und die Geruchswelt eines Hundes ist ungleich reichhaltiger als die des erfahrensten Parfumeurs. Die neuronale Repräsentation der Außenwelt unterscheidet sich zwar von Art zu Art und selbst von Individuum zu Individuum, in Bezug zur realen Welt ist sie aber immer richtig, dank der natürlichen Selektion: »Der Affe, der keine realistische Wahrnehmung von dem Ast hatte, nach dem er sprang, war bald ein toter Affe und gehört daher nicht zu unseren Urahnen« (George Gaylord Simpson 1963).

Je größer im Lauf der Evolution die Zahl an Mikrosystemen wurde, die einem Gehirn zur Verfügung standen, und je freier und flexibler koordinierende Schaltkreise solche Teilsysteme in unterschiedlichster Kombination rekrutieren und kombinieren konnten, desto mehr wuchs die Kooperativität und damit die Vielfalt der Möglichkeiten, auf wechselnde Außenwelten zu reagieren. Die Kompetenz, verschiedenartige Lebensaufgaben zu meistern, nimmt zu. Im menschlichen Gehirn findet dieser Zuwachs an Kooperationsmöglichkeiten seinen Höhepunkt. Das Gehirn des Menschen verselbständigt sich gegenüber der natürlichen Selektion insofern, als es die von ihr überkommenen Algorithmen und Gesetzmäßigkeiten nicht nur passiv in die integrale, kohärente Steuerung eines lebenstüchtigen Organismus investiert, sondern auch aktiv nach außen wendet, um das ererbte Wissen über die Welt auf eben diese Welt zum eigenen evolutiven Vorteil zu applizieren. Der Mensch gestaltet die Natur anthropozentrisch um. Dank der Sprache und der handwerklichen Fähigkeiten sozialisieren menschliche Gesellschaften die Leistungen individueller Gehirne und schaffen damit eine neue, kulturelle Ebene der Kooperation, der wir unsere zivilisatorischen und kulturellen Leistungen verdanken. Der Mensch ist eine soziale Spezies, und alles, was uns aus dem Tierreich heraushebt, ist ohne das Miteinander nicht denkbar. Sprache ist das Vorrecht des Menschen, was wäre Sprechen ohne das Gegenüber?

Die im Laufe der Evolution ständig wachsende Komplexität der Organismen und die daraus resultierende wachsende Kooperation von Teilsystemen haben zu einem Lebewesen geführt, das zweifellos ein Kind der Evolution ist, aber sich aus dem Diktat maximaler reproduktiver Fitness befreite und für sich eine eigene, von der »asozialen« Natur nicht beherrschte Welt aufgebaut hat. Diese Spezies heißt *Homo sapiens*.

Wie oben dargestellt, spielt die selbstorganisierte und durch natürliche Auslese adaptive Komplexität auf zwei Instrumenten, dem epigenetischen Apparat und dem Gehirn. In den nächsten beiden Kapiteln werden diese beiden Instrumente ausgepackt.

# IV. Epigenetik, die Verbindung zwischen Umwelt und Genen

Eineiige Zwillinge besitzen identische Genome. Sie sollten sich daher wie ein Ei dem anderen gleichen. Tatsächlich gelingt es nur denen, die täglich mit ihnen Umgang haben, solche Zwillingskinder zuverlässig zu unterscheiden. Je älter sie jedoch werden, desto stärker differieren sie in ihrem Aussehen, ihren Gesten und Verhaltensweisen, sogar in ihrer Anfälligkeit für Krankheiten, und dies umso ausgeprägter, je mehr ihre Lebensgewohnheiten auseinanderdriften und ihr soziales Umfeld sich verändert. Diese, bei identischem Genom, im Erwachsenenalter zunehmende Ungleichheit entsteht aus sich kumulierenden epigenetischen Veränderungen.

Unter Epigenetik versteht man vererbbare und nicht vererbbare Mechanismen, die Genexpressionen regulieren, das heißt Gene ein- und ausschalten, wobei die DNA-Sequenzen selbst unangetastet bleiben. Die Epigenetik stellt ein Bindeglied zwischen den Genen der DNA und der zellulären und äußeren Umgebung dar, unter deren Einflüssen bestimmte Gene aktiviert und andere stillgelegt werden. Jede Zelle enthält ein charakteristisches Muster von Genaktivierungen und -unterdrückungen, das man analog zum Genom, der Summe der Gene, als das Epigenom bezeichnen kann. Es ist ein zelluläres Gedächtnis. Das Genom der DNA-Stränge liefert gewissermaßen die Hardware und das Epigenom die Software, und wie beim Computer vermag jedes System für sich alleine gar nichts. Aber beide miteinander lotsen das Leben erfolgreich durch alle Fährnisse wechselhafter, tropischer wie arktischer Erdperioden und Lebensräume, seit es ein zellulär organisiertes Leben gibt. Die epigenetischen Mechanismen sind noch wenig erforscht. Man fasst sie als diejenigen bei der Zellteilung weitergegebenen Informationen zusammen, die *nicht* auf der DNA-Sequenz gespeichert sind. Mit dieser Ausschlussdefinition hat die Forschung jede Möglichkeit, noch viele Schneisen durch das Dickicht des Netzwerkes zu schlagen, das die Informationen aus der Außenwelt mit denen der Gene verkoppelt.

Der Zellkern bietet wenig Raum, deshalb schwimmen die DNA-Stränge nicht frei und locker im Zellkern herum, sondern sind dicht kondensiert zu Chromosomen, von denen der Mensch 46 hat, je 23 von der Mutter und vom Vater. Durch die Raumnot gerät die Packung so dicht, dass Gene, die aktiviert werden sollen, zuerst zu einer Schleife gelockert werden müssen, und hier setzen die Mechanismen des Epigenoms an.

Die Arbeitsstelle epigenetischer Mechanismen ist das Chromatin, das sind einerseits die DNA-Stränge selbst und andererseits die sogenannten Histone, die für die Kompression der Gene zu Chromosomen sorgen. Das Chromatin bildet eine Art Perlenkette: Acht kleine Histon-Proteine formen eine »Proteinperle«, um die sich ein DNA-Faden zweimal herumwickelt. Diese Histon-DNA-Kombinationen verketten sich zu einem langen Chromatinfaden. Jede Histonperle besteht aus je zwei der vier Histontypen H2A, H2B, H3 und H4 (ein fünfter Histontyp, H1, wird für das Verketten benötigt). Die enge Haftung der DNA an den Histonperlen verhindert ihre Übersetzung in eine Boten-RNA (messenger RNA, mRNA), die ihrerseits die Ribosomen anweist, ein entsprechendes Protein zu synthetisieren. Um diese Transkription zu ermöglichen, muss mit epigenetischen Mechanismen der DNA-Strang vom Histonkomplex gelöst und zu einer Schlaufe gelockert werden.

Die Histonperlen besitzen kurze Aminosäure-Schwänze, an die sich Moleküle anheften lassen. Durch Anhängen von chemischen Gruppen an diese Schwänze lassen sich die Histone verändern. Diese verschiedenartigen chemischen Markierungen werden von Effektor-Proteinen gelesen, die dann regulieren, ob und wie die DNA-Information genutzt wird (Abb. 5).

1) *Acetylierung* (Anhängen von $-COCH_3$) der Histone lockert die Bindung der DNA-Fäden und ermöglicht dadurch die Genaktivierung (Abb. 5), während die Methylierung (Anhängen von $-CH_3$) in der Regel Gene inaktiviert. Allerdings sind das nur Faustregeln, so kennzeichnet beispielsweise eine dreifache Methylierung des H3-Histons aktivierte Gene. Die Molekularbiologen bezeichnen ein so markiertes Histon mit »H3K4me3«. Jeder nicht mit Polymerase Getaufte verliert im Dickicht molekularbiologischer und genetischer Fachkürzel und Akronyme jede Orientierung. Nicht nur Histone, auch die DNA-Stränge selbst können methyliert werden (Anhängen von $-CH_3$), was in der Regel benachbarte Gene inaktiviert.

Die auf den Chromosomen des Zellkerns aufgereihten Gene können häufig oder selten mutieren, sie können sogar als springende Gene zu anderen Chromosomorten oder Chromosomen wandern. Diese für die Funktion des Genoms wichtigen Veränderungen und Reorganisationen werden durch epigenetische Markierungen reguliert. Im Genom

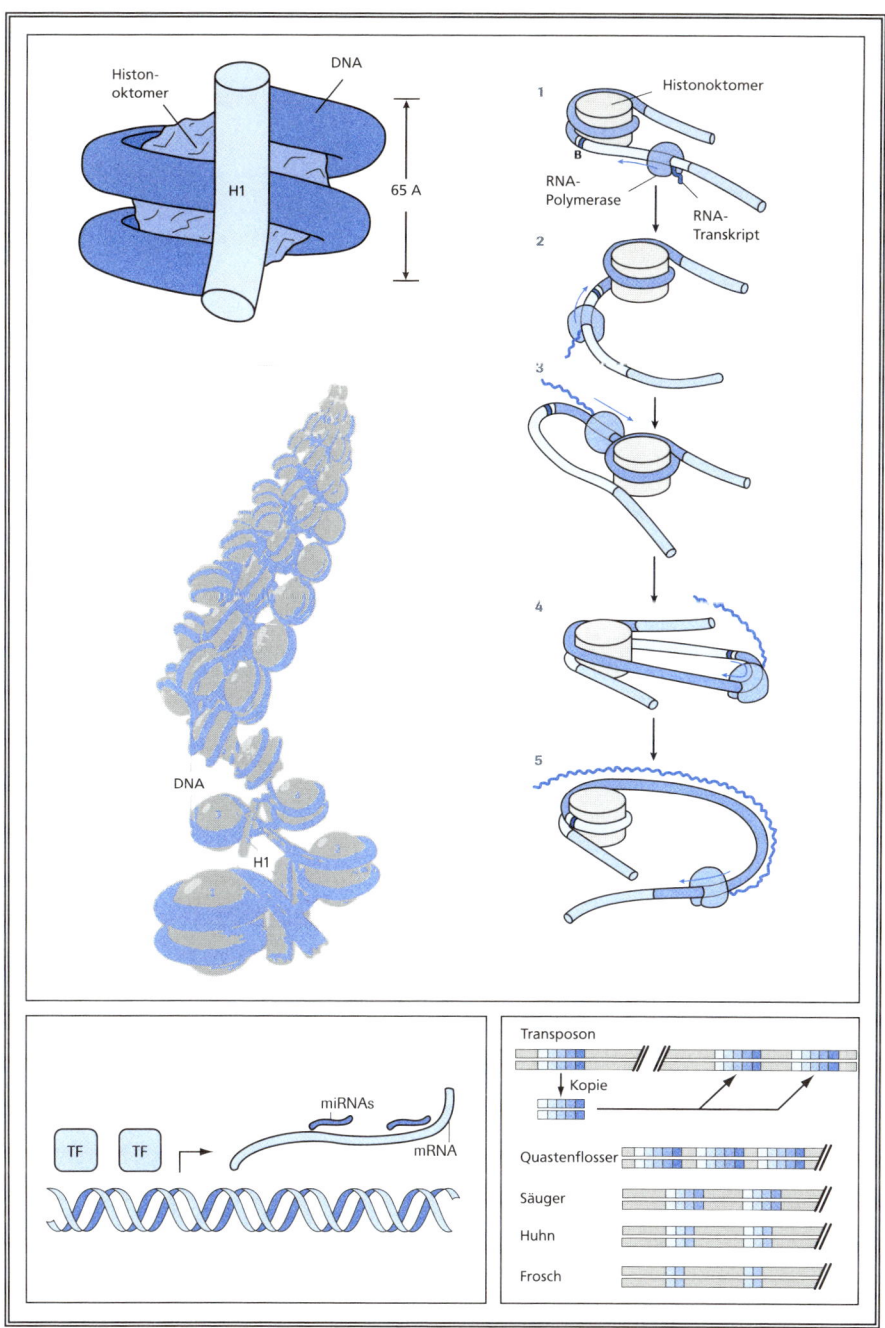

Abb. 5   Transkription

der Säugetiere sind 60 bis 80 Prozent der dafür geeigneten Stellen methyliert, das heißt etwa 30 Millionen Punkte sind mit einem Methylrest markiert, oder anders ausgedrückt, die meisten Gene sind inaktiviert und schlafen.

Mit der chemischen Markierung von Histonen und DNA-Fäden erschöpft sich das epigenetische Instrumentarium in keiner Weise. Kleine RNA-Moleküle (siRNA: small interfering RNA) greifen ebenfalls regulierend ein und sind Bestandteil des Epigenoms. In Verbindung mit einem Proteinkomplex können sie tatkräftig Gene stilllegen, oft für das ganze Leben und kommende Generationen. Diese Fähigkeit hat sie zu einem beliebten Instrument der Gentechniker gemacht. In der Zelle verhalten sie sich wie patrouillierende Wächter, die verhindern, dass sich beispielsweise Virengene ins Genom einschleichen oder dass springende DNA-Pakete, die ihren angestammten Platz verlassen und sich an anderer Stelle einklinken, die Geninformationen der Zelle zu sehr in Unordnung bringen. Die möglichen schädlichen Auswirkungen wandernder DNA-Pakete lassen sich überdies durch Methylierung eindämmen, die das Gen stilllegt.

2) *Transposone.* In lebensbedrohenden Stresssituationen können frei beweglich DNA-Pakete, sogenannte Transposone, aktiviert werden und neue Mutationen erzeugen. Solche durch äußeren Stress ausgelösten epigenetischen Veränderungen mit aktiver Beteiligung von Transposonen schaffen schnell zahlreiche Mutationen, die in Bezug auf ihre adaptive Wirkung selektioniert werden und so die Evolution befördern. Ursprünglich hielt man die Transposone für lästige »Landstreicher«, die von sich selbst bis zu 50000 Kopien herstellen können und durch das ganze Genom geistern. In den meisten Fällen werden sie durch Reparaturmechanismen unschädlich gemacht, doch einige haben regulatorische Funktionen übernommen und wurden zu einer Quelle evolutiver Innovationen. So können zum Beispiel Transposone, die sich in den Strang der Gene hineinkopieren, dafür sorgen, dass bislang unabhängige Gene nun simultan exprimiert werden und kooperieren. Dadurch entstehen neue Funktionen und Strukturen. Im menschlichen Genom soll es mehr als Zehntausend solcher Transposone geben, die zum Teil seit der Entstehung der Wirbeltiere in den Genomen konserviert sind, was auf ihre funktionelle Bedeutung hinweist. Im Zuge der jüngsten Forschung wurde erkannt, dass ein Teil der Transposone wichtige Genregulatoren sind, die neue evolutive Entwicklungen auslösen können. So sollen sie bei der Entstehung der Wirbeltiere beteiligt gewesen sein.

3) *siRNA.* Die Wirkung von kleinen RNA-Molekülen (siRNA) auf Gene überlappt sich mit der von Chromatin-Markierungen. Man kann das Markierungsmuster als einen Code auffassen, der den Prozess von der Geninstruktion zum Protein mit seinen vielen Transkriptionsfaktoren und Kofaktoren steuert. Das Genom der Säugetiere exprimiert etwa 1500 Transkriptionsfaktoren. An der epigenetischen Regulierung der Genaktivitäten sind auch Proteine beteiligt, von denen sicherlich noch viele zu entdecken sind. Das weite Forschungsfeld der Epigenetik steckt noch in den Kinderschuhen.

Bis in die jüngste Zeit fristete die Epigenetik in der Forschung ein Schattendasein, obwohl sich jedem die Frage aufdrängte, nach welchen Mustern Gene aktiviert und abgeschaltet werden. Vielleicht aus Bequemlichkeit schob man diese komplizierte Frage vor sich her, denn für Genetiker liefert das Genom bis heute mehr als genug ungelöste Probleme. Außerdem haftete der Epigenetik der Hautgout des Lamarckismus an, der Vererbung erworbener Eigenschaften, ein Dunstkreis, der für den Ruf eines Biologen auch heute noch tödlich ist.

Die Wenigen, die sich von solchen Verdächtigungen nicht beeindrucken ließen, gerieten plötzlich in den Mittelpunkt der Debatte, als John Cairns zusammen mit anderen Autoren 1988 eine Arbeit veröffentlichte, in der nicht nur gezeigt wurde, dass äußere Reize und Zustände Gene beeinflussen, sondern dass das Ergebnis dieser Außensteuerung sogar in nachfolgenden Generationen erhalten bleibt:

In vielen Laboratorien der Mikrobiologen und Genetiker wird das Darmbakterium *Escherichia coli* auf Kulturmedien gezüchtet. Die Zucker Lactose und Arabinose gehören nicht zu den natürlichen Nährstoffen dieses Bakteriums, deshalb verfügt es auch nicht über Enzyme für deren Abbau. Wird jedoch eine *Escherichia-coli*-Kolonie auf einem lactose-/arabinosereichen Medium kultiviert, tauchen schon nach drei bis vier Tagen Bakterien mit Enzymen auf, die diese ungewohnte Ressource abbauen. Auf lactosefreien Medien entstehen solche Lactosemutanten nicht. Der Außenreiz Lactose bzw. Arabinose und nicht der Zufall hat die entsprechenden Mutanten induziert. Züchtet man diese Mutanten auf Medien weiter, die weder Lactose noch Arabinose enthalten, bleibt bei den Folgegenerationen dennoch die neue Enzymausstattung erhalten. Die epigenetische und von außen induzierte Veränderung wurde vererbt. Also doch die Vererbung erworbener Eigenschaften? Jedenfalls handelt es sich um eine nicht zufällige, sondern um eine durch Außenreize ausgelöste, adaptive Mutation im Genom.

Nach vielen weiteren Experimenten nicht nur an Bakterien, sondern auch an Pflanzen, Insekten und Säugetieren schälen sich zwei epigenetische Mechanismen als Ursache für solche raschen und oft vererbbaren Anpassungen an eine neue Umwelt heraus:

1) Geraten Organismen unter Stress, weil sich in ihrem Biotop die Ressourcen verringert und verändert haben, das Klima sich wandelt usf., dann erhöht sich die Mutationshäufigkeit im Genom (siehe Seite 84: springende Gene), und zwar nicht irgendwo, sondern an jenen Gengruppen, die von der spezifischen Stresssituation betroffen sind. Damit steigt die Chance, dass eine Genmutation auftaucht, die der neuen Situation besser gewachsen ist. Diese gezielte Erhöhung der Mutationsrate lässt sich insbesondere bei Mikroorganismen und Pflanzen beobachten. Es handelt sich also nicht um Lamarckismus, die Wissenschaftler sind gerettet, sondern um durchaus zufällige Mutationen, aber mit erhöhter Mutationsrate ausgewählter Gengruppen, die mit der neuen Situation zu tun haben.

2) Die so erstaunlich rasch auftretenden neuen Enzyme entstehen gar nicht durch aktuelle Mutationen, sondern sind im Genom schon vorhanden, allerdings in stillgelegter, verdeckter Form. Die im angeführten Beispiel reichlich vorhandene Lactose induziert die Enthüllung und Aktivierung eines entsprechenden, bislang kryptischen Gens, das für eine Lactase codiert ist. Damit hat sich das genetische Aktivierungsprogramm, das Epigenom dieser Bakterien verändert. Bei Tieren mit sexueller Fortpflanzung und beim Menschen lassen sich solche offengelegten Gene in viele unterschiedliche Genome der Nachkommen transferieren, wobei adaptiv günstige Genkombinationen entstehen können.

Beide Mechanismen, erhöhte Mutationsrate und Aufdecken kryptischer Gene, stehen im Einklang mit einem ehernen Grundgesetz der Molekularbiologie: Informationen können nur vom Gen über die RNA zu seinem Produkt, dem Protein fließen, aber nicht in Gegenrichtung vom Protein zum Gen. Es gibt aber sehr wohl einen Informationsrückfluss, allerdings nur von RNA-Molekülen zu den Genen. Eine Zelle könnte beispielsweise ungezielt eine große Anzahl unterschiedlicher messenger-RNA erzeugen (messenger-RNA oder mRNA sind Ribonukleinsäuren, die den Ribosomen die Instruktion für eine Proteinsynthese liefern), die an den Ribosomen entsprechende Proteine, sprich Enzyme exprimieren. Diejenige RNA, die das geeignetste Enzym hergestellt hat, transkribiert wieder zurück zur DNA, der Gensubstanz. Auf diese Weise ließen sich epigenetische Veränderungen vererben.

Solche Vorstellungen von den Wegen der Vererbbarkeit veränderter Epigenome sind noch spekulativ und verfrüht. Aber die Forschung wird hellhörig, seit sich die Liste der experimentell beglaubigten Beispiele für Epigenome, die durch Umweltreize gesteuert und deren Änderungen wenigstens über mehrere Generationen vererbt werden, von Monat zu Monat verlängert. Hier einige Beispiele:

1) Pflanzen wie Tiere schützen sich vor Hitzeschocks mit sogenannten Hitzeschockproteinen (HSP). Setzt man eines der Labortiere der Genetiker, die Fruchtfliege *Drosophila*, in ihrem Puppenstadium einem Hitzeschock aus, so verändert sich die Flügelstruktur der geschlüpften Fliegen. Diese Veränderung hielt sich über mindestens 14 Generationen, obwohl keine Puppe oder Fliege mehr einem Hitzeschock ausgesetzt wurde. Fruchtfliegen sind im Besitz des Hitzeschockproteins HSP90, das generell dafür sorgt, dass verschiedene Gene verdeckt bleiben und sich nicht auf den Phänotyp auswirken. Wahrscheinlich wurden durch die Hitzeschockbehandlung solche von HSP90 verdeckten Gene freigelegt. Diese offengelegten Gene bleiben als neues epigenetisches Muster offensichtlich ohne weitere äußere Hitzeeinwirkung in der Nachkommenschaft aktivierbar.

2) Man weiß schon seit langem, dass eine optisch reichhaltige Umgebung bei Jungtieren, aber auch Adulten den Synapsenreichtum und eine große Zahl von Neuronen in bestimmten Hirnregionen begünstigt. Nun wurde gezeigt, dass dieser fördernde Einfluss einer reich gegliederten und kognitiv anspruchsvollen Umgebung bei Ratten schon im Mutterleib die Entwicklung des Sehsystems im Gehirn und sogar in der Retina der Embryonen beeinflusst. Belässt man schwangere Ratten in dreistöckigen Käfigen mit Treppen, unterschiedlichen Objekten und verschiedenen Rückzugsverstecken, so fördert das die Ausstattung der Netzhaut von Embryonen mit Neuronen. Bei schwangeren Rattenmüttern, die durch abwechslungsreiche Umgebung mehr gefordert werden als solche in Standardkäfigen, sieht man eine erhöhte Konzentration eines bestimmten Wachstumsfaktors, der das neuronale Sehsystem und die Struktur der Netzhaut der Embryonen fördert. Aufgrund ihrer Umwelterfahrung ist die Mutter also in der Lage, in ihren Nachkommen schon vor der Geburt neuronale Strukturen zu verändern.

3) Rattenmütter pflegen gewöhnlich ihre Neugeborenen gründlich durch Lecken und Fellputzen. Intensive Pflege macht die Jungen nicht nur

weniger ängstlich, sie verändert in ihren Gehirnen auch das Markierungsmuster eines Genpromotors, der die Exprimierung eines Rezeptors für ein Stresshormon (Glukocorticoid) einleitet. Die Veränderungen betrafen die DNA-Methylierung und die Histonacetylierung. Dieses durch das Verhalten der Mutter ausgelöste veränderte epigenetische Muster an dem Genpromotor tritt bei den Jungen schon nach einer Woche auf, bleibt lebenslang erhalten und vererbt sich über Generationen, so dass die Nachkommenschaft ebenfalls weniger ängstlich ist und ihre Würfe besser pflegt.

4) Epigenetische Veränderungen lassen sich auch experimentell erzeugen. So gibt es eine künstlich mutierte Labormaus »Kit W-lacZ«, die einen lebenswichtigen Rezeptor nicht mehr exprimiert. Es handelt sich um eine Verminderung der entsprechenden messenger-RNA und die Anhäufung abnormer RNA-Moleküle. Mäuse, die diese epigenetische Veränderung von Mutter *und* Vater erben, sind nicht lebensfähig. Mäuse mit nur einer solchen Mutation leben dagegen normal und sind durch eine weiße Schwanzspitze und weiße Füße gekennzeichnet. Diese epigenetisch bedingte Zeichnung wird sowohl über die Spermien als auch über die Eier durch einen RNA-Transfer im befruchteten Ei weitervererbt.

5) Ernährung kann in vielfältiger Weise das Muster aktiver und stillgelegter Gene verändern. Übermäßige Aufnahme von Vitamin $B_{12}$ führt bei Mäusen zu vermehrten Chromatin-Methylierungen, also Gen-Unterdrückungen. Gegen Pilzbefall wird im Pflanzenbau häufig Vinclozolin ausgebracht, das auch eine hemmende Wirkung auf männliche Hormone hat. Beim Menschen führt dieses Pflanzenschutzmittel zu geringerer Fruchtbarkeit. Dieser Schaden wird über die männliche Keimlinie bis über vier Generationen weitervererbt. Die Ernährung während der Schwangerschaft kann die Krankheitsanfälligkeit der Kinder und über die mütterliche Linie das Geburtsgewicht bis zu den Enkeln beeinflussen.

Die Anfälligkeit für Krankheiten wie Diabetes, Herz-Kreislauferkrankungen und Fettsucht beruht häufig auf epigenetischen Veränderungen. Wenn Rattenweibchen mit kohlenhydratreicher und proteinarmer Diät gefüttert wurden, entwickelten ihre Nachkommen häufiger erhöhten Blutdruck und Diabetes. Behandelt man schwangere Mäuse mit einem künstlichen Östrogen, mit dem bei Frauen Aborte verhindert werden sollen, so steigert sich bei weiblichen und männlichen Nachkommen das Krebsrisiko. Auch beim Menschen bewirkt diese Behandlung bei Müttern und deren Nachkommen eine erhöhte Krebsanfälligkeit. In der Krebsforschung mehren sich Untersuchungen zur Epigenetik rapide, weil wahrscheinlich viele Tumorarten durch von außen erzeugte epigenetische Veränderungen entstehen.

Diese Beispiele und viele andere belegen eindeutig, dass epigenetische Muster nicht nur ein Leben lang vorhalten, sondern auch vererbt werden können. Aber wie? Das ist bis heute ein ungelöstes Problem, weil nach der Eibefruchtung das Markierungsmuster der Gene eigentlich wie auf einer Schiefertafel ausgewischt wird und sich bei den nachfolgenden Zellteilungen neu herausbildet. Aber offensichtlich wird das Muster nicht vollständig gelöscht, wie die wachsende Zahl vererbter epigenetischer Effekte belegt. Für die These, dass bestimmte Genmarkierungen der Ei- und Samenzellen die Befruchtung überleben, gibt es ein gut untersuchtes Beispiel: das Imprinting. Bei vielen Genen wird nur eines der beiden elterlichen Gene aktiviert, wobei es in der Regel dem Zufall überlassen ist, ob das mütterliche oder das väterliche stumm bleibt. Doch bei Säugetieren gibt es einige Gene, bei denen entweder nur das väterliche oder nur das mütterliche Gen stillgelegt wird. Bei Mäusen wurden bislang 70 solcher Gene beschrieben, und beim Menschen gibt es mehr als tausend Gene, die entsprechend ihrer Herkunft vom Vater oder von der Mutter aktiv sein können. Diese Herkunftsmarkierung (imprinting) kann nur von der Samenzelle beziehungsweise vom Ei stammen und wird durch mikroRNA-Transkripte vermittelt.

Solche herkunftsmarkierten Gene regulieren häufig die Entwicklung der Embryonen. Unter dem Einfluss von Vatergenen entwickelt sich die Plazenta und damit die Versorgung des Embryos besonders gut, während Muttergene das Wachstum des Embryos kontrollieren und begrenzen. Der Vater sorgt gewissermaßen für das Wachstum seines Kindes auf Kosten der Mutter, während die Mutter diesen Egoismus eindämmt.

Zwei herkunftsmarkierte Gene zum Beispiel, *Peg1* und *Peg3*, werden nur väterlicherseits exprimiert und wirken bei adulten Tieren hauptsächlich in den Gehirnzentren, die das hormonell kontrollierte Sexualverhalten steuern. Mäusemütter, die das väterliche *Peg1*-Gen nicht besitzen, fressen die Plazenta nicht auf, tragen ihre Säuglinge nicht ins Nest ein und säugen nicht richtig. Mäusemütter ohne väterliches *Peg3*-Gen bauen nicht einmal ein Nest, wärmen und säugen ihre Jungen nicht, weil Neurone des Zwischenhirns zu wenig Oxytocin produzieren, ein Hormon, das mütterliches Pflegeverhalten einleitet.

Herkunftsmarkierte Gene beeinflussen auch die Entwicklung des Gehirns, insbesondere des Vorderhirns. Bekommen im Experiment Embryonen nur zwei mütterliche und kein väterliches Genom, so bilden sich der Vorderhirncortex und der für das Gedächtnis wichtige Hippocampus besonders gut aus, während Gehirnteile, die das Mutterverhalten kontrollieren, unterentwickelt bleiben. Wenn dagegen umgekehrt die mütterlich geprägten Gene ausfallen, entstehen kleinere Gehirne, beim Menschen kommt es unter anderem zu mentaler Retardierung, zu Bewegungsstörungen und zu Sprachschwierigkeiten.

Der günstige Einfluss mütterlich geprägter Regulationsgene auf die Entwicklung des Vorderhirns eröffnet interessante evolutive Perspektiven. Die Entstehung größerer Vorderhirne erlaubt es prinzipiell, die Kontrolle des Verhaltens von der obligatorischen Hormonsteuerung mehr zur willentlich beeinflussbaren Motivation hin zu verschieben. So hört bei den meisten Säugetieren unter Hormoneinfluss mit dem Ende des Säugens die Jungenfürsorge auf. Bei Primaten dagegen und besonders bei Menschen mit ihren übergroßen Vorderhirnen kann sich ein variantenreiches, willentlich motiviertes Sozialverhalten entwickeln. Mütterliches Verhalten hängt nicht mehr nur von Hormonen ab, sondern ist auch ohne Schwangerschaft und Geburt möglich.

Der evolutive Druck zur Vergrößerung der Vorderhirnrinde bei den Primaten und beim Menschen kommt vom komplexen und variablen Sozialverhalten. Wenn also das Sozialleben ein intelligentes Verhaltensrepertoire verlangt, das von einem großen Vorderhirn profitiert, favorisiert die natürliche Selektion offensichtlich die Matrilinie und die mütterlicherseits geprägten Gene. Die herkunftsmarkierten Gene belegen, dass bei der Entstehung eines neuen Lebens nicht alle Genmarkierungen ausgelöscht werden. Für Säugetiere gibt es über die Plazenta und den Uterus weitere Möglichkeiten, Genmarkierungen zu vererben.

In der Evolutionsforschung bahnt sich ein Meinungsumschwung an. Immer häufiger hört und liest man die Überlegung, dass für die Evolution, insbesondere für den enormen Artenreichtum innerhalb der großen Bauplangruppen, das Epigenom mit seiner Beeinflussbarkeit durch Außenfaktoren mehr beigetragen hat als die erfreulicherweise seltenen, da meist schädlichen Zufallsmutationen im Genom. Die Evolution des Tierreichs ist geprägt von der wachsenden Komplexität der Organe und Organismen. Mit dieser Komplexität korreliert und wächst auch das gesamte epigenetische und genregulierende Repertoire, während die Größe des Genoms eher stagniert. Der Mensch hat nur etwa 25 000 Gene, eine winzige Fruchtfliege immerhin auch schon 14 000. Dagegen nimmt der Umfang nicht proteincodierender DNA ständig zu und erreicht beim Menschen 98 Prozent des Erbmaterials.

Durch die Einflüsse des Epigenoms wird die Information des Genoms nicht jedes Mal genau gleich umgesetzt. Dasselbe Genom kann folglich eine Reihe unterschiedlicher Phänotypen (Gestalt und ihre Funktionen) erzeugen. Neuerdings wird von Stuart A. Newman und Gerd B. Müller (2000) die Hypothese vertreten, dass bei der Entstehung vielzelliger Organismen die epigenetischen Formungsmechanismen, zu denen nicht nur chemische Markierungen, sondern auch rein physikalisch-chemische Kräfte gehören, im Vordergrund standen. Schon die Entstehung der Mehrzelligkeit könnte darauf beruhen, dass sich teilende Zellen durch physikalisch-chemische Adhäsionskräfte miteinander verbunden blieben, Schichten und Hohlkörper bildeten usf. Durch solche epigenetischen Werkzeuge könnten aus noch wenig differenzierten Zellaggregaten unterschiedliche Gestalten hervorgegangen sein, die durch natürliche Selektion auf die funktionstüchtigsten reduziert und schließlich genetisch fixiert wurden.

Diese genetisch fixierten Baupläne von Gestalten (Morphen) werden zu Ausgangsstrukturen, aus denen epigenetische Kräfte fortwirken und wiederum unterschiedliche, abgewandelte Gestalten erzeugen können, die ihrerseits wiederum selektioniert und schließlich wieder als genetisch fixierte Baupläne archiviert und erneut Ausgangspunkt für epigenetisch erzeugte Varianten werden. In der Evolution liefert die Epigenetik gewissermaßen die Ware an, die dem Genom zur aufbewahrenden Vererbung angeboten wird. Durch dieses ständige Wechselspiel zwischen epigenetischen Angeboten und dem genetischen Archiv soll schließlich die relativ gute Übereinstimmung zwischen Genom und Phänotyp in unserer heutigen Welt entstanden sein, in der aber nach wie vor epigenetische Mechanismen an den genetisch vorgegebenen, komplexen Bauplänen arbeiten. Solche epigenetischen Mechanismen setzen sich zusammen aus den physikalisch-chemischen Eigenschaften der beteiligten Zellaggregate und deren gegenseitiger Beeinflussung durch Zellsignale und Signalstoffe des Genoms sowie aus Einflüssen ihrer Biotope wie pH-Wert und chemische Zusammensetzung des Milieus, die Temperatur und mechanische, chemische und energetische Reize aus der Umwelt.

Der enorme Einfluss, den die mütterliche Umgebung im Uterus mit seinem Gehalt an Hormonen, Neuromodulatoren, Nährstoffen etc. auf die Entwicklung des Embryos nimmt, belegt besonders eindrucksvoll das unentwegte Zusammenspiel zwischen genetischer Instruktion und Umwelt. Gestalt und Funktion eines Individuums ergeben sich aus genetischer Instruktion *und* epigenetischen Kräften analog zur dreidimensionalen, biologisch aktiven Struktur von Zellproteinen, die auf der genetisch vorgegebenen Aminosäuresequenz einerseits und auf den physikalisch-chemischen Eigenschaften des umgebenden Zellmilieus andererseits beruht.

Das Wechselspiel zwischen »weicher« epigenetischer und »harter« genetischer Vererbung als Grundlage der Morphogenese und Vielfalt der Organismen in der Evolution setzt allerdings voraus, dass die adaptive Selektion der epigenetischen Vielfalt genetisch assimiliert wird, wie es Conrad Hal Waddington schon 1961 postuliert hat. Assimilation heißt, dass äußere und innere Reize und Einflüsse, die sich im epigenetischen Muster ausdrücken, genetisch fixiert werden. Es gibt inzwischen viele Beispiele für solche Assimilationen, aber die Mechanismen für solche Rückprojektionen von Genaktivierungsmustern auf die Ketten der DNA-Gene wollen erst noch entdeckt sein.

Das wachsende Interesse an den epigenetischen Mechanismen ist im Begriff, das Bild von der Evolution zu verändern. Diese Mechanismen aktivieren aus dem großen Reservoir von stummen Genen in unseren Zellen gezielt und durch Reize ausgelöst solche, die den aktuellen Anforderungen aus den Lebensräumen und dem inneren Milieu gerecht werden, und fügen sie in das Orchester aktiver Gene ein. Es ist eben nicht alles nur »Zufall und Notwendigkeit«, vielmehr sorgen epigenetische Wege zu den Genen dafür, dass aus blindem Zufall eine adaptive Antwort auf aktuelle Lebensanforderungen werden kann. Diese Antworten werden für die Evolution wirksam, wenn sie über die Keimbahn an die Nachkommen weitergegeben und schließlich in den harten Informationsspeicher der DNA integriert werden, wie oben an einigen Beispielen gezeigt, oder wenn epigenetische Faktoren stillgelegte, kryptische Gene erwecken. Es sei daran erinnert, dass das Genom üppig beladen ist mit kryptischen Genen – je komplexer der Organismus, desto mehr –, deren Instruktionen niemand kennt. Die Zunahme der Genzahl von den Einzellern bis zu den modernen Wirbeltieren beruht größtenteils auf kryptischen Genen. Wahrscheinlich schlummert in diesem stillgelegten Altenteil ein reichhaltiger, im Laufe der Jahrmillionen angesammelter ungehobener Schatz von Informationen, auf den bei Bedarf relativ schnell zurückgegriffen werden kann.

Ein schlagendes Beispiel für diese These liefert ein elegantes Experiment: Vögel stammen von bezahnten Reptilien ab. Es gibt keine einzige rezente Vogelart, die auf ihrem Hornschnabel Zähne trüge. Das lässt sich im Experiment ändern. Zähne bestehen aus knöchernem Dentin, das aus der Kieferanlage des Embryos stammt, und aus schützendem Zahnschmelz, der von darüberliegendem Kieferepithel kommt. Legt man im Brutofen neben das Kiefermaterial eines fünf Tage alten Hühnchenembryos das Kieferepithel von 16 bis 18 Tage alten Mausembryonen, bildet der Vogelkiefer Zähne aus. Das Vogelgenom hat offensichtlich die Kompetenz, Zähne zu bilden, nicht verloren. Vögel könnten aus genetischer Sicht also durchaus bezahnt sein. Das unterbleibt jedoch, weil die Vögel einen epigenetischen Induktionsfaktor verloren haben, der das Kieferepithel zur Bildung von Zahnschmelz anregt.

Die Vererbung epigenetischer Muster und ihre Assimilation an die DNA-Welt spielt bei Pflanzen eine weit größere Rolle als im Tierreich. Das ist verständlich, denn Pflanzen sind im Boden verwurzelt und können nicht davonlaufen, wenn die Lebensbedingungen sich zufällig, saisonal oder langfristig verschlechtern. Sie müssen daher versuchen, sich mit der gensteuernden »Software« ihrer Zellen an veränderte Bedingungen des Milieus anzupassen. Tiere dagegen können schnell den Ort wechseln und versuchen, in günstigere Biotope abzuwandern. Ihnen steht schließlich ein ungleich schnelleres und effizienteres System zur Kommunikation zwischen Außenwelt und dem Körper zur Verfügung: das Nervensystem mit seinen Sinnesfenstern zur Welt und seinen vielfältigen, flexiblen Netzwerken für die sensorische Wahrnehmung und das sensomotorische Verhalten in dieser lebenspendenden Welt. Während der epigenetische Werkzeugkasten nur innerhalb der Zelle ausgepackt werden kann und daher bei aller Komplexität seiner Werkzeuge in seiner Entfaltung limitiert sein wird, können Neurone sich theoretisch unbegrenzt vernetzen und sich in eigenen Organen zu Supernetzwerken ausbreiten, wie das vor allem bei den Gehirnen der Säugetiere, Primaten und schließlich beim Menschen geschehen ist. Im Vergleich zu epigenetischen Mechanismen der Zelle regulieren und kontrollieren Neurone faktisch augenblicklich und in theoretisch unbegrenzter Vielfalt. Deshalb wird die Evolution der Tiere in entscheidendem Umfang von den Leistungen der Nerven- und Sinnessysteme beeinflusst und geprägt. Darauf geht das nächste Kapitel ein.

# V. Die Rolle des Gehirns in der Evolution

Für die Evolution im Tierreich ist das Gehirn der wichtigste Arbeitsplatz, und dennoch ist es das Organ, über das die Evolutionsbiologen am wenigsten reden. Die Distanz zwischen den beiden aktuellsten Disziplinen heutiger Biologie, der Hirn- und der Evolutionsforschung, hat historische Wurzeln. Die Evolutionsbiologen des 19. und frühen 20. Jahrhunderts konstruierten evolutive Verwandtschaftsbeziehungen einerseits durch Vergleichen von Fossilfunden, die allenfalls Schädelknochen, aber natürlich keine Gehirne bieten konnten, und andererseits von äußeren Gestaltmerkmalen der Tierarten, die in zoologischen Sammlungen der Museen unbegrenzt zugänglich waren. Zur gleichen Zeit blühte eine experimentelle Neurobiologie auf, die jedoch in den Labors medizinischer Fakultäten entstand, für die im Hinblick auf den Menschen allgemeine Prinzipien neuronaler Strukturen und Funktionen im Vordergrund standen. Für die großen Pioniere der Neurobiologie (Camillo Golgi 1844–1926, Ramon y Cajal 1852–1934, Charles Scott Sherrington 1857–1952, John Carew Eccles 1903–1997, Alan Lloyd Hodgkin 1914–1998, Andrew Fielding Huxley, geb. 1917) waren Darwin und die Evolutionstheorie im Dunst von Theorie und Spekulation entgleitende, ferne Gegenstände ohne praktische Relevanz. Dieses gegenseitige Desinteresse verliert sich erst jetzt allmählich, seit einerseits die Evolutionsbiologie durch die molekulare Genetik neuen Auftrieb bekam und sich experimentelle Zugänge schuf und andererseits die Neurobiologen lernten, dass neuronale Aktivitäten Gene ein- und ausschalten können und damit Gehirnaktivitäten auf das Genom und seine epigenetische Steuerungsmaschinerie zugreifen. Die schnelle und dynamische Welt individueller und artspezifischer Gehirne verschränkt sich mit dem in Jahrmillionen über Tausende von Generationen angesammelten Wissensfundus, wie er in den Genen niedergelegt ist. Diese enge Interaktion zwischen ererbter, aufbewahrter Information und aktueller neuronaler Nachricht haben beide Wissenschaftsdisziplinen als Forschungsgegenstand aufgegriffen und bewegen sich rasch aufeinander zu.

Bevor die Rolle der Gehirne für den Ablauf und den Fortgang der Evolution erörtert werden kann, bedarf es eines Exkurses, der die Grundstrukturen und Arbeitsweisen neuronaler Systeme erläutert.

## 1. Neuronale Grundlagen

### A. Das Neuron

Der Grundbaustein aller Nervensysteme, das Neuron, bleibt vom einfachsten Polypen bis zum kompliziertesten Organ auf Erden, dem menschlichen Gehirn, der gleiche. Das erleichtert die Erörterung der Evolution von Gehirnen.

Das Neuron ist eine Zelle, die sich auf die Informationsaufnahme, -verarbeitung und -weiterleitung spezialisiert hat. Diese Aufgabe zeigt sich morphologisch in langen Zellfortsätzen, den Neuriten, die auf der einen Seite der Zelle ein weitverzweigtes Geäst dünner Neuriten bilden, den sogenannten Dendritenbaum, auf dem Tausende von Fasern anderer Neurone enden und dem Neuron Informationen zuführen. Am anderen, gegenüberliegenden Pol der Zelle gibt es einen dickeren und längeren Neuriten, das Axon, das sich erst am Ende verzweigt und die verarbeitete Information an andere Neurone oder Zellen weitergibt.

Alle lebenden Zellen, so auch die Neurone, besitzen eine elektrisch geladene Zellmembran. Dieses Membranpotential geht auf unterschiedliche Ionenverteilungen zwischen Zellinnerem und äußerer Umgebung zurück. Die Neurone nutzen Veränderungen dieses Membranpotentials als Träger von Informationen, die sie von anderen Neuronen oder Sinneszellen zugetragen bekommen oder selbst generieren. Obwohl die Information in der Potential-*änderung* besteht, reden die maulfaulen Neurobiologen abkürzend von einem Potential. Die vielfältigen Zugänge kleiner Potentiale an den Kontaktstellen der Dendriten laufen über die Dendritenäste auf der Membran des Neurosomas zusammen, wobei sie räumlich und zeitlich zu einem neuen Potential, einer neuen Information integriert werden, die in einem gesicherten Transportcode, den Aktionspotentialen oder Spikes, über das lange Axon und dessen Enden an andere Neurone oder Zellen weitergegeben wird (Abb. 6 a, b).

Um eine Potentialänderung von einem Neuron auf ein anderes übertragen zu können, bedarf es bestimmter chemischer Substanzen, der Transmitter und Modulatoren, die Ionenkanäle in Neuronenmembranen öffnen und schließen können.

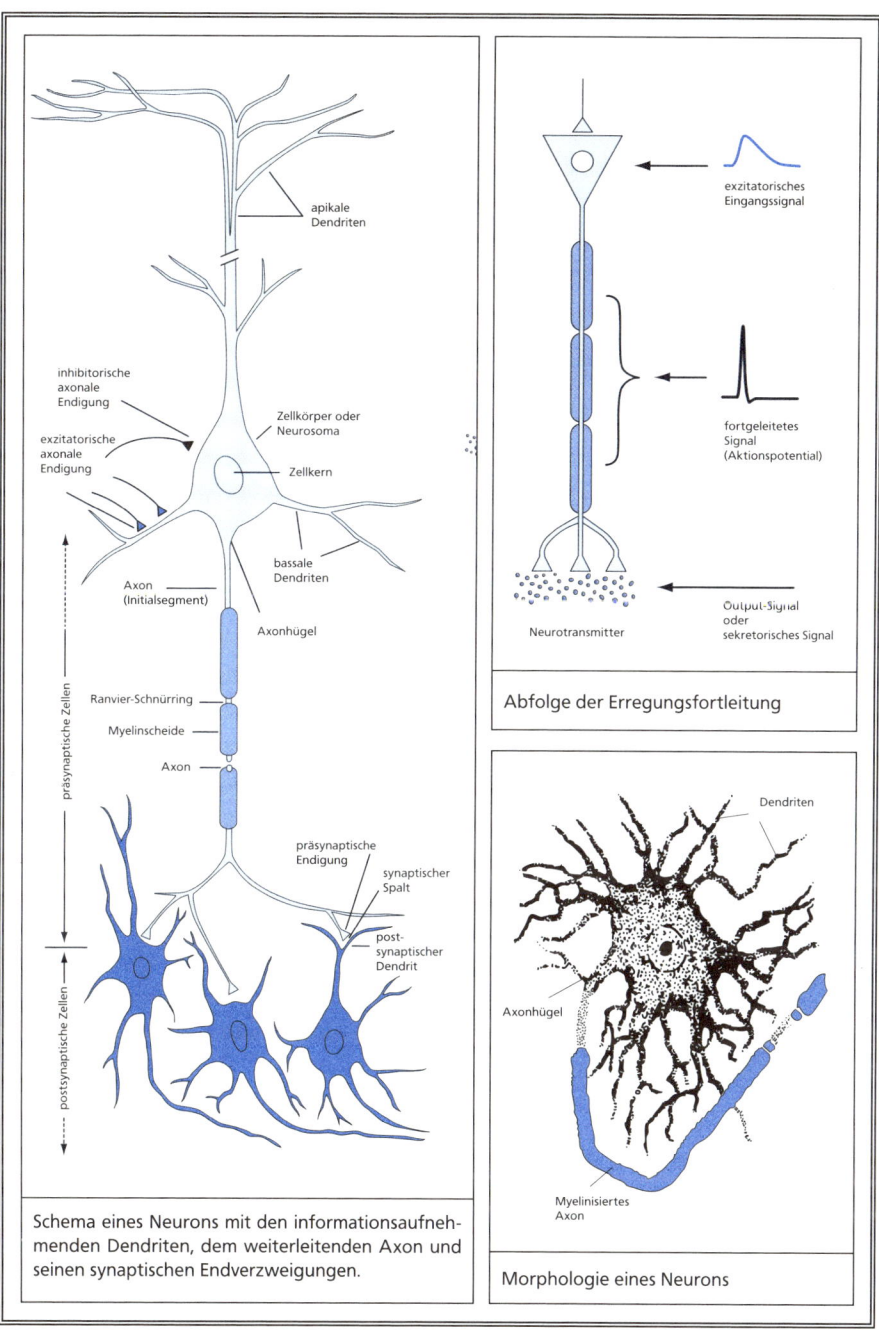

**apikale Dendriten**

**inhibitorische axonale Endigung**

**exzitatorische axonale Endigung**

**Zellkörper oder Neurosoma**

**Zellkern**

**Axon (Initialsegment)**

**Axonhügel**

**bassale Dendriten**

**Ranvier-Schnürring**

**Myelinscheide**

**Axon**

präsynaptische Zellen

postsynaptische Zellen

**präsynaptische Endigung**

**synaptischer Spalt**

**postsynaptischer Dendrit**

Schema eines Neurons mit den informationsaufnehmenden Dendriten, dem weiterleitenden Axon und seinen synaptischen Endverzweigungen.

**exzitatorisches Eingangssignal**

**fortgeleitetes Signal (Aktionspotential)**

**Neurotransmitter**

**Output-Signal oder sekretorisches Signal**

Abfolge der Erregungsfortleitung

**Dendriten**

**Axonhügel**

**Myelinisiertes Axon**

Morphologie eines Neurons

Abb. 6a    Das Neuron

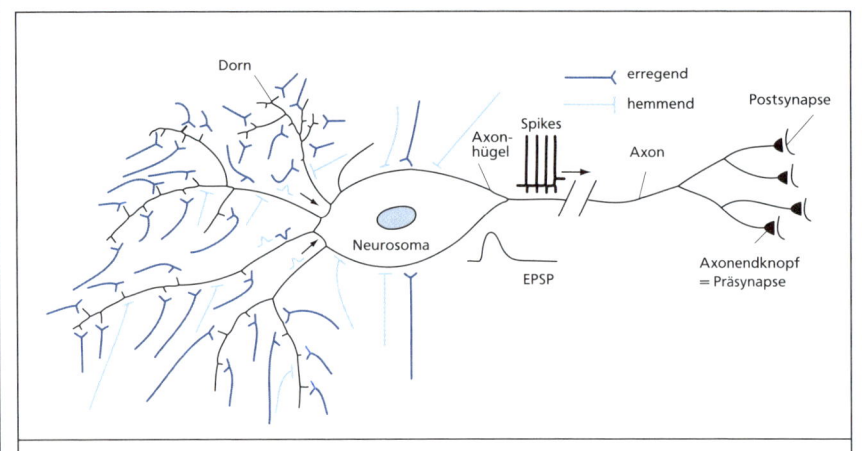

Schema der Erregungsaufnahme an den Dendriten sowie der Erregungsbildung am Neurosoma und am Axon. Hellblau: postsynaptische Potentiale; Dorn: Synapsen sitzen meist auf Dornfortsätzen der Dendriten. EPSP: erregendes postsynaptisches Potential des Neurons, das am Axonhügel in eine Salve von Aktionspotentialen (Spikes) umgewandelt wird.

Abb. 6b    Das Neuron

Auch die vielen unterschiedlichen Ionenkanäle, die sich zu Typenfamilien gruppieren lassen, und ihre Transmitter blieben durch das gesamte Tierreich im Wesentlichen dieselben. Dramatisch verändert hat sich allerdings die Zahl der beteiligten Neurone und damit die Zahl der Vernetzungsmöglichkeiten, die rasch in astronomische Dimensionen steigt. Schätzt man die Zahl der Neurone im Gehirn des Menschen auf $10^{13}$ und geht davon aus, dass jedes dieser Neurone seinerseits zehn- bis zwanzigtausend Kontakte mit anderen Neuronen aufnimmt, so ergeben sich potentiell $10^{17}$ Vernetzungsstellen, sogenannte Synapsen, eine Zahl, die jede Vorstellung sprengt.

## B. Die Synapsen

Synapsen sind die eigentlichen Arbeitsstätten des Gehirns. Dort werden in Form von Potentialen einlaufende Nachrichten verstärkt oder abgeschwächt, räumlich und zeitlich integriert und durch Neuromodulatoren verändert, die momentane Zustände des Gehirns oder gar des ganzen Organismus signalisieren. Durch solche Modulatorstoffe wird das Geschehen an der einzelnen Synapse in den größeren Kontext des Zustandes und des Verhaltens des ganzen Körpers gestellt.

Aktivitäten an den Synapsen können deren Ausstattung mit Ionenkanälen und deren Empfindlichkeiten kurz- oder langfristig und manchmal sogar für den Rest des Lebens verändern. Unter einem anhaltenden Informationszustrom können sich neue Synapsen bilden oder bei längerer Untätigkeit wieder verschwinden. Synapsen sind daher keine lebenslang festgelegten Strukturen, sondern je nach Verhaltenskontext und vorausgegangener Erfahrungen adaptiv wandelbar. Die Synapsen sind nicht für die Neurone da, sondern die Neurone für die Synapsen. Auf ihren faszinierenden dynamischen Fähigkeiten beruhen alle Leistungen der Gehirne. Sie bedürfen daher einer genaueren Betrachtung.

Synapsen bestehen aus zwei Teilen, einer Präsynapse, die Informationen heranführt, und einer Postsynapse, die auf die einlaufenden Informationen mit einer Änderung ihres Membranpotentials, dem sogenannten postsynaptischen Potential reagiert. Zwischen Prä- und Postsynapse gibt es einen schmalen Spalt, durch den einige Proteinstränge ziehen, die Prä- und Postsynapse wie einen Klettverschluss aneinanderheften (Abb. 7a, b).

Die Präsynapse ist nichts anderes als das aufgetriebene Ende eines Axons von einem anderen Neuron. Dort enden die Salven von Aktionspotentialen eines erregten Neurons und werden von der Präsynapse in eine entsprechende Menge Transmittersubstanz übersetzt und in den synaptischen Spalt ausgeschüttet. Die Präsynapse enthält die Mechanismen für die Synthese und Bereitstellung der Transmitterpakete und die Signalketten, mit denen die ankommenden Aktionspotentiale in die Freisetzung des Transmitterstoffes umgewandelt werden. Dieser komplexe Transmitterapparat arbeitet nicht wie ein Automat, sondern lässt sich durch andere Einflüsse von außen regulieren. So enden beispielsweise auf vielen Präsynapsen auch Axone anderer Neuronen, deren Erregung die Übertragung dämpft. Auch Stoffe wie Hormone und sogenannte Neuropeptide, die von oft weit entfernten Neuronen stammen und in den Synapsenbereich diffundieren, regeln den Transmitterumsatz herauf oder herunter, sofern die Synapse entsprechende Rezeptoren für solche Hormone und Modulatorstoffe in ihre Membran eingebaut hat.

Lange Zeit galt es als Dogma, dass keine Information von der Postsynapse zurück in die Präsynapse wandert. Doch in den letzten Jahren hat sich erwiesen, dass die Postsynapse im begrenzten Umfang ihren Erregungszustand an die Präsynapse zurückmelden und somit ihren eigenen Informationszugang beeinflussen kann.

Es gibt erregende und hemmende Synapsen. Bei erregenden Synapsen des Gehirns wird der Transmitter Glutamat ausgeschüttet, der in der postsynaptischen Membran Ionenkanäle öffnet und somit das postsynaptische Potential vermindert, also das nachfolgende Neuron erregt. Bei hemmenden

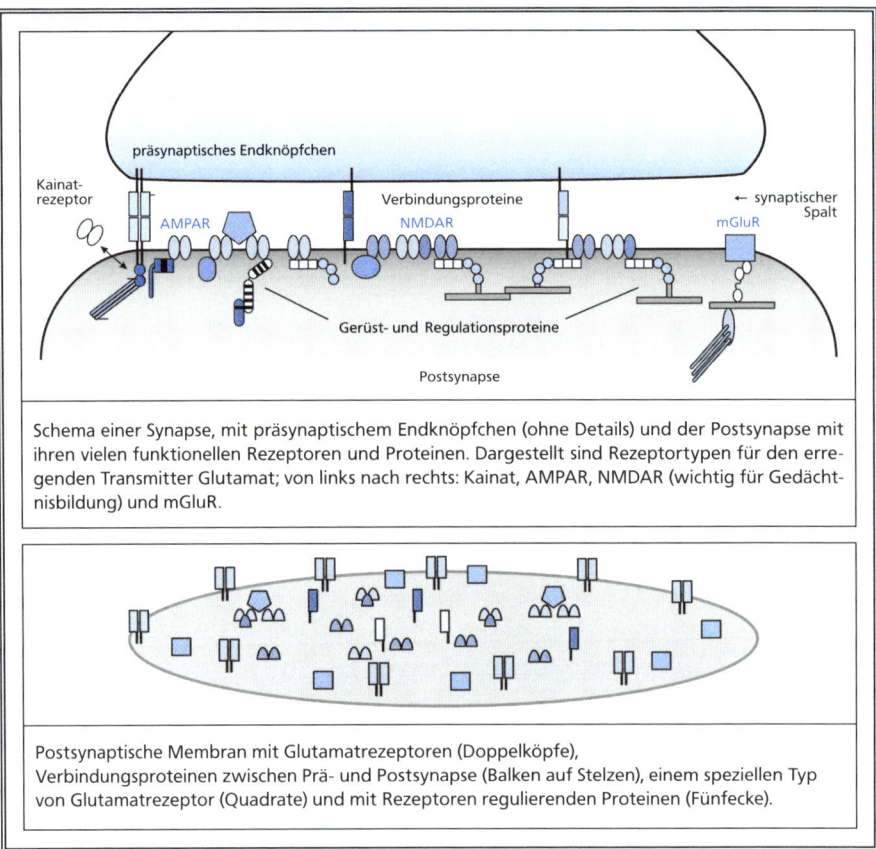

Schema einer Synapse, mit präsynaptischem Endknöpfchen (ohne Details) und der Postsynapse mit ihren vielen funktionellen Rezeptoren und Proteinen. Dargestellt sind Rezeptortypen für den erregenden Transmitter Glutamat; von links nach rechts: Kainat, AMPAR, NMDAR (wichtig für Gedächtnisbildung) und mGluR.

Postsynaptische Membran mit Glutamatrezeptoren (Doppelköpfe),
Verbindungsproteinen zwischen Prä- und Postsynapse (Balken auf Stelzen), einem speziellen Typ von Glutamatrezeptor (Quadrate) und mit Rezeptoren regulierenden Proteinen (Fünfecke).

Abb. 7a    Die Synapse

Synapsen setzen die Präsynapsen die Transmitterstoffe γ-Aminobuttersäure, abgekürzt GABA, oder Glycin frei. Diese Stoffe schließen Ionenkanäle in der postsynaptischen Membran, erhöhen damit das Membranpotential und vermindern so das Erregungsniveau des nachfolgenden Neurons.

In der Summe überwiegen im Gehirn die hemmenden Vorgänge bei weitem die erregenden. Dadurch wird verhindert, dass in diesem Riesenkosmos von kleinen und größeren Neuronennetzwerken, die im Prinzip alle miteinander kommunizieren können, die Sicherungen durchbrennen und das Gehirn in einem Black-out versinkt. In dem endlosen Meer von Nervenkontakten eines Gehirns sorgen die Hemmsynapsen dafür, dass keine Sturmfluten der Erregung entstehen, die das Gehirn arbeitsunfähig machen würden.

Die Postsynapse ist nichts anderes als der kleine Membranfleck eines großen Dendritengeästs mit Abertausenden von Synapsen, der genau einer

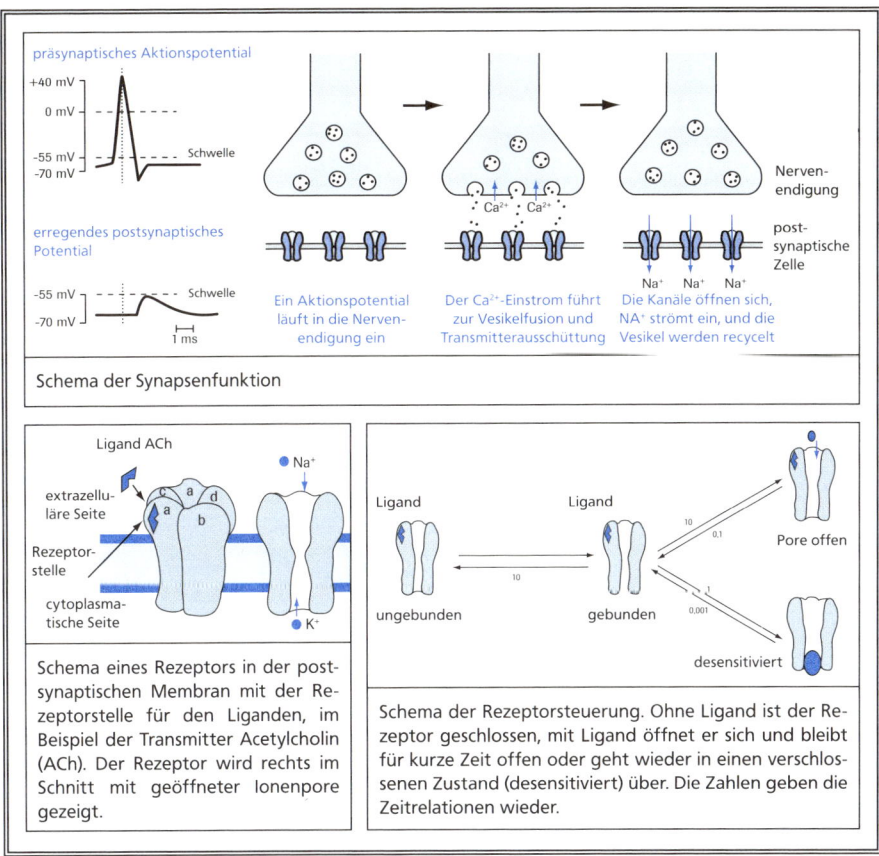

präsynaptisches Aktionspotential

+40 mV
0 mV
-55 mV
-70 mV
Schwelle

erregendes postsynaptisches Potential

-55 mV
-70 mV
Schwelle
1 ms

Ca²⁺   Ca²⁺

Nerven-
endigung

post-
synaptische
Zelle

Na⁺   Na⁺   Na⁺

Ein Aktionspotential läuft in die Nerven-endigung ein

Der Ca²⁺-Einstrom führt zur Vesikelfusion und Transmitterausschüttung

Die Kanäle öffnen sich, NA⁺ strömt ein, und die Vesikel werden recycelt

Schema der Synapsenfunktion

Ligand ACh

● Na⁺

extrazellu-läre Seite

c   a   d
a   b

Rezeptor-stelle

cytoplasma-tische Seite

● K⁺

Schema eines Rezeptors in der post-synaptischen Membran mit der Re-zeptorstelle für den Liganden, im Beispiel der Transmitter Acetylcholin (ACh). Der Rezeptor wird rechts im Schnitt mit geöffneter Ionenpore gezeigt.

Ligand   Ligand

10
0,1

Pore offen

10

1

0,001

ungebunden   gebunden

desensitiviert

Schema der Rezeptorsteuerung. Ohne Ligand ist der Re-zeptor geschlossen, mit Ligand öffnet er sich und bleibt für kurze Zeit offen oder geht wieder in einen verschlos-senen Zustand (desensitiviert) über. Die Zahlen geben die Zeitrelationen wieder.

Abb. 7b   Die Synapse

Präsynapse gegenüberliegt, mit der die Postsynapse durch Proteinstränge verkettet ist. Die postsynaptische Membran enthält dicht gedrängt die Rezep-toren und Ionenkanäle, die auf die Transmittersubstanz der Präsynapse an-sprechen und damit das postsynaptische Potential vermindern oder erhöhen.

Man darf sich eine postsynaptische Membran nicht als eine dauerhafte Struktur vorstellen, in die Ionenkanäle ein für alle Mal eingebaut sind. So festgefügt wirkt eine Postsynapse nur in einer Momentaufnahme. In Wirk-lichkeit werden ständig alte Ionenkanäle entfernt und durch neue ersetzt, und die Zahl der Kanäle wird erhöht oder vermindert. Es können sogar neuartige Kanäle oder Rezeptoren eingebaut werden und wieder verschwin-den. Die Postsynapse lebt also in einem ständigen, kräftigen Stoffumsatz, der entsprechend viel Energie verbraucht, um funktionsfähig zu bleiben. Aus diesem Grund ist das Gehirn so sauerstoffhungrig.

Nicht nur die Transmitterrezeptoren, sondern auch die Ionenkanäle sind nichts anderes als Proteine, die im Neuron von den Genen seines Zellkerns exprimiert und in der Zelle synthetisiert werden. Ionenkanäle sind komplexe Proteinmoleküle, die in ihrer Mitte eine Pore bilden, deren Durchlässigkeit für Ionen durch einen Transmitterstoff reguliert werden kann. Solche Kanalproteine schwimmen zunächst auf Vorrat in großer Zahl, oft zu Flößen zusammengebunden, frei im Cytoplasma des Neurons oder als einzelne Kanäle in der öligen Mittelschicht der Neuronenmembran herum. Um diese vagabundierenden Kanäle fest in die Membran einzubinden und damit funktionsfähig zu machen, müssen sie von den postsynaptischen Membranflecken eingefangen und wenigstens für eine gewisse Zeit festgehalten werden.

Zu diesem Zweck durchqueren die postsynaptische Membran wie dichtgedrängte Palisaden sogenannte Gerüstproteine, die als besondere Eigenschaft andere Proteine, zum Beispiel Ionenkanalproteine, an sich binden können. Stößt ein frei schwimmendes Kanalprotein an eine solche »Palisadenstange«, wird es festgehalten und in die postsynaptische Membran eingebaut. Die Gerüstproteine halten die Ionenkanäle nur für ein paar Tage fest, oft sind es nur ein paar Stunden, dann driftet der Kanal wieder in das Cytoplasma des Neurons zurück, wird dort regelrecht verdaut und an den Palisaden der Postsynapse durch einen neuen Kanal ersetzt.

Diese Gerüstproteine sind nicht, wie ihr Name vermuten lässt, rein mechanische Querstützen der postsynaptischen Membran, die Ionenkanäle festhalten, sondern wirken auch auf andere Proteine ein. Sie aktivieren bzw. deaktivieren Enzyme und stoßen ganze Signalketten an, die in den funktionellen Zustand der Postsynapse eingreifen. Auf diesem Weg können beispielsweise Gene aktiviert werden, die vermehrt Ionenkanäle exprimieren oder Instruktionen für bestimmte Rezeptoren und neuartige Ionenkanäle bereitstellen, die in die postsynaptische Membran eingebaut werden. Es gibt eine große Anzahl unterschiedlicher Gerüstproteine und anderer Proteine, die alle regulierend auf die vielfältigste Weise in das Leistungsspektrum, sprich in die Kanal- und Rezeptorausstattung einer Postsynapse eingreifen und sie dem aktuellen Bedarf anpassen können. Die Vielfalt der Rezeptoren und Kanäle, welche Transmitter, modulierende Neuropeptide, Wachstumsfaktoren, Hormone und vieles andere an sich binden, scheint uferlos. Es gibt allein im Säugergehirn 300 bekannte unterschiedliche Rezeptoren, die jeweils spezifisch definierte Signalstoffe an sich binden und damit die Signalbotschaft im Zellinnern an Enzyme, Gene, epigenetische Steuerungsmoleküle oder direkt an alle entsprechenden Ionenkanäle der Membran herantragen. Der Bedarf an solchen Rezeptoren ergibt sich zum einen aus der aktuellen Erregungsaktivität der Synapse, also aus den aktuellen Informationen, die ihr zufließen, zum anderen aus inneren Zuständen, Befindlichkeiten und Motivationen des Organismus, wie sie sich im Gehalt an Neuropeptiden und Hormonen in der Synapsenumgebung ausdrücken.

Man kann das Heer von postsynaptischen Membranflecken auf dem Dendritengeäst eines Neurons mit einem großen Markt vergleichen, der Tausende von Ständen hat, die Postsynapsen. Jeder Stand macht individuelle Angebote (Rezeptoren und Ionenkanäle). Ist die Kundennachfrage groß (präsynaptische Erregungen), wird das Angebot erhöht, es können sogar in der Nachbarschaft zusätzliche Stände aufgemacht werden. Auch die Art des Angebots (die Art der Kanäle und Rezeptoren) kann sich je nach Nachfrage verändern. Der Marktstand reagiert auf die Wünsche seiner Kunden. Bei mangelnder Nachfrage gibt es Lockangebote, fruchten die nichts, kann ein Stand geschlossen (stumme Synapsen) oder vollständig abgebaut werden. Auf diese Weise ändert sich das Angebot im Laufe der Zeit durch den ständigen Dialog zwischen den Ständen und ihren Kunden.

Die Vielfalt unterschiedlicher Ionenkanäle und ihrer Rezeptoren und mehr noch die unüberschaubare Zahl der Regulierungsmöglichkeiten machen den kleinen postsynaptischen Membranfleck von ein paar $\mu m^2$ zur kompliziertesten Funktionseinheit nicht nur des Gehirns, sondern des ganzen Organismus. In dieser eng begrenzten postsynaptischen Membran agieren mehr als tausend verschiedene Proteine, von denen die meisten aktiv in die Struktur und Funktion der Synapse eingreifen. Im ganzen Körper findet sich keine andere Stelle, an der so viele verschiedene Signalrezeptoren, Enzyme, Stoffwechsel- und Signalketten am Werk sind wie an jeder der zehn- bis zwanzigtausend Postsynapsen auf der Membran eines einzigen Gehirnneurons, von denen es $10^{15}$ in jedem einzelnen Menschengehirn gibt.

Es existieren verschiedene Synapsentypen, die klar voneinander zu unterscheiden sind. Durch ihre enorme Plastizität im Rahmen des aktuellen Aktivitätskonzerts im Gehirn erhält jedoch jede Synapse ein eigenes Gesicht, ein individuelles Leistungsprofil, das wie unsere persönlichen Gesichtszüge nicht nur ausdrückt, was wir von unseren Müttern und Vätern ererbt, sondern auch was wir in unserer bisherigen individuellen Biographie erlebt haben. So betrachtet, besteht unser Gehirn aus potentiell $10^{17}$ Individuen, die alle ihren zugewiesenen Platz einnehmen und sich mit ihren Erfahrungen ändern, viele sterben, andere werden geboren. Strenggenommen ist mein Gehirn schon ein anderes, und damit ich selbst ein anderer, wenn ich jetzt von meinem Schreibplatz aufstehe. Diese unerschöpfliche Wandelbarkeit wirft die Frage auf, wieso wir trotz der Augenblicklichkeit der Handlungen, Eindrücke und körperlichen Zustände in jedem Mitmenschen und jedem Mitgeschöpf die Kontinuität eines Individuums und individuellen Lebens erkennen.

Das einzelne Neuron ist versucht, seine Identität zu wahren, indem es ein gewisses Gleichgewicht von erregenden und hemmenden Vorgängen in seinem Synapsenensemble anstrebt. Übersteigt die Gesamterregung ein gewisses Niveau, wird die Empfindlichkeit der Synapsen herunterreguliert, unter Umständen werden sogar Synapsen stillgelegt oder eingeschmolzen. Umgekehrt versucht ein Neuron anhaltendem Aktivitätsmangel zu begegnen, indem die Empfindlichkeit erregender Neurone erhöht wird. Ein Neuron kennt daher keinen Ruhezustand, sondern ist unentwegt um ein aktives Gleichgewicht bemüht, dessen Balancepunkt sich allerdings verschieben lässt. Steht ein Neuron wiederholt und anhaltend unter einem bestimmten erregenden oder hemmenden Aktivitätsmuster, können sich die Synapsen ändern, das heißt sie werden längerfristig, unter Umständen fürs restliche Leben des Neurons sensibilisiert beziehungsweise unempfindlicher gemacht. Damit wird der Gleichgewichtspunkt der Neuronaktivität auf ein anderes Niveau verlegt. Diese bleibenden Veränderungen der Synapsenfunktionen sind die Grundlage des Gedächtnisses und des Lernens. Es sind diese Synapsennetzwerke, die es uns ermöglichen zu denken, im Gedächtnis Abgelegtes aufzurufen, Argumentationsstränge zu knüpfen, Handlungsketten zu entwickeln und umzusetzen.

Jedes Neuron ist Bestandteil eines neuronalen Netzwerks, dessen interne Verschaltung und dessen Verknüpfung mit anderen Netzwerken des Gehirns genetisch und selbstorganisiert festgelegt ist. Der genetische Plan legt Kombinate von kooperierenden Netzwerken fest, die parallel arbeiten. So gibt es getrennte Netzwerkketten der Wahrnehmung (Gehirnbahnen des Sehens, Hörens, Tastens, Riechens und Schmeckens), der Motorik und der Verhaltensabläufe und schließlich der Repräsentation des inneren Zustandes des Organismus. Innerhalb dieser großen Netzwerke gibt es Unternetzwerke, die für das größere Gesamtnetzwerk definierte Funktionen übernehmen. So wird die visuelle Abbildung zunächst in separaten Arealen analysiert. Es gibt ein Analysenetzwerk für die Farbe, ein anderes für die Formen, ein drittes für Bewegungen und ein viertes, das speziell den Bildfluss bei Eigenbewegungen analysiert oder bei Bewegungen, die auf den eigenen Körper zielen. Trotz dieser getrennten Analysen von Elementen der Sehwelt nehmen wir sie als Einheit wahr. Es gibt eine experimentell gut belegte Hypothese, wonach solche getrennten Analysen durch die synchrone Aktivität der entsprechenden Netze zu einem kohärenten Bild zusammengefasst werden.

Die größeren, parallel arbeitenden Netzwerke, zum Beispiel des Sehens und Hörens, werden ihrerseits durch übergeordnete assoziative Netzwerke miteinander verbunden, so dass eine kohärente, sich selbst regulierende, informationsverarbeitende und -generierende Struktur entsteht: das Gehirn. Aber selbst die genetisch vorgegebene Grundstruktur ist modifizierbar. Bei einer Erblindung können beispielsweise Teile des Sehcortex von Hörneuronen innerviert werden. Schneidet man bei Ratten einen Teil der Schnurrbarthaare ab, so wird deren ursprüngliche Tastrepräsentation im Gehirn von den übriggebliebenen Schnurrbarthaaren übernommen. Umgekehrt modulieren Wahrnehmungseindrücke und Bewegungsabläufe während der Jugendentwicklung die Struktur und Größe der entsprechenden Gehirnzentren. »Früh übt sich, wer ein Meister werden will«: So wissen Musiker, dass jemand, der nach der Pubertät anfängt, ein Instrument zu spielen, es nicht mehr zur Meisterschaft bringen wird. Vermutlich wird die Plastizität für Verschaltungen und die Versorgung mit Synapsendichten und -typen mit dem Alter eingeschränkt.

Wenn man vom Gehirn spricht, sollte man nur in neuronalen Netzwerken denken, denn es gibt keine isolierten Neurone. Bei der unentwegten Aktivität seiner Synapsen verwundert es nicht mehr, dass schon das ruhende, mit keiner Aufgabe belastete Gehirn 20 Prozent unserer Energie verbraucht, obwohl es nur zwei Prozent des Körpergewichts ausmacht. Die unglaublich komplexe molekulare Zusammensetzung einer Synapse erklärt auch, warum das Gehirn dasjenige Organ ist, in dem die meisten proteincodierenden Gene exprimiert werden, nämlich 80 Prozent.

In keinem anderen Körperorgan ist die Verschränkung und Interaktion von ererbter Information, in der sich die Erfahrung Tausender und Zigtausender Generationen ausdrückt, mit der aktuellen Erfahrung des Individuums so intensiv wie im Gehirn. Die Plastizität der Synapsen und ihre jedes fassbare Maß sprengende Zahl demonstrieren unwiderlegbar die Fähigkeit des Gehirns, in eine umfassende Interaktion mit der Außenwelt zu treten. Die Erregungsmuster der Außenwelt verändern nicht nur die Synapsen, sondern diese Veränderungen wirken indirekt durch neuronal gesteuerte Handlungen auch auf die Außenwelt zurück. Es ist diese Interaktion, welche die Evolution am stärksten beeinflusst und vorantreibt.


## 2. Die Evolution des Wirbeltiergehirns

Es gibt nicht ein Tier, das kein Gehirn besäße. Phylogenetisch ist das Gehirn ein Veteran, verglichen mit anderen Organen wie der Lunge, der Haut, den Schweißdrüsen, den Beinen oder dem Haarkleid. Es war von jeher und ist bis heute dasjenige Organ, in dem die genetisch überlieferte Erfahrung von Generationen und die momentane Erlebniswelt des Individuums aufeinandertreffen und sich am intensivsten miteinander verschränken. Hier im Gehirn entscheidet sich in jeder Minute, ob das in den Genen niedergelegte, von den Vorfahren ererbte Können und Wissen den aktuellen Bedürfnissen der individuellen Lebenswelt gerecht wird. Hier im Gehirn, in dem die größte Zahl an Genen aktiviert wird und sich damit der Umwelt exponiert, kann der Organismus am unmittelbarsten das Expressionsmuster der Gene durch den epigenetischen Apparat den sich wandelnden Umweltbedingungen anpassen und im Genom der Kinder, Enkel und Urenkel assimilieren, sollten sich die Gene für sie bewähren (siehe Seite 91ff.). »Bevor ein Maulwurf aus seinen Vorderbeinen Grabschaufeln entwickelt, muss er erst einmal die Absicht haben zu graben.« Dieser Satz von Konrad Lorenz begleitet mich seit meinen Studententagen. Intentionen entstehen allemal im Gehirn.

Bei dieser zentralen Bedeutung des Zentralnervensystems für das einzelne Tier und den Fortbestand der Art verwundert es nicht, dass der Bauplan des Wirbeltiergehirns von den urzeitlichen Quastenflossern bis zum jüngst entstandenen Menschen konserviert blieb. Jedes Wirbeltier besitzt ein Rückenmark, das die Muskeln des Rumpfes und der Gliedmaßen anfeuert und die Sinneseindrücke der Haut, Gelenke und Muskeln einsammelt und letztlich zum Vorderhirn transportiert. Bei jedem Wirbeltier regulieren Hinterhirn und Nachhirn lebenswichtige Automatismen wie den Muskeltonus für die Körperhaltung, den Atemrhythmus und den Kreislauf mit seiner Herzpumpe. Das Mittelhirn sorgt unter anderem dafür, dass wir reflexartig auf plötzliche Ereignisse reagieren, dass wir hinhören, hinschauen, den Kopf hinwenden und gegebenenfalls zugreifen oder ausweichen und wegrennen. Vom schwimmenden Fisch bis zum kletternden Affen und klavierspielenden Menschen enthält das Kleinhirn das große Repertoire hundertmal geübter Bewegungsabläufe und Handlungsketten. Im hinteren Teil des Vorderhirns repräsentiert sich in neuronalen Karten durch die Fenster der Sinnesorgane die Beschaffenheit der Außenwelt. Diese Karten werden im vorderen Teil des Vorderhirns in ein kohärentes Weltbild integriert und in adäquate, lebenssichernde Bewegungen, Aktionen, Verhaltensabläufe umgesetzt. Die Neuronennetze dieses anterioren Vorderhirns bewahren im Gedächtnis, was wir seit der Geburt erfahren und erlebt haben, und speisen es in die neuronale Steuerung unserer Verhaltensweisen ein. Die vordersten, frontalen Bereiche bewerten das Erlebte im Hinblick auf den Erfolg zielgerichteter Handlungen und auf grundlegende Bedürfnisse des Wohlbefindens wie das Stillen von Hunger und Durst, einen sicheren Ruheplatz und die Erfüllung sexueller Wünsche für die Reproduktion. Mit anderen Worten, das Vorderhirn entpuppt sich als Meisterdirigent für den ganzen Organismus. Das Zwischenhirn entwickelt sich zum Einfallstor des Vorderhirns, das es als sein eigener Torwächter weit öffnen oder für bestimmte Informationsströme zeitweise schließen kann. Das Zwischenhirn und Teile des Vorderhirns, die man als limbisches System bezeichnet, vermitteln dem Meisterdirigenten die Befindlichkeiten und Bedürfnisse des ausführenden Orchesters, also der Körperorgane.

Diese spezifischen Funktionszuweisungen des großen Repertoires an neuronalen Netzen, die trotz ihrer organisatorischen Untergliederung miteinander vernetzbar und füreinander erreichbar bleiben, bestimmten das Gehirn bis zur Heraufkunft der Säugetiere. Zu diesem Zeitpunkt entstand ein wirklich neuer Gehirnteil im Vorderhirn, der Neocortex, und mit ihm eine neue motorische Bahn zu den Motoneuronen, die sogenannte Pyramidenbahn (siehe Seite 158). Aus welchen Vorläuferzentren diese neue Gehirnstruktur hervorging, ist unter den Experten bis heute umstritten, zum Verständnis der überragenden Bedeutung dieses Gehirnteils für die Entstehung des Menschen aber auch nebensächlich.

## A. Der Neocortex: ein denkendes Gedächtnis

Im Hinblick auf die Evolution des Menschen kann die Betrachtung des Zentralnervensystems auf die Entwicklung des Neocortex beschränkt bleiben. Dieser Gehirnteil prägt wie kein anderer die zunehmende Komplexität in der Evolution der Säugetiere. Seine Größe explodiert förmlich bei den Primaten und dominiert vollständig das menschliche Gehirn (Abb. 8a, b).

Auf den ersten Blick scheint am Neocortex nichts Besonderes zu sein. Cortex bedeutet lediglich, dass die Neurone in Schichten angeordnet sind, im Gegensatz zum häufigeren dreidimensionalen Konglomerat vernetzter Neurone, dem die Gehirnanatomen des 19. Jahrhunderts unglücklicherweise den Namen Nucleus gaben, nicht ahnend, welche andere und zentrale Bedeutung dieser Begriff in der jüngeren Zellbiologie und Genetik haben würde.

Cortices gibt es nicht nur im Vorderhirn, sondern auch in anderen Hirnteilen der Wirbeltiere. So besitzt zum Beispiel das Kleinhirn einen großen, bei Säugetieren dreischichtigen Cortex, und auch der Hippocampus, ein für das Raumgedächtnis wichtiger Teil des phylogenetisch alten Vorderhirns, ist in Schichten organisiert.

*Struktur*

Neu am Neocortex ist nicht die Schichtung, sondern die Zahl der Neuron-Schichten und die wachsende Ausdehnung der geschichteten Struktur des Vorderhirns. Im Gegensatz zu allen anderen Wirbeltieren, die dreischichtige Vorderhirncortices besitzen, besteht der Neocortex aus fünf Schichten

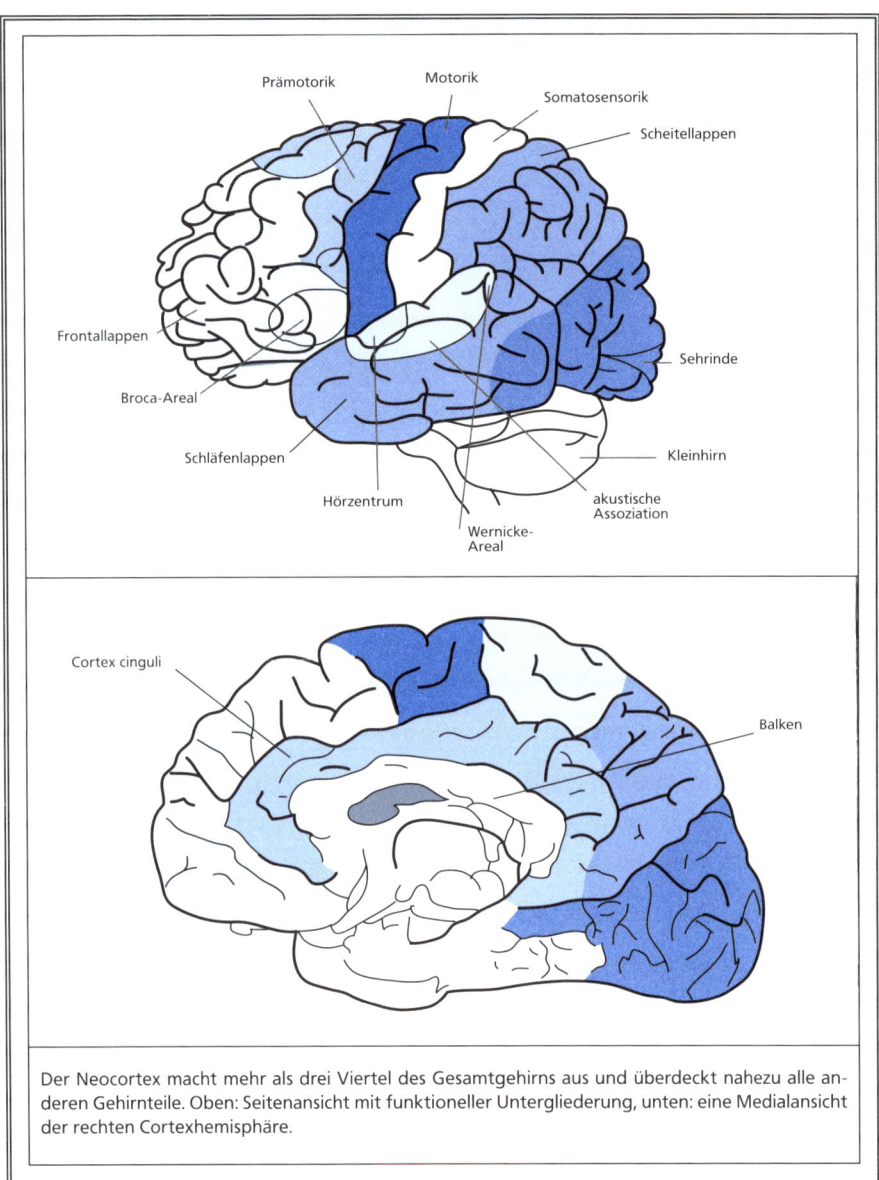

Der Neocortex macht mehr als drei Viertel des Gesamtgehirns aus und überdeckt nahezu alle anderen Gehirnteile. Oben: Seitenansicht mit funktioneller Untergliederung, unten: eine Medialansicht der rechten Cortexhemisphäre.

Abb. 8a   Der Neocortex des Menschen

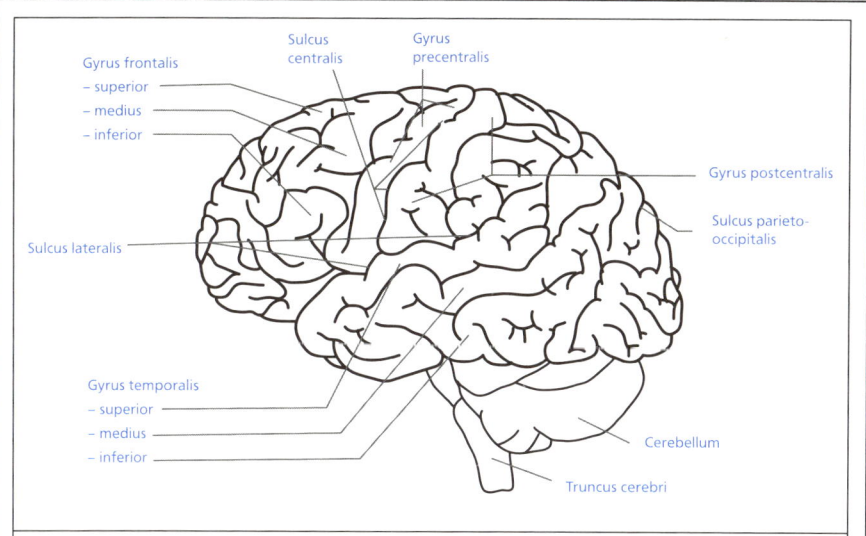

Der größte Teil der Cortexfläche liegt von außen unsichtbar in den Windungsfurchen (Sulcus). Diese Sulci und die Windungen (Gyrus) sind Landmarken für die funktionelle Topographie.

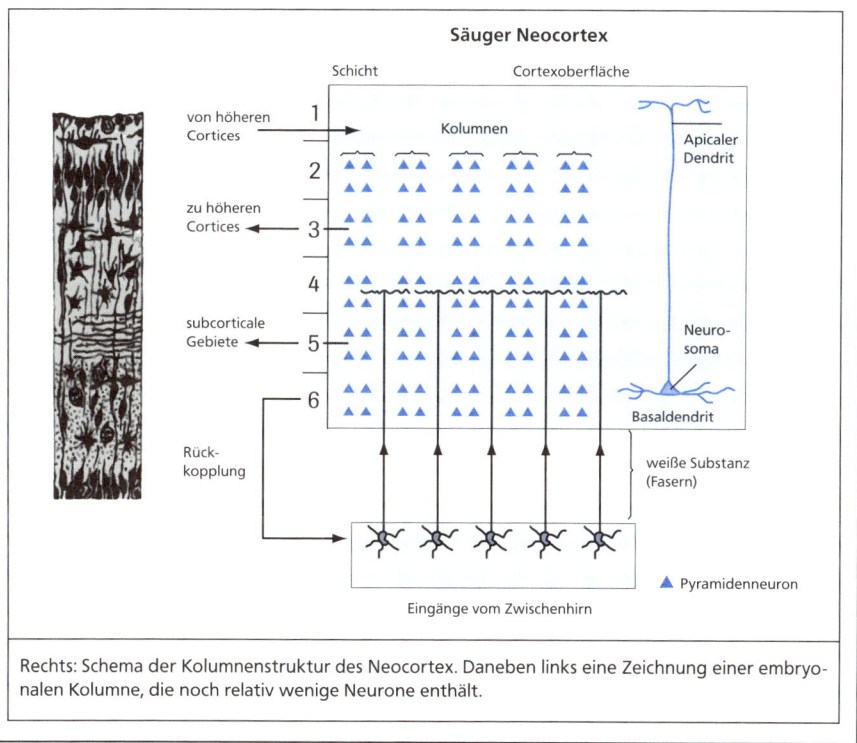

Rechts: Schema der Kolumnenstruktur des Neocortex. Daneben links eine Zeichnung einer embryonalen Kolumne, die noch relativ wenige Neurone enthält.

Abb. 8b    Der Neocortex des Menschen

großer, pyramidenförmiger Neuronen, die jeweils einen Dendritenast an die Oberfläche schicken und dort in einer obersten, sechsten Schicht als Dendritengeflecht enden.

Durch die gesamte Evolution der Säugetiere wächst und wächst der sechsschichtige Neocortex. Die Encephalisation, die »Verhirnung« durch den wuchernden Neocortex, nimmt allmählich zu, bis er bei den Hominiden und beim Menschen überwältigende Ausmaße erreicht. Ungefähr 80 Prozent unseres Hirnvolumens werden vom Neocortex beansprucht, der sich wie eine riesige, in Falten gelegte Kappe über das gesamte übrige Hirn legt und umgangssprachlich mit *dem* Gehirn gleichgesetzt wird. Diese wachsende Encephalisation wird ermöglicht, indem den Vorläuferzellen der Neurone in der Embryonalentwicklung längere Teilungsphasen eingeräumt werden. So haben die corticalen Vorläuferzellen bei der kurzen Embryonalzeit einer Maus nur Zeit für elf Zellteilungen, aus einer Vorläuferzelle entstehen also $2^{11} = 2048$ Neurone. In der längeren Entwicklungszeit eines Rhesusaffen teilt sich eine Vorläuferzelle 28mal und erzeugt dabei 268,5 Millionen Cortexneurone, und bei der langen Embryonalphase des Menschen gibt es mit Sicherheit noch mehr Zeit für noch mehr Teilungsschritte.

Die Encephalisation beschleunigt sich noch einmal innerhalb der Primatengruppe. So ist das Neocortexvolumen des Menschen siebenmal größer als das eines Halbaffen und viermal größer als das seines nächsten Verwandten, des Schimpansen. Der menschliche Neocortex beherbergt schließlich mindestens $10^{10}$ Neurone und $10^{14}$ Synapsen, da jedes Cortexneuron wenigstens 10.000 Synapsen trägt. Das erinnert eindrücklich daran, dass es bei der Encephalisation in erster Linie um ins Unermessliche gesteigerte Verknüpfungsmöglichkeiten für Neuronennetzwerke geht.

Wer von dem enormen Zuwachs an Cortexflächen eine Vielfalt unterschiedlicher Netzwerkstrukturen erwartet, sieht sich allerdings enttäuscht. Die verblüffend einheitliche innere Struktur besteht aus sich endlos wiederholenden schmalen Säulen, die aus den schon erwähnten großen, vorwiegend exzitatorischen Pyramidenzellen mit ihren aufsteigenden Dendritenästen der fünf Neuronenschichten gebildet werden. Durch viele kleine, nur innerhalb der Säule Synapsen ausformende, vorwiegend hemmende Neurone bilden die Zellen ein in sich geschlossenes Netzwerk. Diese Säulen sind über unterschiedlich große Distanzen mit benachbarten Säulen verschaltet, die Säulen »reden« intensiv mit ihren Nachbarn.

Die Schichtenanordnung der Pyramidenzellen und die vertikale Ausrichtung ihrer Dendritenäste lässt eine einheitliche, geordnete Topographie der Eingänge und Ausgänge jeder Säule entstehen: Die Pyramidenzellen der Schicht 4 erhalten die externen Eingänge, beispielsweise die Sinnesinformationen, über die Zwischenhirnnetzwerke sorgfältig nach Sinnesorganen getrennt. Die Neurone der Schichten 3 und 2 senden Axone zu anderen Cortexarealen, die zum Beispiel die Säuleninformation bewerten oder Information zur Erzeugung von Handlungsabläufen auf motorische Cortexareale verschalten. In der obersten Schicht 1, die nur aus Dendriten der Pyramidenzellen aller fünf darunterliegenden Schichten besteht, treffen Informationen aus anderen Cortexarealen ein. Die beiden untersten Schichten 5 und 6 projizieren zurück auf Gehirnstrukturen, die dem Cortex zuarbeiten, und auf die Eingangsnetzwerke. Diese Rückprojektionen spielen für die Funktion des Neocortex eine entscheidende Rolle, wie weiter unten gezeigt wird.

Die Einheitlichkeit der Säulenanordnung und -verschaltung in dem riesigen Neocortex erinnert an die Massenspeicher der Computer. Wie dort durch Adressenzuweisungen der Speicher in verschiedene Aufgabenkompartimente untergliedert ist, teilt sich auch der Neocortex-Speicher in verschiedene Areale auf, denen definierte Aufgaben zugewiesen sind. Im Lauf der Encephalisation nimmt die Zahl solcher aufgabenspezifischer Areale beginnend mit den stammesgeschichtlich ältesten Säugern, wie den Spitzmäusen und Igeln, ständig zu und wächst bei Primaten auf bis zu 100 funktionell oder morphologisch unterscheidbare Cortexareale an. Der Bedarf an Cortexfläche steigert sich bei Primaten und vor allem beim Menschen so sehr, dass sich der Neocortex in Furchen (*Sulci*) legt. Beim Menschen liegen zwei Drittel der Cortexoberfläche in solchen Furchen versteckt.

Für alle Säugetiere besteht die älteste und vorrangige Aufgabe des Neocortex in der neuronalen Repräsentation der Außenwelt durch die Fenster der Sinnesorgane. Deshalb fügt sich der Neocortex der frühen Säugetiere fast nur aus topographischen Karten des Sehens und Hörens, des Riechens und Schmeckens und vor allem der Somatosensorik (der Tast-, Temperatur- und Schmerzempfindlichkeit der Haut und der Haare) zusammen. In dem Maße, wie der Neocortex die Kontrolle der Bewegungen und Handlungen übernimmt, kommen bei höheren Säugetieren gesonderte motorische Cortexareale hinzu, in denen ebenfalls topographisch geordnet die Muskeln repräsentiert sind, die von diesen Neocortexneuronen kontrolliert werden.

Diese corticalen Karten erfreuen sich seit Jahrzehnten bei Neurobiologen besonderer Beliebtheit, weil sie in relativ einfachen Verschaltungen den sensorischen Ursprung beziehungsweise das angesteuerte motorische Zielorgan widerspiegeln und die Bedeutung spezifischer Sinneseindrücke beziehungsweise Muskelpartien im Verhalten der Tierart offenlegen. Die

Karten geben nicht direkt die räumlichen Koordinaten der Sensorik und Motorik wieder, sondern die Anzahl der Cortexsäulen, die bestimmten Aspekten ihrer Außenwelt gewidmet sind, beziehungsweise der Muskeln von Organen, die einer besonders fein regulierten Beweglichkeit bedürfen. Diese neuronale Säulenzahl korreliert sehr genau mit dem spezifischen Verhalten einer Tierart in ihrer Lebenswelt und verrät so die besondere phylogenetische Anpassung der Spezies an ihre Umwelt. Die Transkription der realen Gestaltkarte in die neuronale Repräsentation führt zum Beispiel in den somatosensorischen Cortexarealen zu monströsen Überrepräsentationen der für die nächtliche Erkundung unerlässlichen Schnurrbarthaare und des Kopfes bei Spitzmaus und Igel. Bei den tagaktiven Primaten und beim Menschen, die unter gezieltem Hinschauen mit den Händen zugreifen, dominieren die neuronalen Sehfeldkarten, die fast nur die kleine Foveascheibe in der Netzhaut repräsentieren, mit der wir Dinge betrachten.

Mit der stetigen Ausdehnung und Faltung der Neocortexschichtung kommen neue Cortexareale zu den Karten hinzu. Es entstehen vor allem bei den Primaten einerseits zusätzliche Cortexareale für komplexe Handlungsabläufe und deren Steuerung, die prämotorischen Areale. Andererseits bilden sich am vorderen, frontalen Pol des Neocortex Areale, welche die umfassende Umweltpräsentation unter anderem mit inneren Befindlichkeiten des Körpers und sozialen Normen gewichten und assoziieren, um daraus aktuelle Handlungsketten zu entwerfen, die über die Handlungsprogramme der motorischen Cortices ausgeführt werden – oder nur gedacht bleiben. Man bezeichnet diese frontalen Areale als Assoziationscortices. Bei den Hominiden und Menschen nimmt dieser für die soziale Kompetenz wichtige frontale Teil zusammen mit den prämotorischen Cortices für die Handlungsumsetzung die große vordere Hälfte des Cortex ein. Es gibt Evolutionsbiologen, die in der wachsenden sozialen Interaktion und Kommunikation in Primatenhorden die Ursache für den raschen Zuwachs von Arealen im Frontalhirn sehen. Andere fassen umgekehrt das komplexe Sozialverhalten als Folge des auffallenden Wachstums des frontalen Cortex auf, das beim Übergang vom Hominiden zum Menschen noch einmal einen markanten Schub erfährt. Interessanterweise wird in der buddhistischen Ikonographie Buddha immer mit einer leicht vorgewölbten Stirn dargestellt, weil dies für Inder das Merkmal eines »großen« Menschen ist.

*Plastizität*
Die nach verschiedenen Funktionen differenzierten Cortexareale sind zwar wie die gesamte Hirnstruktur genetisch bestimmt, ein Teil der internen Vernetzungen innerhalb der Areale wird jedoch häufig erst durch die indi-

viduellen Erfahrungen während der Entwicklung bis zur Pubertät festgelegt. In den Cortexkarten zeigt sich besonders deutlich die enge Verzahnung zwischen genetischer und aktueller Umweltinformation. Hierfür gibt es zahlreiche experimentelle Belege. Einer der eindrucksvollsten stammt vom Sehcortex der Katzen. Zieht man frisch geborene Kätzchen in einer Umgebung auf, in der sie ausschließlich horizontale Konturen und noch nicht einmal ihren eigenen Körper sehen können, so stoßen sie später in normaler Zimmerumgebung gegen jedes Stuhl- oder Tischbein, gegen Besenstiele und Stehlampen, weil sie in ihrem Sehcortex kaum Neuronennetze für vertikale Konturen entwickelt haben. Kätzchen, die umgekehrt in einer vertikal gestreiften Umgebung aufwachsen, haben wenige Netzwerke für Horizontalkonturen und fallen von jeder Tischkante. Unter natürlichen Bedingungen aufwachsende Katzen dagegen besitzen in ihrem Sehcortex konturenempfindliche Neurone, deren Orientierung den in der Vegetation vorherrschenden Konturen entspricht. Sogar die Verteilung der Helligkeitsstufen, die visuelle neuronale Netze unterscheiden können, entspricht den häufigsten Helligkeitsabstufungen, die im Lebensbereich des aufwachsenden Tieres vorkommen.

Die Netzwerke der neuronalen sensorischen und motorischen Karten schulen und gestalten sich also autonom an der individuell und real erfahrenen Außenwelt und bilden sie daher neuronal zwar nicht realitätsgetreu – Konturen werden zum Beispiel generell gegenüber Flächen neuronal verstärkt –, aber stets richtig ab. Realitätsfremde Vernetzungen hätten fatale Folgen für das betreffende Tier. Die Größe der funktionsbezogenen Cortexflächen verändert sich mit dem aktuellen und individuellen Gebrauch solcher Funktionen. So haben Berufsmusiker einen größeren Hörcortex, ihre motorischen Cortices zeichnen sich durch dichter gepackte Neurone und vermutlich auch mehr Kolumnen aus. Bei Geigenspielern beispielsweise nimmt die Repräsentation der linken Finger mehr Platz in Anspruch. Solche Gebrauchsunterschiede fallen umso deutlicher aus, je früher in der Kindheit jemand mit dem Musizieren begonnen hat. Die Plastizität der global genetisch festgelegten Cortexareale kann noch einen Schritt weiter gehen. Verstummen aus irgendeinem Grund die normalen Zugänge in ein Cortexareal, so kann dieses freiwerdende Ensemble von Kolumnen von anderen, aktiven Cortexarealen für ihre eigenen Zwecke rekrutiert werden. Bei Blinden wandern zum Beispiel Fasern aus Hirnstrukturen der neuronalen Hörbahn in Teile des Sehcortex ein und kooptieren sie für die neuronale Verarbeitung und Repräsentation von Höreindrücken.

Diese hohe Plastizität zugewiesener Funktionen beweist auch, dass die neuronale Verarbeitung innerhalb der einzelnen Cortexkolumne vom aktuellen Inhalt weitgehend unabhängig und gleichförmig ablaufen muss. Sie dient offensichtlich allgemeinen neuronalen Verarbeitungsaufgaben, wobei die Vernetzungskapazität innerhalb einer Säule von den einfachen Säugetieren bis zu den Primaten und zum Menschen kontinuierlich zunimmt. Die Anzahl von Neuronen innerhalb einer Säule beträgt bei Ratten durchschnittlich 75 000 und beim Rhesusaffen schon 170 000. Damit steigen die Kontaktmöglichkeiten von $7{,}5.10^8$ auf $1{,}7.10^9$ Synapsen um nahezu eine Zehnerpotenz an. Mit diesem wachsenden Aufwand generiert der Neocortex eine immer genauer differenzierte subjektive Wirklichkeit und erweitert seine Speicherkapazität für deren Repräsentation im Gedächtnis.

*Kategorien und Gedächtnis*

Wir erleben die Welt nicht so, wie sie objektiv abläuft, sondern so, wie sie der Cortex aufgrund seiner Erfahrungen, die er seit unserem ersten Atemzug gespeichert hat, im wörtlichen Sinne begreift. Dies gilt für alle Sinnesmodalitäten, mit denen wir die Welt wahrnehmen. Die momentane Sicht unserer Umwelt ist keine wirklichkeitsgenaue Abbildung. Sie ist vielmehr so, wie der Cortex sie mit Hilfe der erinnerten Objektkategorien sieht, die er vor allem in unserer frühen Kindheit durch Erfahrung von den Gegenständen gebildet hat, die ihm ständig begegnen oder für das Handeln des Einzelnen von großer Bedeutung sind. So sind in den Synapsen der Cortexsäulen des Sehens Kategorien abgelegt, die auf die momentan gesehene Welt angewandt werden. Nur durch die Filter dieser Kategorien können wir die Welt erkennen. Es gibt Kategorien für unseren Alltag, wie Tisch, Stuhl, Tasse, Lampe usf. Diese Kategorien umfassen nicht nur das visuelle Bild, sondern auch die Erfahrungen, die wir mit den Gegenständen gemacht haben, den Zweck, den sie für uns erfüllen.

Von zentraler Bedeutung sind für Tier und Mensch Kategorien aus unserem sozialen Umfeld. So gibt es zum Beispiel bei Primaten und wahrscheinlich bei allen Säugetieren ein Areal unter den visuellen Cortexbereichen, in dem Kategorien für jene Köpfe und Gesichter abgelegt sind, mit denen es das Individuum im Guten wie im Bösen am häufigsten zu tun hat. So wurden bei Affen Cortexneurone entdeckt, die nur auf die Gesichter der einzelnen Experimentatoren ansprachen, denen die Affen täglich begegneten, bei Schafen waren es Cortexneurone für individuelle Köpfe und Hörner ihrer häufigsten Herdenpartner. Bei dem entsprechenden Cortexareal handelt es sich nicht um einen Bereich ausschließlich für Gesichtskategorien, sondern generell für Sehgegenstände, die für das soziale Leben des Individuums wesentlich sind. Bei Autonarren oder Vogelliebhabern misst man im gleichen Cortexareal erhöhte Aktivitäten, wenn ihnen gewisse Autotypen beziehungsweise Vogelarten gezeigt werden. Mit anderen Worten, die erlebte Welt ist auch ein Ergebnis der im Cortex abgelegten Erfahrungen, und diese Erfahrungen sind immer individuell. Es gibt daher strenggenommen weder beim Menschen noch bei den Tieren objektive, sondern allenfalls artspezifische, in jedem Fall aber nur individuelle Welten, die durch neuronale, mittels Erfahrung erworbene Filter und Kategorien seit Generationen an der Realität der Außenwelt ausgeformt sind. Wären sie das nicht, würde der Betroffene in einer falschen Realität leben und wäre schon bald kein lebendiges Glied der Nachkommen zeugenden Generationenkette mehr.

Die primären Farbkategorien sind zum Beispiel genetisch festgelegt. Bienen beispielsweise sehen im Gegensatz zu den Primaten und zum Menschen Ultraviolett, aber kein Rot. Die Kette der Wahrnehmungsunterschiede im Tierreich ließe sich endlos fortsetzen, denn jede Tierart ist primär genetisch mit den Wahrnehmungsfiltern und -kategorien ausgestattet, die für ihre Lebenswelt, für die Suche nach ihrer spezifischen Nahrung und für ihre Fortbewegungsweise und ihre Handlungsmöglichkeiten optimal geeignet sind. In der Regel sind solche Kategorien ererbt und werden in der Jugendphase unter Umständen verfeinert und im Detail angepasst.

Der Cortex ist keine passive neuronale Bildschirmfläche, die Signale empfängt, sondern ein aktives Riesennetzwerk, das pausenlos das soeben Erfahrene mit dem im Gedächtnis Gespeicherten vergleicht und das momentan Erlebte gleichzeitig in seinen unermesslichen Synapsengittern für unterschiedlich lange Zeit abspeichert. Die gegenwärtige Welt wäre ohne die Kategorien, die sich aus den Erfahrungen in der Vergangenheit gebildet haben, völlig unverständlich. Das ist beispielsweise das Problem der Rezeption von abstrakter Malerei, da der unbefangene Betrachter im Bild zunächst nach ihm geläufigen Formen und Gegenständen sucht.

Die Macht des Erinnerten gilt für alle Sinnesmodalitäten und Erlebnisbereiche. So erkennen wir Bekannte, denen wir seit Jahren nicht mehr begegnet sind, an der Stimme selbst am Telefon, obwohl es die Sprachfrequenzen erheblich verändert. Wir können sogar an der Sprachfärbung sofort erkennen, ob der Anrufer in guter Stimmung oder deprimiert ist, ob er eine gute oder eine schlechte Nachricht überbringen wird. Solche Erkennungskategorien sind erlernt. Gedächtnisinhalte verändern sich aber auch kontinuierlich durch das, was wir jeden Tag lernen können und an Neuem erfahren.

Es gibt weder eine Gegenwart noch eine Zukunft ohne die Vergangenheit. Die aus dem Gedächtnis fließende und mit jeder gelebten Sekunde wieder im Gedächtnis versinkende corticale Erregungswelt ist die Welt, die wir erleben, es gibt keine andere. Man kann den Neocortex mit einem Kameramann vergleichen, der aufnimmt und gleichzeitig am Schneidetisch sitzt. Er registriert mit seinem Kamerasucher kontinuierlich die aktuelle Realität und speichert sie quasi auf Filmrollen, dem Gedächtnis ab, wobei er sofort die Szenen herausschneidet, denen er keinerlei Gewicht beimisst. Das übrige »Filmmaterial« behält er stunden-, tagelang, unter Umständen über Monate oder ein ganzes Leben in der »Filmdose« Gedächtnis, selbst dann, wenn manche Szenen nur noch durch Zufall oder sehr spät im Leben noch einmal abgespielt werden.

Um der Klarheit willen wurde hier die erlebte Welt in erster Linie als wahrgenommene dargestellt. In Wirklichkeit wird aber in dieser sich im Fluss der Zeit stetig wandelnden corticalen Erregungswelt das Wahrgenommene durch emotionale und kognitive Bewertungen gewichtet, markiert und zum herausgehobenen Bestandteil erinnerter Episoden. Viele Neurobiologen sind der Auffassung, dass nur solche positiv oder negativ bewerteten Ereignisse, die einen starken emotionalen oder kognitiven Eindruck (die Aha-Effekte) auslösten, langfristig im Gedächtnis bleiben.

Die neuronale Cortexwelt ist viel komplexer und nuancenreicher als hier dargestellt. Das verzweigte Netzwerk an aktiven Cortexsynapsen, die eine gerade durchlebte Episode charakterisieren, ist gleichzeitig das Synapsennetzwerk, das diese Episode als Gedächtnis speichert. Der Neocortex ist daher nicht nur neuronaler Repräsentant aktuellen Erlebens, sondern gleichzeitig auch sein Gedächtnis. Wie sich Synapsen als Substrat des Erinnerns durch Erregungen über längere Zeit oder dauerhaft verändern können, wurde im Abschnitt über Synapsen geschildert.

Man wird der Bedeutung des Neocortex eher gerecht, wenn man ihn als ein riesiges, mit seinen $10^{15}$ Synapsen praktisch unerschöpfliches Gedächtnis versteht, das permanent arbeitet und die aktuelle Situation wie eine Momentaufnahme im Strom der sich wandelnden, über den Cortex verteilten Muster synchron aktiver Synapsen aufblitzen lässt. Während die meisten dieser Erregungsmuster wie Meereswellen wieder vergehen, werden wenige andere, die durch Bewertungsmarkierungen der frontalen Bewertungsareale gewichtet wurden, als gemeinsam aktives Synapsenensemble quasi eingefroren und als solches fixiert, sprich als erlebte Episode im Gedächtnis niedergelegt. Im Gegensatz zum Massenspeicher der Computer ist der Neocortex ein unentwegt arbeitendes, dynamisches Gedächtnis, das den Tieren und uns erlaubt, im Strom der Zeit Zusammenhänge zwischen Vorher und Nachher herzustellen und zielgerichtete, den Gedächtnisinhalten adäquate und auf ein vorgefasstes Ziel hin ausgerichtete Ketten von Handlungen zu konzipieren und auszuführen.

Man kann nicht nachdrücklich genug betonen, dass es weder für Menschen noch für Tiere ein Leben ohne Gedächtnis geben kann. Der Cortex ist ein unablässig arbeitendes, denkendes Gedächtnis, das sich durch zwei Eigenschaften auszeichnet: Offenheit und Autonomie.

*Offene, freie Beziehungen*

Im Neocortex können nahezu beliebig unterschiedliche und beliebig viele Neuronennetzwerke vom kleinsten Mikronetzwerk bis zu großen Neuronennetzen, die ihrerseits aus weitverteilten Aktivitätszentren bestehen, in freier Kombination aktiviert, rekrutiert und kooptiert werden. Auf diese Weise werden zum Beispiel Gedächtnisinhalte, die als Kombinationen veränderter Synapsen niedergelegt sind, aufgerufen und durch neuronale Algorithmen so miteinander verknüpft, dass sie erinnerte Geschichten erzählen oder zum Ausgangspunkt für neue, momentan entstehende Vorstellungen werden. Solche erinnerten und erdachten Episodenabläufe können zu Instruktionen in motorischen Netzwerken umgesetzt werden und zu Aktionen führen, oder sie werden nur neuronal aktiviert, bleiben also gedacht und versinken wieder in der Ruheaktivität des Cortex. Es gibt übergeordnete Netzwerke, etwa die nach sozialen Normen bewertenden Areale des frontalen Cortex, die auf mehr Netzwerke zugreifen können als andere. Solche Zugriffshierarchien ändern aber nichts an der generellen Offenheit der Netzwerkaktivierung und deren unermesslicher Kombinationsfähigkeit. Die Offenheit erzeugt einen Freiraum für Assoziationen des Erinnerns, des Weiterdenkens, Entscheidens und Handelns. Dieser Freiraum ist eine Struktureigenschaft des Cortex und beherrscht daher seine Arbeitsweise. Aus neurobiologischer Sicht kann man diesen corticalen Freiraum als Freiheit des Erinnerns, des Denkens, als Freiheit in der Wahl von Alternativen und damit des Handelns auffassen.

Deshalb befremdet es, dass ausgerechnet Neurobiologen eine Debatte über die Willensfreiheit begonnen haben. Die Initiatoren dieser Debatte bezeichnen den freien Willen als eine »gnädige« Illusion eines souverän funktionierenden Gehirns, denn jede »freie« Entscheidung lasse sich auf vorausgehende, konkrete neuronale Vorgänge zurückführen. Für einen Biologen steht außer Frage, dass jede Handlung, jede Entscheidung, jeder Gedanke auf konkreten neuronalen Ursachen beruht, die im Prinzip experimentell nachweisbar sind. Für denjenigen, der das Gehirn nur als Materie wahrnimmt – und wer einzig naturwissenschaftliche Fakten als Realität akzeptiert, hat keine andere Wahl –, lösen sich Individualität und die damit verbundenen Phänomene der Kreativität und Willensfreiheit in uferlose Kausalketten kooperierender Neuronennetzwerke, von Synapsenaktivitäten, Transmitterausschüttungen und Hormonniveaus auf. Solche Kausalsonden können im Prinzip jede einzelne Lebensäußerung naturwissenschaftlich

erklären. Bei dieser Betrachtungsweise fallen aber Freiheiten der unermesslichen und momentanen neuronalen Kombinatorik, ihre Dynamik und ihre
Integration zu einem kohärent funktionierenden, individuellen Organismus
unter den Tisch. Auf dieser Integration beruhen Phänomene, die wir in
einer jahrtausendelangen Auseinandersetzung und Tradition gelernt haben,
mit den Begriffen Selbstbewusstsein, Geist, Willensfreiheit zu belegen.
Allein schon die Tatsache, dass wir diese Phänomene als wirksame Kräfte
in unserem Alltag erleben, belegt, dass sie nicht die »Hirngespinste« von
Neuronengeflechten, Synapsen und ihrer Chemie sind. Doch darauf wird
in einem späteren Abschnitt ausführlicher einzugehen sein (siehe Seite 128).
Wir Menschen leben in einem Spannungsfeld zwischen Willensfreiheit und
Determiniertheit. Die Freiheit des Einzelnen wird zu einem engeren, individuellen Freiraum eingeschränkt. Dies geschieht durch materielle Randbedingungen wie die unserer Physis, durch Erwartungen, Hoffnungen und
Ängste, die aus Erfahrungen und Erinnerungen in das Denken, Entscheiden und Handeln einfließen, sowie durch unsere gesellschaftliche Position
und Funktion. Dennoch bleibt die Möglichkeit der freien, individuellen
Entscheidung bestehen. Reale Freiheiten sind nicht umsonst zu haben, sie
verlangen möglicherweise Überwindungen und Anstrengungen, sie bergen
Risiken für die Lebensdauer, und sie kosten mindestens die unterlassenen
Alternativen. Es ist sicherlich auch richtig, dass durch momentane oder
länger anhaltende Motivationslagen, wie sie sich unter anderem im Gehalt
von Neuromodulatoren und Hormonen widerspiegeln, bestimmte Hand-
lungsalternativen leichter fallen als andere. Gedanken sind unbestreitbar
das Ergebnis von Synapsenaktivitäten und chemischen Neuromodulatoren,
aber Synapsenaktivitäten und Neuromodulatoren ihrerseits sind auch das
Ergebnis von Gedanken und Entscheidungen.

Tiere haben erheblich eingeschränktere Freiräume, und dies gilt umso
mehr, je kleiner die Zahl corticaler Neuronennetze ausfällt und je ausschließ-
licher ein Cortex sich nur um das nackte Überleben zu kümmern hat, also
um Nahrungssuche, geschützte Ruheplätze, Jungenaufzucht usf. Bei den
»niederen« Säugetieren stehen Verhaltens- und Handlungsabläufe weit weniger unter corticaler Kontrolle, und die übergeordneten Areale des Cortex für
Bewertungen und Assoziationen, die bei Menschenaffen und vor allem beim
Menschen so auffallend groß geworden sind, bleiben klein oder fehlen gänzlich. Mit anderen Worten, je kleiner der Cortex bei den »niederen« Säugetieren, desto reflexartiger werden Verhaltensweisen gesteuert und desto einge-
schränkter ist die Möglichkeit zur Wahl von Verhaltensalternativen.

Es gibt keine Lebenserscheinung, auch keine Freiheit des Denkens und
der Willensentscheidung, die nicht auf materiellen Voraussetzungen fußen

würde. Der Urheber einer Handlung ist durch seine genetischen, neuronalen und motorischen Fähigkeiten und durch seine im Gedächtnis gespeicherten Erfahrungen geprägt. Insofern tragen auch seine Urheberschaften genau diese Handschrift. Diese Art der Determiniertheit unterstreicht eine Voraussetzung willentlicher Entscheidungen, individuelle Urheberschaft, die ein Merkmal freier Willensentscheidung ist. Wer sich Willen nur als absolute Freiheit und damit losgelöst von materiellen Voraussetzungen vorstellen kann, muss warten bis zum Tod. Nur im Tod sind wir »frei«.

Beim Erinnern oder bei der unbewussten Anwendung von Kategorien auf die momentane Erlebniswelt handelt es sich um eine neuronale Aktivität, die sich nach heutiger Vorstellung räumlich weit verteilt im Cortex abspielt. Dennoch wird die Welt nicht als wirres Puzzle erlebt, sondern als kohärentes, in sich geschlossenes Bild, in dem Gegenstände gleichzeitig Farbe, Gestalt und einen Ort im Raum haben und sich bewegen, obwohl jede dieser Eigenschaften in separaten Arealen des Cortex repräsentiert ist. Dieses sogenannte Bindungsproblem ist bis heute ungelöst. Es gibt aber eine weiter oben schon erwähnte plausible und durch mehr und mehr Experimente gestützte Hypothese von Wolf Singer und seinen Mitarbeitern am Max-Planck-Institut für Hirnforschung in Frankfurt, wonach simultan aktive Neuronennetze zu einem kohärenten neuronalen Aktivitätsmuster zusammengefasst werden. Synchronität wäre also der Kitt der Welt. Es gibt andere Neurobiologen, die das Bindungsproblem durch die Aufmerksamkeit gelöst sehen. Nach dieser Vorstellung würden bestimmte Cortexareale, die für das Aufmerken notwendig sind, die Bindungsaufgabe übernehmen.

Wer ein schweres Hirntrauma erleidet, kann sich in der Regel an nichts mehr erinnern, was sich unmittelbar vor diesem Vorfall ereignete, wohl aber an alles, was Wochen, Monate und Jahre zuvor geschah. Es gibt offensichtlich zwei Gedächtnisformen: ein stabiles Langzeitgedächtnis, in dem die markanten Episoden und die Abstraktionsschablonen, die wir im Lauf unseres Lebens gebildet haben, niedergelegt sind, und ein Kurzzeitgedächtnis, das für Störungen anfällig ist. Alle Gedächtnisinhalte wandern zunächst durch das Kurzzeitgedächtnis, bevor sie im Langzeitgedächtnis, nach heutiger Vorstellung als ein Ensemble verteilter, langfristig veränderter Synapsen, festgehalten werden. Im Gegensatz zum Kurzzeitgedächtnis verlangt der Übergang ins Langzeitgedächtnis die Beteiligung von Proteinsynthese, vermutlich für die Veränderungen an der Rezeptoren- und Ionenkanalausstattung der beteiligten Synapsen. Die funktionell wichtigen Moleküle der Synapsenmembranen sind allesamt Proteine.

Das Kurzzeitgedächtnis bedarf keiner neuen Proteine. Es speist sich vielmehr aus aktuellen Erregungsabläufen, die durch bestimmte Synapsenrezeptoren, neuromodulatorische Stoffe und vor allem durch Erregungs-schleifen über längere Zeiträume, Minuten und Stunden, aufrechterhalten werden. Solche Schleifen spielen für die aktuelle Arbeit des gesamten Cortex eine zentrale Rolle. Die meisten, wenn nicht alle Cortexareale projizieren Erregungen zurück auf diejenigen Bereiche, von denen sie Erregungseingänge erhalten. Solche Erregungsströme kommen entweder von anderen Cortexarealen oder vom Zwischenhirn, dem Eingangstor zum Neocortex. Es entstehen rekurrente Erregungsschleifen, die ein Erregungsmuster über längere Zeit am Leben halten und sich gegenseitig beeinflussen können. Dichte, rekurrente Schleifen im seitlichen präfrontalen Cortex führen zu stabilen, *schwingenden* Erregungszuständen beim Arbeitsgedächtnis, beim Planen, bei der Zielrepräsentation und der Repräsentation erwarteter Ergebnisse. Durch solche schwingenden Erregungsschleifen entstehen aktive neuronale Repräsentationen, die so lange anhalten wie die Erregungsschwingung. Eine der mächtigsten Schleifenbahnen verläuft in beiden Richtungen zwischen Neocortex und Kleinhirn, das bei allen zeitlichen Verknüpfungen des Handelns und Denkens beteiligt ist. Selbst einfachste Handlungen müssen erinnern, was wenige Sekunden zuvor geschehen ist: Wer zum Beispiel Tee trinkt, greift zur Teekanne, schenkt sich ein, führt die Tasse zum Mund und trinkt. Jeder Handlungsschritt ist die Voraussetzung des nächsten und ist ohne den soeben vergangenen zwecklos. In Erregungsschleifen zwischen Cortex und Kleinhirn werden solche Handlungsketten wenigstens so lange am Leben gehalten und die einzelnen Schritte für den nachfolgenden erinnert, bis das Ziel erreicht ist. Diese rekurrenten Erregungsschleifen benötigen nicht nur die ausführende Aktion, sondern auch das logische und assoziative Denken.

Das räumliche Gedächtnis, für das der ebenfalls cortical strukturierte Hippocampus zuständig ist, liefert ein gut untersuchtes Beispiel für Erregungsschleifen. Über drei Synapsen projizieren drei aufeinanderfolgende Hippocampusbereiche wieder zurück auf ihren Eingang. Bei Mäusen wurde gezeigt, dass das Erinnern räumlicher Details und was dort wann geschehen ist, von der Plastizität dieser Schleifensynapsen abhängt.

Lange Zeit betrachtete man die neuronale Verarbeitung in erster Linie als einen aufsteigenden Informationsstrom von der Peripherie zu den übergeordneten Cortexzentren. Heute wissen wir, dass diese neuronale Peripherie, beispielsweise die ersten Stufen der Verarbeitung von Sinneseindrücken im Zwischenhirn, im Mittelhirn und selbst im Nachhirn durch rückkoppelnde Schleifen dem ständigen Einfluss corticaler Areale ausgesetzt sind. So entstehen Sinnestäuschungen, die durch die Aktivierung corticaler Kategorien hervorgerufen werden, nicht erst in diesen übergeordneten Cortexarealen, sondern in den primären Verarbeitungsstufen. Der periphere Informationszustrom, etwa von den Sinnesorganen, beschäftigt nur 20 Prozent der Synapsen, die Mehrzahl hat mit der Kommunikation der Gehirnareale untereinander in solchen Schleifen zu tun.

*Autonome Aktivität*

In der bisherigen Darstellung des Neocortex war durchgängig die Rede von verzweigten und räumlich verteilten aktiven Neuronennetzen, also corticalen Säulenensembles, die synchron tätig sind und eine neuronale Episode ausmachen. Aber wer oder was entscheidet, welche neuronalen Netze synchron aktiviert werden? Das sind einerseits äußere Einflüsse, zum Beispiel irgendein Ereignis in unserem Sehfeld, das unser Interesse weckt und wenigstens ein entsprechendes visuelles Cortexareal aktiviert, beispielsweise das des Bewegungssehens. Dieses von außen aktivierte Cortexareal rekrutiert und kooptiert seinerseits zusätzliche Cortexareale. Es können aber andererseits auch vorausgehende Erregungsepisoden sein, die das momentane Erregungsmuster im Cortex bestimmen. Da das Gehirn generell in rückkoppelnden Erregungsschleifen arbeitet, widerspricht eine lineare Betrachtungsweise der Wirklichkeit. Ein treffendes Beispiel für die verkürzte Deutung liefert die Medizin, die einem Neuropharmakum eine bestimmte Wirkung zuschreibt. Alles, was dieser linearen Beziehung von Ursache und Wirkung widerspricht, wird in die Rubrik »Nebenwirkungen« abgeschoben.

Das Besondere am Neocortex ist aber, dass er für seine Aktivität auf äußere Einflüsse nicht angewiesen ist, er kann autonom und selbstorganisiert Aktivität erzeugen. Das drückt sich in Erregungswellen aus, die in regelmäßigen Abständen spontan, also ohne erkennbaren Anlass, über den Cortex hinweglaufen. Die Wellen beginnen irgendwo im Cortex, können sich aufschaukeln, breiten sich mit einer Geschwindigkeit von 30 bis 75 Millimeter pro Sekunde aus und verebben schließlich je nach ihrer Stärke unterschiedlich weit vom Ursprungsort entfernt. Diese Erregungswellen aktivieren und verbinden durch einen dem Cortexsystem innewohnenden autogenen Vorgang für eine kurze Zeit unterschiedliche neuronale Netzwerke. Die Wellen erzeugen ein immer wiederkehrendes, autonom entstandenes räumlich-zeitliches Erregungsmuster des Cortex. Die Erregungswellen entstehen unter zwei Voraussetzungen:

1) Der Cortex muss sich als Ganzes in einem dynamischen Gleichgewicht von Hemmung und Erregung befinden. Wie schon bei der Darstellung der Synapsen gezeigt, kennen die Abermilliarden von corticalen Synapsen keinen echten Ruhezustand, sondern sind pausenlos aktiv, wobei

sich »Ruhe« in dem genannten Gleichgewicht von Hemm- und Erregungsvorgängen ausdrückt. Dieses Gleichgewicht wird durch kurzfristige Synapsenänderungen gewahrt. Da der riesige Neocortex des Menschen (50000 Neuronen je Kubikmillimeter) wie bei einer Standby-Schaltung ständig handlungsbereit sein muss, verbraucht er viel Energie. Das erklärt den hohen Energieverbrauch des »ruhenden« Gehirns und seine Empfindlichkeit für Durchblutungsstörungen, die die Sauerstoffversorgung unterbrechen. Aus diesem aktiven Gleichgewichtszustand heraus generieren sich die spontanen Erregungswellen.

2) Solche Erregungswellen entstehen nur, wenn der Cortex einen bestimmten Dopaminpegel aufweist. Dopamin ist einer der wichtigsten Neuromodulatoren des Gehirns, der weit gestreut auf die Aktivität vieler Gehirnregionen Einfluss nimmt. Man bezeichnet Dopamin als Belohnungssystem, das nicht nur im Cortex, sondern vor allem über einen Teil des phylogenetisch alten Vorderhirns, die Basalganglien, unsere Motorik und Handlungsbereitschaft beeinflusst. Es fördert den Handlungsantrieb, unter anderem weil es die Belohnung erfolgreicher, zielgerichteter Handlungen ausdrückt. Damit ist es ein wichtiger Faktor emotionaler Zufriedenheit. Generell verbindet Dopamin emotionale Zentren des alten Vorderhirns mit dem Neocortex.

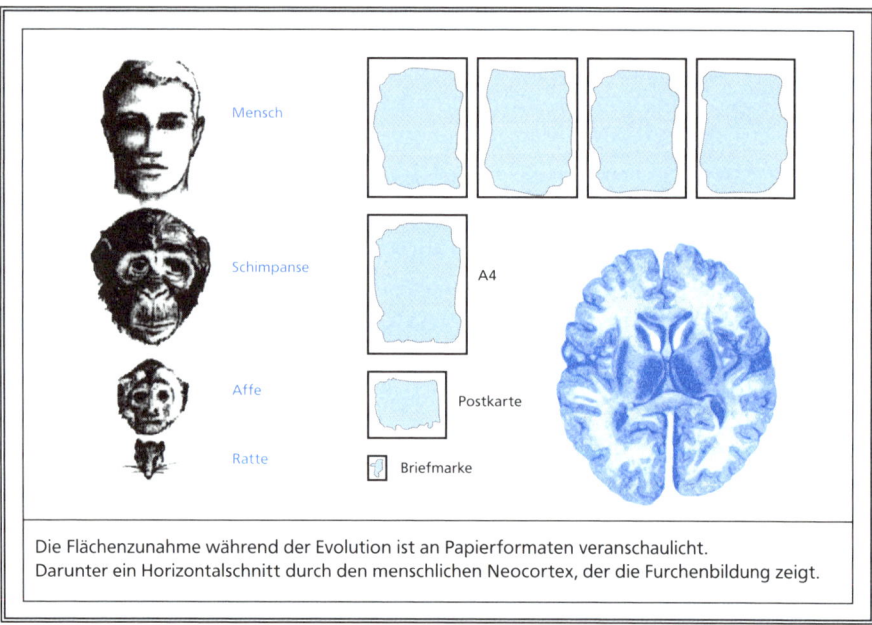

Die Flächenzunahme während der Evolution ist an Papierformaten veranschaulicht.
Darunter ein Horizontalschnitt durch den menschlichen Neocortex, der die Furchenbildung zeigt.

Abb. 9a   Die Evolution des Neocortex von den Säugetieren bis zum Menschen

Die autonomen Erregungswellen zeigen, dass potentiell jedes Cortexareal jedes andere Cortexareal rekrutieren kann. Die Wellen drücken eine generelle Form der aktiven Ensemblebildung aus, die in den oberen Cortexschichten entsteht und sich über viele Kolumnen in alle Cortexregionen erstrecken kann. Sie repräsentieren den unbelasteten, aufgabefreien Zustand des Netzwerks und entsprechen nicht zuletzt dem, was wir subjektiv empfinden, wenn wir uns Tagträumen oder schweifenden Gedanken hingeben.

Die Freiheit, potentiell jedes beliebige Neuronennetzwerk mit einem anderen aktiv zu verbinden, und die selbstorganisierte Aktivität, die keiner äußeren Anlässe bedarf, kennzeichnen diese nur den Säugern zur Verfügung stehende Gehirnstruktur, den Neocortex. Wenn man daher Säugetiere zu Recht als Gehirntiere bezeichnet, so sind die Primaten, vor allem aber der Mensch Neocortexgeschöpfe. Beim Menschen macht der alles beherrschende Neocortex die übrigen und ebenso lebenswichtigen Gehirnteile gleichsam zu Zwergen.

Freie Kombinationsmöglichkeit und autonome Aktivität sind die Grundlagen des Bewusstseins. Es entspricht den verteilten Gehirnaktivitäten, die den aktuellen Inhalt des Bewusstseins repräsentieren. Dabei spielen die oben erwähnten Schleifen zwischen Cortexaktivität und seinen Eingängen – vor allem den sensorischen Eingängen aus dem Zwischenhirn – eine herausragende Rolle, weil sie das corticale Erregungsmuster für Sekunden und Minuten aufrechterhalten. Uns mögen solche Zeitspannen kurz erscheinen, neuronale Systeme arbeiten aber in einer Zeitskala von Millisekunden. Bewusstsein beruht auf solchen weitverteilten Interaktionen, die schnell und mit geringer Amplitude ablaufen und durch aktuelle Aufgaben und Zustände angetrieben werden. Im Schlaf wird diese weitverzweigte und zeitlich koordinierte Aktivität zwischen corticalen Regionen unterbrochen. Im Traum laufen corticale Aktivitäten auf einem niederen, unbewussten Niveau ab, das aber immerhin erlaubt, wenigstens den letzten Traum vor der Rückkehr ins Bewusstsein noch bewusst nachzuerleben (Abb. 9 a, b).

Da alle Säugetiere wenigstens über einen kleinen Neocortex verfügen (der Neocortex phylogenetisch alter Insektenfresser ist fünf- bis zehnmal kleiner als der von Primaten), müssen sie auch ein Bewusstsein haben. Wahrscheinlich gilt das für alle Wirbeltiere, die in cortex-analogen Hirnstrukturen ebenfalls eine Form von Bewusstsein aufgebaut haben könnten. Für einige wirbellose Tiere, wie zum Beispiel Insekten, wird die Möglichkeit bewusster Vorgänge immerhin bereits diskutiert.

Man kann die bewussten corticalen Erregungsvorgänge als einen darwinistischen Selektionsprozess auffassen, in dem die Neuronennetzwerke, wie sie sich in den Cortexkolumnen manifestieren, die Objekte der Selektion

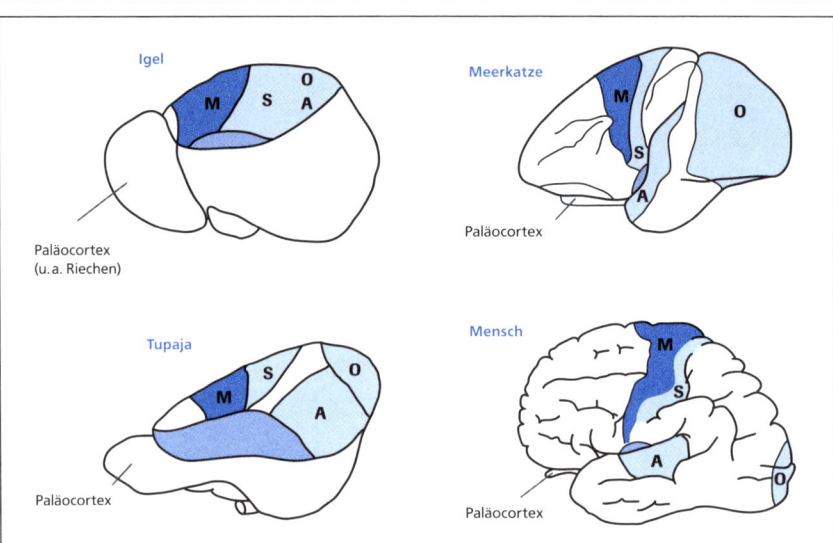

Von den primitiven Säugern (Igel) bis zu Primaten und dem Menschen nimmt der neocorticale Anteil im Vorderhirn ständig zu (grau: alter Paläocortex; dunkelblau: motorischer, hellblau: sensorischer Neocortex; A: auditiver, O: optischer, S: somatosensorischer Cortexbereich; M: motorischer Bereich; weiß: assoziative und multisensorische Bereiche, die beim Menschen dank des großen Frontalhirns und des Schläfenlappens den Neocortex beherrschen).

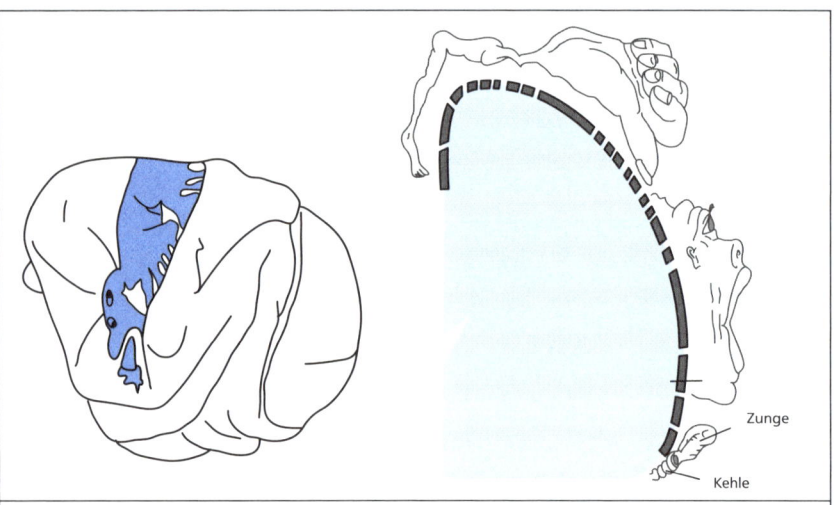

Repräsentation der Körperteile auf dem motorischen Cortex: Verteilung der Motoneurone, die entsprechende Bewegungselemente innervieren. Zum Vergleich links eine Karte für einen Rhesusaffen in lateraler Aufsicht. Man sieht, dass beim Menschen die Motorik der Hände und des Sprechens (Gesichts- und Lippenmuskulatur, Zunge, Kehlkopf) stark überrepräsentiert, das heißt am dichtesten innerviert sind.

Abb. 9b   Die Evolution des Neocortex von den Säugetieren bis zum Menschen sind und der Selektionsdruck von den corticalen Bewertungssystemen im vorderen Cortexbereich ausgeübt wird. Diese Selektion setzt die oben geschilderte Schleifenaktivität und Redundanz voraus, das heißt, unterschiedliche Aktivitätsensembles können die gleiche Funktion wahrnehmen (in die Darwin'sche Evolution rückübersetzt bedeutet dies, dass sich von einer Spezies mehrere Individuen dem Selektionsdruck stellen). Embryonal entstehen – zunächst durch das Zusammenspiel von Umgebungseinflüssen des Uterus und nach der Geburt denen der Umwelt mit den genetischen Instruktionen – eine Vielzahl verschiedenartiger interagierender Neuronenensembles. Der epigenetische Apparat, der zwischen aktueller Umwelt und Genen vermittelt, ist also das Steuerungsorgan, das diese unerfahrenen, jungfräulichen Neuronennetze entstehen lässt. In der Jugendentwicklung werden durch die individuellen Erfahrungen und Verhaltensweisen aus diesem ursprünglichen Angebot mittels Veränderungen an den plastischen Synapsen solche Neuronverschaltungen selektioniert, die dem neuronalen Bewertungssystem frontaler Cortexareale standhalten. Wie oben geschildert, fließen in das Bewertungssystem nicht nur kognitive, sondern vor allem emotionale und den inneren Zustand des Organismus spiegelnde Informationen ein. Pauschal lassen sich diese Komponenten zu einem Kriterium der positiven Selektion, also des Wohlbefindens und Erfolgs, oder aber zu einem der negativen Selektion, also des Schmerzes und Unbehagens, zusammenfassen. Das corticale Gehirn durchläuft in der Jugend einen darwinistischen Lernprozess. Die positiv selektionierten neuronalen Netzwerke bleiben erhalten und bilden die Basis eines individuellen Bewusstseins, das in dieser Form allen Säugetieren zukommt. Die negativ selektionierten Neuronenensembles werden aufgegeben.

In einer sogenannten »dynamic core hypothesis« werden die neuronalen Merkmale des Bewusstseins zusammengefasst:

1) Ein neuronales Netz trägt nur dann zum Bewusstsein bei, wenn es Teil eines verteilten, funktionellen Netzwerkensembles ist, das durch Schleifenerregungen in Bruchteilen von Sekunden zu einer synchronen Erregungsintegration führt. Die Zahl der corticalen Säulen, die durch Schleifenbildungen, also rückkoppelnde Aktivitäten, an der Bildung eines solchen temporären dynamischen Kerns des Bewusstseins beteiligt sind, liegt zwischen Tausend und über einer Million.

2) Bewusste Erfahrungen setzen einen hohen Komplexitätsgrad des aus unterschiedlichen funktionellen lokalen Netzwerken zusammengesetzten dynamischen Netzwerkensembles voraus. Dabei spielen wiederum die stabilisierenden Erregungsschleifen eine wichtige Rolle, insbesondere zwischen Cortex und seinen Eingängen aus dem Zwischenhirn.

3) Das Lernen und Einüben beginnt immer mit bewussten Cortexaktivitäten, die mit ihrem Erfolg allmählich ins Unterbewusstsein absinken. Die ursprünglich bewusste, auf weite Bereiche des Cortex verteilte Lernaktivität wird Schritt für Schritt auf subcorticale Hirnzentren, vor allem auf die für die Handlungsfähigkeit wichtigen Basalganglien und das Kleinhirn verlagert (siehe Seite 156ff.). Durch den Neuromodulator Dopamin beschleunigt der Erfolg des Lernvorgangs dessen Verlagerung in die Basalganglien und das Kleinhirn. Das erfolgreich Gelernte, seien es motorische oder kognitive Leistungen, wandert so aus dem Bewusstsein in unbewusste neuronale Aktivitäten. Ohne diese Entlastung des Bewusstseins, das einen Großteil des individuellen Könnens ins Unterbewusstsein verlagert, wäre das Gehirn nicht arbeitsfähig. Und nur durch die Beteiligung dieses Unterbewusstseins sind bewusste Entscheidungen überhaupt möglich.

Der Neurobiologe und Nobelpreisträger Gerald Edelman und seine Mitarbeiter haben sich intensiv mit dem Bewusstsein beschäftigt. Sie postulieren neben dem geschilderten primären ein zweites, nur dem Menschen eigenes Bewusstsein, das dieses erste voraussetzt und überformt. Dieses *menschliche* Bewusstsein integriert die Aktivitäten des primären Bewusstseins zu einem neuronalen Selbst, einem Selbst-Bewusstsein, das die Fähigkeit hat, vergangene und zukünftige Szenarien zu konstruieren. Dieses Selbst-Bewusstsein bedient sich der Leistungen des primären Bewusstseins: seiner aktuellen sensorischen Eindrücke, seiner emotionalen und kognitiven Bewertungen und seiner autonomen Aktivität. Nach einer Hypothese Edelmans setzt dieses übergeordnete Selbst-Bewusstsein linguistische und semantische Fähigkeiten und ein erzählendes Selbst voraus und kann daher nur dem sprachbegabten Menschen zukommen. Auf diese Frage wird später zurückzukommen sein (siehe Seite 166–175). Man muss freilich eingestehen, dass dieses Edelman'sche übergeordnete Selbst-Bewusstsein nichts anderes ist als die Beschreibung des unerklärbaren Restes, der bleibt, wenn man das experimentell gut belegte primäre Bewusstsein akzeptiert.

## B. Adaptive Artenbildung

Nun haben nicht nur der Mensch, sondern alle Primaten und andere Säugetiere einen Neocortex. Das wirft die Frage auf, ob deren Cortex dieselben Eigenschaften hat und ob diese Tiere dann auch frei entscheiden können: wahrscheinlich ja, aber in eingeschränkterem Umfang. Die Vorstellung von neuronalen Netzwerken, die beliebig viele und unterschiedlichste andere

Netzwerke rekrutieren können, ist ein Idealbild, dem der alles dominierende Neocortex des Menschen am nächsten kommt. Wie schon auf Seite 121 erwähnt, grenzen reale Existenzbedingungen diese theoretisch grenzenlose Freiheit ein.

Die Diversität der Netzwerke wird grundsätzlich von der Zahl ansprechbarer Netzwerke begrenzt, die mit der Größe des Neocortex korreliert. Die Auswahlmöglichkeiten nehmen bei phylogenetisch älteren Säugetieren mit ihren kleineren Neocortices ab. Es gibt aber eine weitere strukturelle Einschränkung durch die innere Verknüpfung von Netzwerken. Wie bereits bei den Enzymnetzwerken des Zellstoffwechsels erwähnt, enthalten komplexe Netzwerke funktionelle Knotenpunkte, deren Änderung das gesamte Netzwerk zusammenbrechen ließe. Die Sicherung der unverletzbaren Knotenpunkte schränkt die freie Kombinierbarkeit ebenfalls ein.

Neuronale Netzwerke haben nicht sich selbst zu genügen, sondern erfüllen zentrale Lebensfunktionen. Sie erfassen die Außenwelt in allen verhaltensrelevanten Aspekten und setzen sie in Beziehung zur inneren Befindlichkeit des Organismus. Neuronale Netzwerke übersetzen die Erkenntnisse in motorische Programme aktuellen Handelns. Bei Tier und Mensch besteht darin ihre vornehmste Aufgabe, die dem Bestand der physischen Existenz dient.

Handlungen brauchen nicht nur ein Handlungskonzept, sondern Werkzeuge, die Konzepte ausführen. Die Gestalt und die Leistungsfähigkeit der peripheren Ausführungsorgane, bei Säugetieren und beim Menschen die Gliedmaßen, der Mund und in geringerem Umfang die Körpermuskulatur, setzen der Freiheit neuronaler Netzwerke eine reale, unüberwindliche Grenze. Man kann sich zwar ausmalen, wie man sich frei in die Lüfte erhebt, und im Traum kann man über Städte fliegen, aber der Schneider von Ulm ist bekanntlich in die Donau gestürzt.

Das Beispiel zeigt, dass es in der Evolution offensichtlich Schlüsselmutationen gibt, die weitere phylogenetische Möglichkeiten nur noch in einer bestimmten Bandbreite zulassen. Es bleibt ein ungelöstes Problem, ob diese Schlüsselmutationen sich zuerst in neuronalen Netzwerken abspielen, die sich dann die notwendigen Anpassungen der ausführenden Organe verschaffen – es sei an den grabenden Maulwurf von Konrad Lorenz erinnert, der ohne Grababsichten keine Grabschaufeln entwickelt hätte –, oder ob die peripheren Organe rückkoppelnd die geeigneten Neuronennetzwerke festlegen. Wahrscheinlich entwickeln sich solche Anpassungen in einem ständigen Dialog zwischen peripheren, ausführenden Organen und dem Gehirn, der vom Erfolg gelenkt wird (Neuronaler Darwinismus).

Wo immer solche evolutiven Schlüsselereignisse angesiedelt sein mögen, stellen sie die Weichen für weitere Entwicklungsmöglichkeiten einer Tierart im Fortgang der Evolution. Dabei interessieren uns jene Entwicklungsmöglichkeiten, die ein Tier optimal an die Bedürfnisse seiner Lebenswelt anpassen. Schlüsseladaptationen ziehen meist weitere adaptive Veränderungen nach sich, die Ausgangsveränderungen zementieren. So haben zum Beispiel Fledermäuse ihre Vorderbeine zu Flügeln umgewandelt. Sie sind damit die einzigen Säugetiere, die fliegen können. Diese Schlüsseladaptation erlaubt es zwar, Flügelgestalt und -muskulatur an die unterschiedlichsten Flugbedingungen anzupassen, aber eine Rückkehr zu den früheren Vorderbeinen ist nicht mehr möglich, weil dabei das riesige und komplexe neuronale und periphere Netzwerk für den Flug zusammenbrechen würde. Richard Dawkins spricht von der kumulativen Adaptation, die Tiere in immer perfektere und speziellere Anpassungen an ihre Lebenswelt treibt, in die fortschreitende Spezialisierung. Die Arten werden zu Spezialisten, die bestimmte Aufgaben mit unglaublicher Meisterschaft und Präzision lösen können. Aber damit geraten sie gleichzeitig in die Sackgasse des Spezialistentums, aus der es keine Befreiung gibt. Die Konkurrenz unter den Tierarten um die Nahrungsressourcen eines Lebensraumes treibt die kumulative Adaptation voran und macht Tierarten zu Spezialisten und insofern zu Gefangenen ihrer Nahrungsressource, an die sie sich angepasst haben.

Wäre es da nicht klüger, eine Tierart mit allgemeinen Fähigkeiten auszustatten und zum Generalisten zu machen, der in ganz unterschiedlichen Biotopen und mit unterschiedlichen Nahrungsquellen leben kann? Auch dieser Weg ist in der Evolution mit durchschlagendem Erfolg beschritten worden, wie die weltweite und florierende Verbreitung der Ratten, Möwen und Schaben beweist. Im Vergleich zur Spezialisierung wurde dieser Weg allerdings relativ selten eingeschlagen, vermutlich aus praktischen Gründen, wie man am Beispiel der landbewohnenden Vierbeiner, der Tetrapoden, zeigen kann. Diese Tiere führen Aktionen mit ihren vier Gliedmaßen und dem meist mit Zähnen bewaffneten Maul aus. Die Beine sind primär Organe der Fortbewegung. Die zentrale Bedeutung dieser Funktion belegen gerade die am Boden lebenden Säugetiere, die laufen können müssen, und das möglichst schnell, weil sie entweder verfolgte Beute oder verfolgender Räuber sind. Auch die Vorderbeine von Ratten müssen in erster Linie laufen können. Baumbewohnende Säugetiere haben eher eine Chance, ihre Gliedmaßen, vor allem die Vorderbeine, multifunktional zu entwickeln und vom Laufen zu entlasten, weil sie bei ihren Bewegungen im Geäst ständig greifen müssen, um nicht herunterzufallen. Jeder kennt das Beispiel der Eichhörnchen, die mit den Vorderbeinen Nüsse halten. Ihre verminderte Lauffähigkeit kompensieren sie durch ihr Springtalent. Größere Baumbewohner, wie die größeren Primatenarten, sind einem geringeren Raubdruck ausgesetzt und können daher die Lauffunktion der Optimierung des Zugreifens und Packens mit den Vorderhänden unterordnen. So entstand bei Primaten die außergewöhnliche und im Tierreich einmalige Fähigkeit zur Manipulation mit den Vorderhänden und einer entsprechenden neuronalen Feinmotorik für Hand und Finger. Diese spezielle Entwicklung wurde zur Voraussetzung für die Entstehung eines kulturschaffenden Lebewesens.

Die riesige Artenvielfalt ist ein Resultat der Spezialisierung durch kumulative Adaptation, und die weltweiten Populationen einiger weniger Tierarten verdanken sich ihrer multifunktionalen Ausstattung als Generalisten. Diese beiden Mechanismen der Evolution sind so grundlegend für das Evolutionsgeschehen und seinen künftigen Fortgang, dass sie näher erläutert werden sollen.

## Die Spezialisten

Als Beispiel für die Konsequenzen der beiden entgegengesetzt verlaufenden Wege der Evolution wähle ich die Säugetierfamilie der Fledermäuse, die mir aufgrund meiner eigenen Forschungsarbeiten besonders vertraut ist. Die Fledermäuse bilden in sich schon eine hochspezialisierte Familie, weil sie die Vorderbeine zu Flügeln umgewandelt haben und damit fliegen und weil sie die Außenwelt nicht visuell, sondern in erster Linie akustisch abbilden. Beide Spezialisierungen ließen sie als nahezu einzige Kostgänger am üppig gedeckten Tisch der nachtaktiven Insekten Platz nehmen. Der Flug erschloss ihnen den Luftraum fliegender Insekten und die Echoortung erlaubt deren Detektion und Verfolgung in tiefster Nacht. Selbst der winzige Plagegeist der Tropen, die Stechmücke, hinterlässt im Hörgehirn der Echoortung eine Spur und landet im Magen der Fledermäuse. Dank dieser konkurrenzlosen Spezialisierungen eroberten die Fledermäuse bis an die arktischen Grenzen alle Lebensräume, in denen es genügend Insekten gibt. Dabei haben sie sich in ungefähr 750 verschiedene echoortende Arten aufgespalten, deren Hörsystem oft präzise an besondere Bedingungen bestimmter Biotope angepasst ist. Fledermäuse sind ein anschauliches Beispiel dafür, wohin fortwährende Spezialisierung führen und was die Bewahrung einer allgemeineren Kompetenz bedeuten kann (Abb. 10 a,b).

Ultraschalle sind Schallereignisse oberhalb unseres Hörbereichs, der bei 16 bis 18 Kilohertz endet. In der Öffentlichkeit wird die Fähigkeit zur Echoortung meist mit dem Hören von Ultraschall in Verbindung gebracht. Diese Meinung ist jedoch grundfalsch, denn die meisten Säugetiere, Maus, Ratte, Katze und Hund, hören mühelos Ultraschall bis zu 50 Kilohertz und kommunizieren im Ultraschallbereich, ohne echoorten zu können. Die

Fähigkeit, Echos zu hören, beruht nicht auf einer Spezialisierung des Ohrs, sondern auf neuronalen Netzwerken des Hörgehirns. Während unser Hörsystem Echos eher als störend empfindet und daher ihre Wahrnehmung neuronal abschwächt und unterdrückt, macht das Hörgehirn der Fledermaus das genaue Gegenteil. Dort gibt es ein elegantes kleines Netzwerk, das, angestoßen durch das Hören des ausgesandten Ortungslautes, nach wenigen Millisekunden, wenn die ersten Echos aus der Umgebung zurückerwartet werden, seine Neurone kurzfristig für das Hören leiser Echos sensibilisiert. Ansonsten unterscheiden sich Struktur und Leistungsfähigkeit des Hörgehirns wenig von dem anderer Säugetiere. Es fällt allerdings von den ersten Verarbeitungsstufen im Nachhirn bis zu den Hörkarten im Vorderhirn wesentlich voluminöser aus als bei nichtortenden Tieren. Echoortung beruht also auf Spezialisierungen neuronaler Netze.

Die Familie der Hufeisennasen (*Rhinolophidae*) gehört zu den Fledermäusen, die sich zusätzlich etwas ganz Besonderes einfallen ließen bzw. einfallen lassen mussten, denn sie jagen keine fliegenden Insekten im offenen Luftraum, sondern im Dschungel und im dichten Gebüsch, wo vom Blattgewirr ein so dichtes Echogewirr zurückkommt, dass das Echo eines kleinen Insekts darin untergehen muss. Und dennoch kehren sie nach einer solchen Nacht im Echodschungel mit vollem Magen in ihre Höhle zurück. Dieser Jagderfolg wird noch unverständlicher, wenn man sich die Echoortung der Hufeisennasen anschaut. Fledermäuse senden kurze Ortungslaute

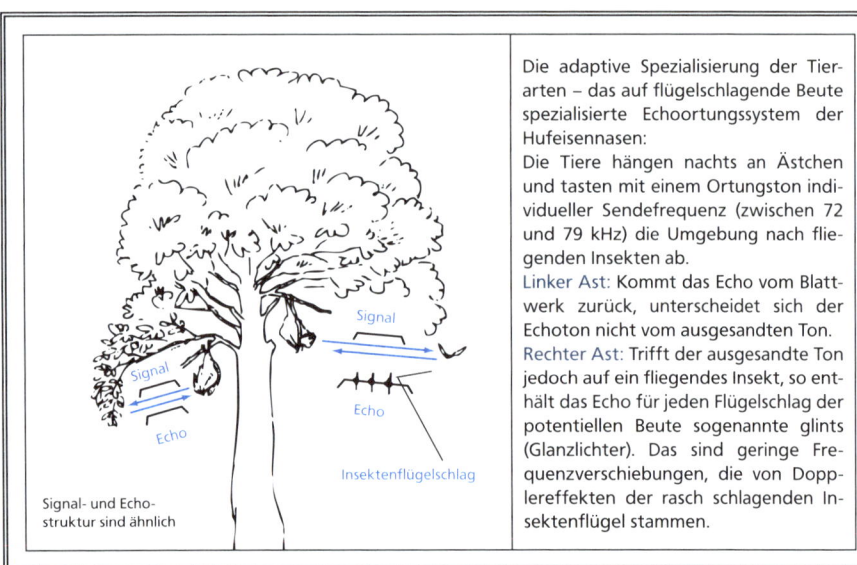

Signal

Signal

Echo

Echo

Signal

Insektenflügelschlag

Signal- und Echo-
struktur sind ähnlich

Die adaptive Spezialisierung der Tierarten – das auf flügelschlagende Beute spezialisierte Echoortungssystem der Hufeisennasen:
Die Tiere hängen nachts an Ästchen und tasten mit einem Ortungston individueller Sendefrequenz (zwischen 72 und 79 kHz) die Umgebung nach fliegenden Insekten ab.
Linker Ast: Kommt das Echo vom Blattwerk zurück, unterscheidet sich der Echoton nicht vom ausgesandten Ton.
Rechter Ast: Trifft der ausgesandte Ton jedoch auf ein fliegendes Insekt, so enthält das Echo für jeden Flügelschlag der potentiellen Beute sogenannte glints (Glanzlichter). Das sind geringe Frequenzverschiebungen, die von Dopplereffekten der rasch schlagenden Insektenflügel stammen.

Abb. 10a   Die adaptive Spezialisierung der Tierarten

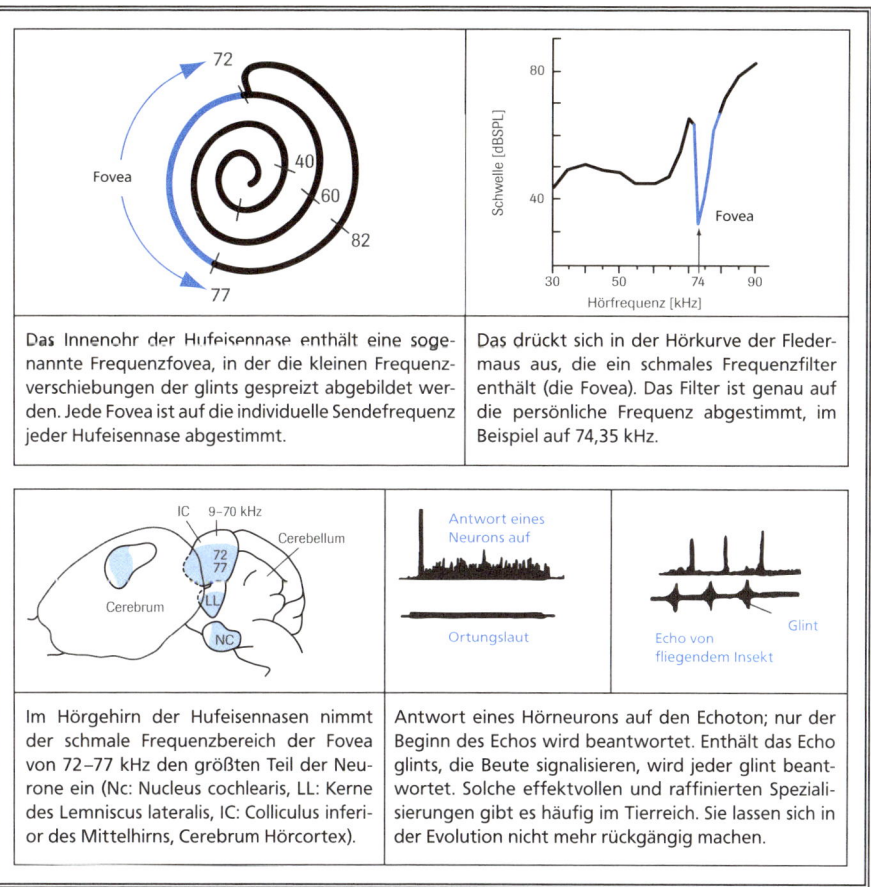

Das Innenohr der Hufeisennase enthält eine soge-nannte Frequenzfovea, in der die kleinen Frequenz-verschiebungen der glints gespreizt abgebildet wer-den. Jede Fovea ist auf die individuelle Sendefrequenz jeder Hufeisennase abgestimmt.

Das drückt sich in der Hörkurve der Fleder-maus aus, die ein schmales Frequenzfilter enthält (die Fovea). Das Filter ist genau auf die persönliche Frequenz abgestimmt, im Beispiel auf 74,35 kHz.

Im Hörgehirn der Hufeisennasen nimmt der schmale Frequenzbereich der Fovea von 72–77 kHz den größten Teil der Neu-rone ein (Nc: Nucleus cochlearis, LL: Kerne des Lemniscus lateralis, IC: Colliculus inferi-or des Mittelhirns, Cerebrum Hörcortex).

Antwort eines Hörneurons auf den Echoton; nur der Beginn des Echos wird beantwortet. Enthält das Echo glints, die Beute signalisieren, wird jeder glint beant-wortet. Solche effektvollen und raffinierten Speziali-sierungen gibt es häufig im Tierreich. Sie lassen sich in der Evolution nicht mehr rückgängig machen.

Abb. 10 b   Die adaptive Spezialisierung der Tierarten

aus, so dass die leisen Echos in den stillen Sendepausen gehört werden. Die mit Echolärm überfrachtete Hufeisennase macht aber genau das Gegenteil: Sie sendet einen lang anhaltenden, tonalen Ortungslaut hoher Frequenz aus. Darum muss sie die im Dschungel aus kurzer Distanz zurückkehrenden leiseren Echos in jedem Fall gleichzeitig mit ihren lauten Ortungsrufen hören. Unsinniger kann man sich eigentlich nicht verhalten (Abb. 10 b).

Das Rätsel löst sich, wenn man das Hörsystem der Hufeisennasen stu-diert. Wie andere Fledermäuse hören sie Frequenzen von ca. 10 bis 100 Ki-lohertz und darüber. Durch raffinierte mechanische Anpassungen haben die Hufeisennasen in ihr Innenohr ein empfindliches, extrem schmalbandiges Frequenzfilter eingebaut, das genau auf die Frequenz des eigenen Ortungs-lautes im Bereich von 80 Kilohertz abgestimmt ist. Dieses feine Frequenzfilter registriert jede kleinste Frequenzabweichung. Eine Hufeisennase, die eine Frequenz von 82,750 Kilohertz ausgesendet hat, hört sofort, wenn die Frequenz des Echos um nur 10 Hertz, also um ein zehntel Promille von der ausgesandten Frequenz abweicht. Es gibt auf dem ganzen Globus kein anderes Ohr, das Frequenzen so genau hören kann. Im Innenohr, wo bei allen Säugetieren die gehörten Frequenzen, aufgereiht wie auf einer Klaviatur, abgebildet werden, nimmt bei der Hufeisennase der winzige Frequenzbereich um den eigenen Ortungslaut mehr als ein Drittel der Tastatur ein. In den Hörkarten des Hörgehirns bis hinauf in den Cortex beschäftigen sich über die Hälfte der Neuronennetzwerke nur mit diesem schmalen Frequenzband. Analog zur Fovea höchster räumlicher Auflösung in unseren Augen haben die Hufeisennasen eine Hörfovea für ihre eigene Echoortungsfrequenz in ihr Ohr eingebaut. Aber wozu diese hypertrophe Empfindlichkeit?

Der Zweck erschließt sich sofort, wenn man die Echos betrachtet, die von im Gebüsch herumfliegenden Insekten zurückgeworfen werden. Diese Echos erscheinen auf dem vom Gebüsch zurückgeworfenen Echoton von beispielsweise 82,750 Kilohertz als kleine Frequenzabweichungen, die von dem feinabgestimmten Foveafilter im Innenohr sofort erkannt werden. Wieso manifestieren sich die Echos als Frequenzabweichungen? Für das Gehör ändert eine sich bewegende Schallquelle ihre Frequenz. Wenn zum Beispiel ein schnelles Motorrad auf uns zufährt, werden seine Geräusche beim Herannahen zusehends höher klingen, und wenn es sich wieder entfernt, zusehends tiefer. Dies ist der sogenannte Dopplereffekt, der umso größer ist, je schneller sich die Schallquelle bewegt. Wenn nun im Dschungel der Ton des Ortungslautes einer Hufeisennase auf ein flügelschlagendes Insekt trifft, so induzieren die rasch schlagenden Insektenflügel genau solche Dopplereffekte, die das Echo dem fovealen Fledermausohr zuträgt. Nun versteht man den langen, tonalen Ortungslaut mit der darauf abgestimmten Hörfovea: Wenn der Ortungston auf ein flügelschlagendes Insekt trifft, so sticht es auf dem vom Blätterhintergrund zurückgeworfenen Echoton als »Doppler-verschobene« kleine Frequenzmodulation heraus; die Beute verrät sich durch den Flügelschlag.

Die Hufeisennasen haben die Detektion ihrer Beute selbst im dichten Blättergewirr sichergestellt, indem sie ihre Echoortung auf das Erkennen von Flügelschlägen spezialisiert haben. Vor 50 Millionen Jahren haben diese Fledermäuse das Prinzip des Rundfunks entwickelt: Wie jeder Radiosender sich durch seine Sendefrequenz identifiziert, so benutzt jede Hufeisennase ihre eigene individuelle Sendefrequenz. Wie beim Rundfunk ist die Sendefrequenz nur der Träger der eigentlichen Botschaft, beim Rundfunk Sprache und Musik, bei der Hufeisennase die vom Flügelschlag der Beute ausgelösten Dopplereffekte. Und wie beim Rundfunk muss der Empfänger genauestens auf die Frequenz des Senders abgestimmt sein. Wir stellen die Frequenz am Radio ein, die Hufeisennase hat ihr foveales Frequenzfilter im Innenohr fest eingebaut und auf ihre individuelle Sendefrequenz abgestimmt. In beiden Fällen kann durch die genaue Abstimmung der Empfang durch benachbarte Sender, also zum Beispiel andere Hufeisennasen, nicht gestört werden. Die individuelle Sende- und Echofrequenz dient also nur als Trägerfrequenz für den störungsfreien Empfang der aufmodulierten, eigentlichen Nachricht, des Echos von den Flügelschlägen.

Diese erstaunliche Raffinesse haben die Hufeisennasen noch um eine Drehung gesteigert: Das spezialisierte System droht zusammenzubrechen, wenn die Hufeisennase losfliegt, um die entdeckte flügelschlagende Beute zu fangen. Denn durch ihre Flugbewegung erzeugt sie selbst einen Dopplereffekt, der das gesamte Echosignal mit seiner Trägerfrequenz etwas erhöht. Damit geht die feine Abstimmung zwischen Hörfovea im Ohr und der gehörten Echofrequenz verloren. Die Fledermaus hört jedoch diese Missstimmung und senkt daher im Flug ihre Sendefrequenz so ab, dass die Trägerfrequenz der Echos stets genau mit der Abstimmung des Hörfilters übereinstimmt. Die Grundlage des »Rundfunkempfangs«, die genaue Abstimmung zwischen Sendefrequenz und Empfang, ist wiederhergestellt.

Das Beispiel zeigt, welch unglaublich komplexe und genaue Anpassung die Evolution durch kumulative Adaptation zu vollbringen vermag. Die beim Echohören so hochgradig spezialisierte Hufeisennase zahlt dafür einen hohen Preis: Sie entdeckt mit ihrem Echoortungssystem nur flügelschlagende Beute, während sie eine fette Heuschrecke, die regungslos unter ihrer Nase sitzt, nicht als Beute erkennt. Die Hufeisennasen besitzen zwar die Exklusivrechte auf im dichten Blattwerk herumschwirrende Insekten, sind aber damit auch Gefangene des Biotops, für das sie sich spezialisiert haben, die dichte Vegetation des Dschungels. In Berichten englischer Kolonialbeamter aus dem Sri Lanka der zwanziger Jahre des letzten Jahrhunderts kann man lesen, dass die Hufeisennase die häufigste Fledermausart auf der Insel war. Heute sind mit dem Zurückdrängen der Dschungelwälder die Populationen der Hufeisennasen ausgedünnt. Flexiblere Fledermausarten haben die Rolle der häufigsten nächtlichen Insektenjäger übernommen.

Auch andere Fledermausarten haben ihr Echoortungssystem an die jeweiligen Bedingungen ihres Lebensraums und an ihre Jagdweise angepasst, aber nach heutiger Kenntnis keine so extrem wie die Hufeisennasen. Aus einer solchen Spezialisierung gibt es kein Entrinnen mehr, sie kann allenfalls in noch feinere Verästelungen vorangetrieben werden, aber nicht mehr zurückmutieren in den unspezialisierten Zustand. Mit jeder weiteren Speziali-

sierung der einzelnen Komponenten verliert ein solch komplexes Gesamtnetzwerk an Variationsspielraum, im schlimmsten Fall bis zur Erstarrung.
Die Weltsicht des Spezialisten engt sich ein auf das, was ihm seine »Spezia-
listenbrille« zuträgt. Für die Hufeisennase besteht die Welt hauptsächlich aus
flügelschlagenden Insekten, für den Maulwurf aus den von Tasthaaren er-
fassten Strukturen seiner unterirdischen Gänge und für eine Netzspinne aus
den leisesten Vibrationen ihrer Fadenhaare auf den Beinen. Die verengte
Wahrnehmung des Spezialisten ist der Preis, den eine Art dafür zu bezahlen
hat, dass sie mit ihrer Spezialisierung dem Konkurrenzdruck ausweicht und
sich Exklusivrechte für bestimmte Ressourcen verschafft.

Die große Artenvielfalt beruht zum größten Teil auf solchen evolutiven
Anpassungsprozessen, die kumulierend zu unterschiedlichen Graden in das
Spezialistentum führen. Da sich die kumulierende Anpassung in den Strukturen vor allem der Sinnesorgane und der Skelettmuskulatur niederschlägt,
schränkt sich die generelle Flexibilität der Verschaltungsmöglichkeiten neuronaler Netzwerke bei Spezialisten entsprechend dieser spezifischen Zielor-
gane ein. Wer wie die Hufeisennasen ein Innenohr besitzt, das sich auf das
Hören von Flügelschlägen spezialisiert hat, kann nicht gleichzeitig ein Hörsystem aufbauen, das auch leiseste Laufgeräusche zu hören vermag.

Die Anpassungen beschränken sich nicht auf die Wahrnehmung der
Umwelt, sondern ziehen entsprechende Spezialisierungen des Handlungs-
spektrums nach sich. So fliegen Hufeisennasen mit einem breiten und relativ kurzen Flügel, der nur langsamen Flug zulässt, aber höchste Manövrier-
fähigkeit im Geäst der Büsche und Bäume gewährleistet. Dagegen haben
Tadarida-Fledermäuse, die sich auf die Jagd hoch fliegender Insekten unter
freiem Himmel spezialisiert haben, lange und schmale Flügel entwickelt,
mit denen sie wie Schwalben in rasantem Flug ihre frei fliegende Beute verfolgen können.

Im Laufe der Erdgeschichte haben sich Lebensräume für Tiere immer
wieder und häufig recht dramatisch verändert. Landmassen verschoben sich,
neue Kontinente entstanden, das Klima wechselte unaufhörlich, Vulkanaus-
brüche und Meteoriteneinschläge sorgten für plötzliche Umweltkatastrophen.
In aller Regel bedeuteten solche Veränderungen der Lebensbedingungen das
Ende der Spezialisten. Deshalb starben im Laufe der Erdgeschichte weit
mehr Arten aus, als wir im heutigen Artenspektrum zu erhalten versuchen.
Der Fortgang der Evolution setzt das Artensterben voraus.

*Generalisten oder Vielseitigkeitsexperten*
Während die Spezialisten ihr neuronales, sensorisches und motorisches
System an bestimmte Biotope und an die mehr oder weniger exklusive

Ausbeutung spezieller Nahrungsquellen angepasst haben, zeichnen sich Generalisten dadurch aus, dass sie in ganz unterschiedlichen Biotopen und unter variablen Bedingungen für ihren Lebensunterhalt sorgen können.

Es handelt sich um Tierarten, die dem ständigen Druck der Konkurrenz um die Lebensgrundlagen nicht in immer speziellere, anderen nicht zugängliche Spezialnischen auswichen, sondern im Gegenteil durch die Variabilität der Lebensbedingungen auf Vielseitigkeit selektioniert wurden. Ihr Bauplan wurde im Laufe der Evolution nicht auf Höchstleistungen in bestimmten Leistungsdisziplinen getrimmt, sondern blieb unspektakulär einfach, aber flexibel einsetzbar. Jede Katze läuft schneller und springt weiter als eine Ratte, die mit ihren vier unscheinbaren Beinen nicht nur rasch auftaucht und wieder verschwindet, sondern durch Flüsse schwimmt, über Mauern klettert und sich Durchlässe aufgräbt. Eine Katze wird Früchte und Gemüse stehenlassen, eine Ratte vernichtet alles, was ihr vor die Schnauze kommt. Vielseitigkeit macht auf lange Sicht in Raum und Zeit die Ratte den Katzen überlegen.

Es gibt verschiedene Möglichkeiten, eine adaptive Flexibilität aufzubauen:

1) Eine Population enthält viele verschiedenartige Allele bestimmter Gene. Durch diese genetische Variabilität (Genpolymorphismus) besteht eine gute Chance, dass zwar nicht das einzelne Tier, aber die Population als Ganzes auf plötzliche Veränderungen der Lebensbedingungen flexibel reagieren kann.

2) Wie im Kapitel über die Epigenetik gezeigt, kann die Wirkung eines Gens auf die Gestalt und Leistungsfähigkeit eines Tieres auch davon abhängig sein, in welchem räumlichen und zeitlichen Kontext ein Gen während der Entwicklung des Individuums oder auch später im adulten Leben aktiviert wird. Durch einen breiten epigenetischen Spielraum für Genaktivierungen und -stilllegungen lässt sich für das einzelne Tier das Feld möglicher Reaktionen ausweiten.

3) Diejenigen Merkmale einer Tiergestalt werden selektioniert, die am flexibelsten auf verschiedenartige Lebensbedingungen antworten können. Dazu gehört ein Bewegungssystem, das unterschiedliche Bewegungsarten zulässt, ebenso wie ein Verdauungsapparat, der von der Zahnstruktur über die Kaumuskulatur bis zur Enzymausstattung und Motorik des Darmes nahezu alles aufzuschließen vermag, was einen Nährwert enthält. Doch diese Organe wären hilflose Gliederpuppen ohne ein relativ großes Gehirn, das vielfältige Sinneseindrücke rasch zu einem aktuellen »Weltbild« assoziieren kann und sich flexible Mög-

lichkeiten der Verschaltung ihrer neuronalen Schaltkreise offenhält, um auf ungewohnte und neuartige Situationen angemessen antworten zu können. Wenn eine solche Flexibilität noch durch komplexe soziale Verhaltensweisen des Kooperierens und Imitierens verstärkt wird, ergeben sich für eine solche Tierart gute Prognosen, nicht zum Spezialisten, sondern zum Vielseitigkeitsexperten zu werden und an sich rasch wandelnde Lebensbedingungen optimal angepasst zu sein.

Wo und wie die Weichen zwischen dem Weg ins Spezialistentum und dem Alleskönner im Laufe der phylogenetischen Evolution gestellt wurden, blieb bislang im Dunkeln. Wahrscheinlich formt äußere Variabilität Generalisten, indem die oben angeführten Mechanismen zur Erzeugung von Flexibilität kombiniert genutzt werden. Dabei bleibt jedoch offen, ob solche Werkzeuge die Voraussetzung oder das Ergebnis des Selektionsvorgangs sind.

Unter den sogenannten Allesfressern, die nicht nur Tiere jagen, sondern auch pflanzliche Nahrung suchen, wie Früchte, Sämereien, Blätter, Wurzelwerk etc., gibt es die weitläufigsten und erfolgreichsten Generalisten. Sie haben es mit ganz unterschiedlich zu handhabenden Nahrungsquellen zu tun, deren räumliche und zeitliche Verteilung in der Regel nicht fest vorhersagbar ist. Generalisten brauchen daher ein breit angelegtes Sensorium für die unterschiedlichsten Sinneseindrücke, ausgezeichnete räumliche Orientierung und ein weites Spektrum an Handlungsmöglichkeiten der Fortbewegung und des Greifens. Wo der Spezialist seine spezifischen Fähigkeiten und Leistungen auf die Spitze treiben kann, muss der Generalist umgekehrt auf alle Eventualitäten gefasst sein und in Wahrnehmung und Handlung flexibel reagieren, um sich quer durch die in jedem Biotop vorhandenen Nischen der verschiedenartigen Spezialisten seinen Anteil an Ressourcen holen zu können. Mit anderen Worten, nicht nur die Sinnesorgane und Gliedmaßen müssen vielseitig benutzbar sein, auch die zugehörigen neuronalen Netzwerke sollten möglichst variabel und offen vernetzbar bleiben. Flexible Vernetzbarkeit und Vielseitigkeit schaffen das, was wir unter Intelligenz verstehen: rasche Auffassungsgabe, schnelles Lernen, umfangreiches Gedächtnis für verschiedenartige Wahrnehmungskategorien und komplexe Handlungsabläufe, soziales und kooperatives Verhalten und gegebenenfalls Werkzeuggebrauch.

Höhere Intelligenz drückt sich anatomisch in größeren Gehirnen, vor allem größeren Neocortices aus, die mehr Netzwerke beherbergen und die in unterschiedlicher Kombination zu verschiedenartigen größeren und komplexeren Netzwerken rekrutiert werden können. Einige dieser intelligenten Allesfresser haben sich global ausgebreitet und sind zur gehassten Pest der

Menschheit geworden. Ballungsräume mit ihren unerschöpflichen Abfall-ressourcen und Verstecken bieten ein Eldorado für Ratten, die mit ihrer findigen Intelligenz unausrottbar geworden sind. Sie lernen sehr rasch, unverträgliche oder gar giftige Kost zu erkennen, und geben dieses Wissen an ihre Nachkommen weiter. Sie finden jedes Schlupfloch und erschließen sich im wörtlichen Sinne jede Nahrungsquelle. Bezeichnenderweise sind sie in der hinduistischen Mythologie zum Reittier Ganeshas geworden, des elefantenköpfigen Gottes des Lernens und des Erfolgs. So wie der kluge Elefant mit seiner Kraft auf dem Weg zum Ziel jedes große Hindernis bei-seiteschiebt, so überwinden Ratten Mauern und schaffen sich durch die kleinste Lücke und Ritze Zugang zu scheinbar unerreichbaren Räumen. Ihre generelle und soziale Intelligenz haben Ratten zum bevorzugten Ver-suchstier der neurobiologischen Verhaltensforschung gemacht. Allesfres-sende Generalisten sind gemessen an Nachwuchszahlen, der einzigen gül-tigen Münze natürlicher Evolution, ausgesprochene Großkapitalisten. Die klugen, allesfressenden Wildschweine terrorisieren inzwischen sogar die grünen Bezirke Berlins, und die allesvertilgenden Schaben sind aus war-men Wohnungen nicht mehr herauszubekommen.

Selbst unter den als Gruppe spezialisierten Fledermäusen zeigt sich der Zusammenhang zwischen Hirngröße und vielseitiger Nahrungsgrundlage in aller Deutlichkeit. In den Tropen Süd- und Mittelamerikas haben sich die sogenannten Phyllostomiden ausgebreitet. In dieser Fledermausfamilie gibt es viele Arten, die weniger oder selten von fliegenden Insekten leben, sondern je nach Jahreszeit Früchte fressen und nektarspendende Blüten besuchen, die sich an die Bestäubung durch Fledermäuse angepasst haben. Das Hirn, insbesondere der Cortex, ist bei dieser Fledermausfamilie durch-weg relativ größer als bei jenen Familien, die ausschließlich fliegende In-sekten jagen.

Zu den Generalisten gehören auch die Primaten, von denen viele Arten Allesfresser sind. Auch unsere nächsten Verwandten, die Schimpansen und Bonobos, sind keine reinen Fruchtfresser und verschmähen Jagdbeute nicht, wo immer sie sich bietet. Primaten wurden aber vornehmlich durch ihr Baumleben zu besonderen Generalisten, weil sie ihre Füße, besonders die Vorderfüße, zu greifenden Händen entwickelt haben, mit denen sie sich nicht nur im Geäst festhalten, sondern Gegenstände leicht manipulieren können. Das ermöglichte es den Affen, auch mit hartschaligen Nahrungs-quellen, Nüssen und Schnecken in Gehäusen, fertigzuwerden und versteckt lebende Insekten und Raupen unter Rinden herauszuholen. Dieses zu viel-seitigem Handeln einladende »Hand-Werkzeug« wurde zum Wegbereiter der Menschwerdung.

Trotz der vorteilhaften Anpassungsmöglichkeiten haben sich aus dem Generalisten-Bauplan der Primaten immer wieder Spezialisten entwickelt, um dem Konkurrenzdruck zu begegnen. Ein Beispiel hierfür liefert der zu den Lemuren gehörige Aye-Aye (*Daubentonia madagascariensis*). Dieser größte nachtaktive Primat fällt durch einen absonderlich langen Mittelfinger auf. Mit diesem verlängerten schmalen Stöckchenfinger pult der Affe bei seinen nächtlichen Wanderungen durch die Bäume nicht nur Insektenlarven unter Rinden und aus Höhlungen heraus, sondern beklopft auch die Stämme, was die Holzmaden in ihren Gängen weglaufen lässt. Mit seinen großen beweglichen Ohren ortet der Aye-Aye diese leisen Laufgeräusche und angelt sich die Beute heraus. Der Aye-Aye blieb jedoch ein Allesfresser, denn er lebt nicht nur von holzbohrenden Insekten, sondern auch von hartschaligen Nüssen und Früchten. Dieser Nahrungserwerb belastet seine nagenden Schneidezähne, die deshalb wie bei den Nagetieren ständig nachwachsen. Die dauernde Suche nach den unterschiedlichsten versteckten Nahrungsquellen ist wahrscheinlich die Ursache dafür, dass der Stirnanteil des Neocortex bei diesem Halbaffen vergrößert ist. Dort werden unter anderem die verschiedenen Sinnesinformationen des Hörens, Sehens und Riechens integriert und in motorische Handlungsketten übersetzt.

Selbst ein solcher Spezialist unter den Generalisten belegt eindrucksvoll den engen Zusammenhang zwischen großem Neocortex und der Vielfalt von Biotopen, mit der eine Tierart in ihrem Lebensraum und in ihrer Lebensspanne fertigwerden muss. Während die Spezialisten der Tierwelt in perfektionierter Eintönigkeit ihr enges, aber erfolgreiches Nischenleben fristen, schöpfen die Generalisten in intelligenter Improvisation ihre vielfältigen Handlungsmöglichkeiten aus, um in den verschiedensten Lebensräumen und wechselnden Klimata optimale Lebensbedingungen für sich zu schaffen. Nicht perfektionierte Leistungen, sondern improvisierender Einfallsreichtum schob die Dynamik der Evolution in Richtung *Homo faber* voran. Vielseitige Anpassung wurde zur zentralen Überlebensfrage, weil sich die Menschwerdung unter außergewöhnlichen Klimabedingungen vollzog.

Die zum Allgemeinwissen zählende Vorstellung, der Weg zum Menschen sei in dem Moment beschritten worden, als seine Vorfahren von den Bäumen der Urwälder stiegen und aufrechten Ganges in die offenen Savannen wanderten, wird durch ihre scheinbare Plausibilität nicht richtiger. Der älteste menschenähnliche Affe lebte in geschlossenen Baumbiotopen, und *Australopithecus africanus*, der vor 3,5 bis 2,5 Millionen Jahren im südlichen Afrika lebte, ging zwar schon aufrecht, war aber an Waldbedingungen angepasst und konnte gut auf Bäume klettern. Heutige Verhaltensforscher, wie etwa Christophe Boesch vom Max-Planck-Institut für evolutionäre Anthro-

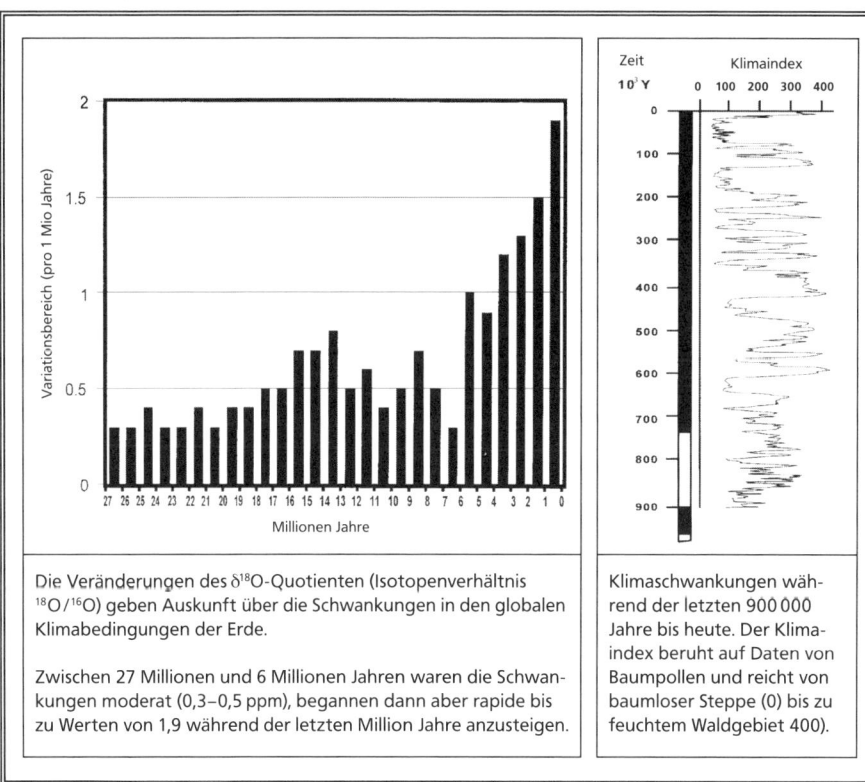

| Zeit 10³ Y | Klimaindex |
|---|---|

Die Veränderungen des δ¹⁸O-Quotienten (Isotopenverhältnis ¹⁸O/¹⁶O) geben Auskunft über die Schwankungen in den globalen Klimabedingungen der Erde.

Zwischen 27 Millionen und 6 Millionen Jahren waren die Schwankungen moderat (0,3–0,5 ppm), begannen dann aber rapide bis zu Werten von 1,9 während der letzten Million Jahre anzusteigen.

Klimaschwankungen während der letzten 900 000 Jahre bis heute. Der Klimaindex beruht auf Daten von Baumpollen und reicht von baumloser Steppe (0) bis zu feuchtem Waldgebiet 400).

Abb. 11

pologie in Leipzig, vertreten eine »Waldhypothese«, wonach typische menschenähnliche Eigenschaften wie Werkzeuggebrauch, gemeinsames Jagen, Aufteilen der Beute und weitere soziale Kooperationen bei waldbewohnenden Affen anzutreffen sind.

Aber der moderne Mensch verdankt seine Existenz nicht der Anpassung an ein spezifisches Biotop, sondern im Gegenteil der Selektion auf Variabilität, denn die Evolution vom Menschenaffen zum *Homo sapiens* fällt in eine erdgeschichtliche Periode zunehmender Klimaschwankungen. In den letzten fünf Millionen Jahren bis zur Warmzeit (Holozän), in der wir heute leben, pendelten die Lebensbedingungen im Rhythmus von etwa 100 000 Jahren und in immer größeren Ausschlägen zwischen unwirtlichen Eiszeiten und wärmeren Zwischeneiszeiten. Selbst in Zeiträumen von ein paar hundert Jahren konnten die Lebensräume zwischen kühlen, trockenen Steppen und feuchttropischem Regenwald wechseln. Das Klimapendel schlug auf der Nordhalbkugel am weitesten aus. In den letzten 500 000

Jahren, die für die Evolution zum Menschen entscheidend waren, schwang es häufiger hin und her als in den sechs Millionen vorausgegangenen Jahren zusammen. Eine frühe Menschenart, *Homo erectus*, lebte etwa anderthalb Millionen Jahre lang in diesen wechselhaften und harten erdgeschichtlichen Zeiträumen. Bei diesem Vorfahren wuchs das Gehirnvolumen, sprich der Neocortex, sprunghaft von ca. 600 auf 900 Kubikzentimeter an. *Homo erectus* war ein Jäger und Sammler, der Werkzeuge herstellte und das Feuer beherrschte. Die letzten Generationen sollen schon gesprochen haben. Er war bereits in der Lage, die unterschiedlichsten Habitate zu nutzen, und siedelte als erste Menschenart weit außerhalb Afrikas in Europa und Asien. Bei einem Abkömmling dieser weitverbreiteten Menschenart, dem *Homo heidelbergensis*, aus dem der Neandertaler hervorging, wuchs der Neocortex noch einmal um 300 Kubikzentimeter an und erreichte fast die Größe des Gehirns heutiger Menschen (1250–1400 Kubikzentimeter). Dieser Mensch war ein Jäger, der mit Speeren Großwild jagte, mit Feuer umgehen konnte und wahrscheinlich eine einfache Sprache besaß. Wie die Abbildung 11 zeigt, fällt die Ausbreitung dieser Menschen und die sprunghafte Vergrößerung ihrer Gehirne in erdgeschichtliche Zeiträume rascher und extremer Klimaausschläge. Auch unser Menschengeschlecht, das es wahrscheinlich seit 160 000 Jahren gibt, durchmaß Eiszeiten und Zwischeneiszeiten. Die letzte Eiszeit, die Würmeiszeit, endete vor ca. 11 000 Jahren. Diese äußerst variablen Selektionsbedingungen und die von den Primaten ererbten Merkmale wie aufrechter Gang, der die Hände für immer geschickteres Hantieren freigab, das überdimensionale Gehirn und das Leben in kooperierenden Sozialverbänden machten schließlich einen dieser Menschen, den *Homo sapiens*, zum erfolgreichsten Generalisten und zum vielseitigsten und sensationellsten Lebewesen, das die Erde je bewohnt hat.

# VI. Wo bleibt der grosse Unterschied?

Die Unterschiede sind so offenkundig, dass die Frage müßig erscheint. Begriffe wie Würde, Selbstbestimmung, Eigenständigkeit, Kreativität, Liebe, Trauer, Geist, Seele, Verantwortung und Schuld betreffen den Menschen, aber niemals irgendein Wesen aus der Tierwelt.

Was wir andererseits über die Arbeitsweise menschlicher Organe wissen, geht zu einem großen Teil auf Untersuchungen an Affen, Katzen, Ratten und Mäusen zurück. Trotz vieler funktioneller Gemeinsamkeiten offenbart ein sorgfältiger Blick auch hier das Besondere am Menschen: der aufrechte Gang, eine nackte, schwitzende Haut, zwei opponierbare Greifdaumen, kleine Eckzähne, schwächere Kiefer, schlechtere Zähne und einige weitere, weniger offensichtliche Merkmale. Aber in Gangarten, Körperbedeckungen und Fresswerkzeugen unterscheiden sich Säugetiere untereinander oft stärker als der Mensch vom Affen. Aus solchen Gestaltunterschieden lässt sich der unüberbrückbare Graben zwischen wissenden, kulturschaffenden, freiwilligen Menschen und der Tierwelt nicht herleiten. Technik, Wissenschaft und Kunst, freier Wille und die Unterscheidung von Gut und Böse beruhen unbestritten auf Fähigkeiten des Gehirns, also sollten dort die Grenzlinien zwischen Tier und Mensch eingezeichnet sein. Obwohl die Gehirne der Primaten und der Menschen inzwischen die mit weitem Abstand am genauesten untersuchten und am besten bekannten Organe sind, fand man bislang statt klar abgrenzender Strukturen und Funktionen hauptsächlich quantitative Unterschiede: Sowohl die Menschenaffen als auch der Mensch besitzen einen überdimensional großen, sechsschichtigen Neocortex. Der des Menschen bedeckt allerdings eine drei- bis viermal größere Fläche als jener des Schimpansen (Abb. 9 a,b). Sowohl beim Menschen wie bei Primaten kontrollieren Cortexneurone direkt die motorischen Rückenmarksneurone, welche die Gliedmaßen tanzen lassen und Mund und Zunge zum Sprechen bringen. Beim Menschen ist diese Direktverbindung ungleich umfangreicher und differenzierter als bei Primaten. Die Reihe solcher quantitativer Unterschiede zwischen Affe und Mensch lässt sich mühelos fortsetzen. Immerhin gibt es nur bei Hominiden in einem Cortexbereich, der für Emotionen bedeutsam ist, einen bestimmten großen Neurontyp, die Spindelzellen. Doch bislang konnte diesem wie auch anderen humanspezifischen Neurontypen keine markante differenzierende Funktion zugeschrieben werden.


## 1. Zur Genetik des Gehirns

Seit dem epochalen Humangenom-Projekt haben sich Forscher auf die Suche nach den Genen gemacht, die Primaten und Mensch nicht miteinander teilen. Da unsere Denk- und Handlungsmöglichkeiten als Gipfelpunkt biologischer Intelligenz gelten, hat sich die Genforschung mit der ganzen Wucht ihrer personell üppig und methodisch modern ausgestatteten Labors nicht auf Gene der Zweibeinigkeit oder der nackten Haut konzentriert, sondern auf die des Gehirns mit seinem überdimensionierten Neocortex.

Prinzipiell könnten unsere Gehirnmerkmale durch größere Mutationen in wenigen Genen oder durch kleinere Veränderungen in vielen Genen entstanden sein. Das Letztere trifft vermutlich zu. Der prozentual geringe Unterschied zwischen Schimpansen- und Menschengenom übersetzt sich bei einem Gesamtumfang von ca. drei Milliarden Nukleotiden immerhin in ca. 35 Millionen, die zwischen Mensch und Schimpanse unterschiedlich sind.

Einzelne Gene sind hilflos, wie Enzyme müssen sie in orchestrierten Netzwerken zusammenarbeiten, um Strukturen und Leistungen zu bewirken. Bei einer Untersuchung von 4.000 im Gehirn exprimierten Genen ergaben sich acht große Netzwerke, die jeweils in besonderen Hirnregionen aktiv sind; zwei davon arbeiten nur im Neocortex. Vergleicht man Schimpansen und Menschen hinsichtlich dieser acht Netzwerke, so sind die Gene beim Menschen zwar enger vernetzt, ansonsten aber bleiben die Unterschiede minimal, mit einer Ausnahme, dem Neocortex. Dort beträgt der Unterschied an aktivierten Genen immerhin 17 Prozent. Eines der Gennetzwerke des menschlichen Neocortex ist bei Schimpansen kaum vorhanden. Es scheint allerdings nicht für Intelligenz zuständig zu sein, denn es enthält viele Gene für die Energieversorgung. Sie wird im menschlichen Gehirn hochreguliert, da ein hellwaches, ständig lernendes Gehirn hohen Energieumsatz voraussetzt. Doch das sind nicht die erhofften markanten Unterschiede. Wie man sehen wird, enttäuschte der freigeschlagene breite genetische Zugang zu unserer Einmaligkeit bisher, weil er sich schnell in schmale Pfade sehr spezieller Erkenntnisse verzweigt und sich im Gestrüpp der kleinen und ungefähren Differenzen verliert.

Man vermutete zunächst, dass sich beim Menschen unter dem anhaltenden Selektionsdruck mehr Gene schneller zu adaptiv günstigen Mutanten (Allelen) gewandelt hätten als bei Schimpansen. Bei einer Untersuchung von 14 000 Genen kam jedoch heraus, dass sich eine solche beschleunigte positive Selektion eher bei Schimpansen als beim Menschen abgespielt hat. Das gilt auch für Gehirngene, von denen bislang 249 identifiziert sind. Als Gehirngene werden solche bezeichnet, deren Aktivierung im Gehirn wenigstens doppelt so groß ist wie in anderen Organen. Die Hoffnung, das menschliche Gehirn habe sich durch beschleunigte adaptive Genselektion über das der Schimpansen emporgehoben, erfüllte sich nicht. Es könnten sich aber menschenspezifische Gene mit besonderem Einfluss auf das Gehirn in der Evolution der Hominidenlinie schneller und günstiger verändert haben. Dafür gibt es einige Beispiele, bei denen allerdings mit wenigen Ausnahmen die Funktion der Gene unbekannt ist.

Eine dieser Ausnahmen ist das Gen *FoxP2*, das in der Hominidenlinie in den letzten 200 000 Jahren mit der Entstehung von *Homo sapiens* durch Mutationen positiv selektioniert wurde und als »Sprachgen« durch die populärwissenschaftliche Presse geistert.

In Großbritannien gibt es eine Familie K. E., in der bei einem Teil ihrer Mitglieder Sprachstörungen auftreten. Die Betroffenen können Wörter nicht mehr richtig formen und haben Mühe, Wörter aneinanderzureihen. Sie können nicht fließend sprechen, weil Mundbewegungen falsch koordiniert werden und die grammatische Sprechfolge nicht mehr stimmt. Diese Störungen gehen auf eine veränderte Nukleotidsequenz des Gens *FoxP2* zurück, das einen Transkriptionsfaktor zur Steuerung anderer Gene exprimiert. Das Gen gehört zu einer Genfamilie, die es bei allen Wirbeltieren gibt und die beim Menschen 43 Gene umfasst. Die Produkte dieser Gene greifen als Gen-inaktivierende Transkriptionsfaktoren in die Embryonalentwicklung ein, zum Beispiel in die funktionsgerechte Entwicklung des Herzens, der Lunge und des Darms. *FoxP2* beteiligt sich bei allen Säugetieren an der Ausbildung von Gehirnbahnen und -netzwerken, die durch Einüben zu erlernende motorische Programme kontrollieren. Im adulten Organismus sind *Fox*-Gene in verschiedenen Organen exprimiert. So ist *FoxP2* bei adulten Säugetieren und beim Menschen in der Leber, im Darm und im Gehirn aktiv, dort in den Netzwerken, die mit der Programmierung motorischer Abläufe zu tun haben. Da *FoxP2* bei allen Säugetieren an der Kontrolle von Motorik beteiligt ist, kann es kein spezifisches Sprachgen sein. Beim Menschen greift der von *FoxP2* exprimierte Transkriptionsfaktor keineswegs ausschließlich in die neuronale Steuerung der Mund- und Gesichtsmuskeln ein, mit deren Hilfe wir sprechen.

Mit punktuellen Änderungen von Aminosäuresequenzen bei Transkriptionsfaktoren und anderen Genprodukten durch Genmutationen lässt sich der dramatische Zuwachs der Leistungsfähigkeit des menschlichen Gehirns also nicht begründen. Da Merkmalsunterschiede zwischen Individuen und nahe verwandten Arten weniger auf Mutationen einzelner Gene, wie beim Gen *FoxP2*, zurückgehen, sondern meist auf unterschiedlichen Expressionsmustern verschiedener kooperierender Gene beruhen, stürzten sich die Labors auf die epigenetische Gensteuerung. Doch auch dieser Schwenk der Forschung endete mit einer Enttäuschung, denn nur fünf bis zehn Prozent der im Gehirn aktivierten Gene sind bei Mensch und Schimpanse unterschiedlich exprimiert. Die Expressionsunterschiede sind sogar in anderen Organen wie Leber, Niere, Herz und Hoden größer als im Gehirn.

Allerdings gibt es im Genom von Neuronen zwischen Schimpansen und Menschen einen auffälligen quantitativen Unterschied: Von vielen Genen besitzt das menschliche Gehirn mehr Kopien als das der Primaten. Die Vermehrung der Kopienzahl von Genen ist ein genereller Evolutionsmechanismus, der zweierlei bewirkt: 1) Die Kopienzahl erhöht die Stärke der Expression und eventuell auch deren Dauer. Sie ist eine wichtige Quelle artspezifischer Merkmalsunterschiede. 2) Hohe Kopienzahlen schaffen Raum für Neuerungen, da Kopien in neue genetische Zusammenhänge integriert werden können, während die aktuelle Funktion des Gens davon unberührt bleibt. Bislang wurden über tausend Gene gefunden, deren Kopienzahl zwischen Menschenaffen und Mensch variiert. Vielen dieser Gene werden neuronale Funktionen zugeordnet.

Ein Drittel der Genduplikationen beim Menschen gibt es so bei Primaten nicht. Es wurden bislang 134 Gene im Gehirn identifiziert, die sich nach der Trennung der Menschenlinie von den Primaten weiter dupliziert haben. So existiert beispielsweise ein im Neocortex exprimierter Genbereich mit dem bezeichnenden Namen *DUF* (domain of unkown function), der beim Menschen in 212, beim Schimpansen in 37, beim Rhesusaffen in 30 Kopien und bei Ratte und Maus nur einmal vorliegt. Da der Genbereich *DUF1220* ausgerechnet im Neocortex des Menschen so überdimensional amplifiziert ist, lässt sich ein Zusammenhang mit kognitiven Leistungen vermuten.

Ein anderes Beispiel mit ausnahmsweise bekannter Funktion ist ein Regulationsgen, das unter anderem an der Bereitstellung von Opiat-Transmittern beteiligt ist, welche in die Schmerzwahrnehmung, in Lernen, Gedächtnis und soziales Verhalten eingreifen. Dieses Regulationsgen gibt es beim Menschen in vier Kopien, bei Schimpansen und Rhesusaffen aber nur einmal. Entsprechend produzieren Schimpansenneurone weit weniger von dem Vorläufermolekül als menschliche Neurone. Ein beachtlicher Teil der positiven Selektion dieses Gens vollzog sich seit dem Auftauchen von *Homo sapiens* vor 200000 bis 160000 Jahren. Vermutlich entwickelt sich diese Variante des Gens auch heute noch weiter. Das könnte auf die zusehends größere Rolle der Gesellschaft für die menschliche Evolution hinweisen, da die von dem Gen codierten Opiat-Substanzen Auswirkungen auf das Sozialverhalten haben.

Generell bleibt es rätselhaft, wie Kopienzahlen von Genen für qualitative Unterschiede zwischen Gehirnen sorgen. So bleiben die vermehrten Duplikationen von Genen des Menschengehirns in ihrer Bedeutung vieldeutig und unklar.

Wenigstens für die immensen Größenunterschiede der Gehirne stieß man bei der Suche nach Merkmalsunterschieden auf eine handfeste genetische Basis. Von den Genen, die das Hirnvolumen beeinflussen, sind zwei gut bekannt: *ASPM (abnormal spindle-like microcephaly associated)* und *microcephalin*. Die beiden Gene heißen so, weil deren Störung oder Ausfall Mikrocephalie auslöst. Diese Gene sind auch in anderen Organen aktiv, werden jedoch am stärksten im embryonalen Gehirn exprimiert. Bei Mikrocephalie verringert sich der Schädelumfang von 53 bis 59 auf 40 bis 45 Zentimeter, und das Gehirnvolumen von 1200 bis 1600 Kubikzentimeter schrumpft auf das der Schimpansen von ca. 400 Kubikzentimeter. Gendefekte bei *ASPM* und *microcephalin* verkürzen in der Embryonalentwicklung die Zeitspanne für Zellteilungen, so dass weniger Neurone entstehen. Diese beiden Gehirnwachstums-Gene haben sich in der Menschenlinie besonders häufig verändert. Daher gibt es davon menschenspezifische Varianten (Allele). Das heutige *microcephalin*-Allel soll vor 37000 Jahren aufgetaucht sein, als beim Menschen der Gebrauch von Symbolen begann, und das *ASPM*-Allel sogar erst vor 5800 Jahren, als im Vorderen Orient die ersten Städte entstanden. Diese phylogenetisch jungen Zeiträume weisen darauf hin, dass sich Gene auch in geschichtlicher Zeit weiter veränderten und das auch heute noch tun.

Wichtige, adaptiv geeignete und sich positiv auswirkende Veränderungen könnten im Genom noch gar nicht fixiert sein und so für die Genetiker unsichtbar bleiben. Das wäre möglicherweise einer der Gründe für die frappierende Diskrepanz zwischen geringen Gendifferenzen und riesigen Unterschieden der Gehirnleistungen bei Menschenaffen und Menschen.

Wer den Beweis für die einzigartige Stellung des Menschen in der Evolution führen möchte, wird das Heil nicht von der Genetik erwarten dürfen. Es sind vielmehr die in Zahl und Eigenart außergewöhnlichen

Neuronennetzwerke in unserem gewaltigen Neocortex, die uns vom Primaten zur humanen Gesellschaft wandern ließen. Trotz aller Enttäuschung über das Ausbleiben spektakulärer Genunterschiede zwischen Tier und Mensch steht außer Frage, dass die Grundstruktur und die Größe des Gehirns genetisch bedingt sind. Die enorme Überlegenheit unseres Denkens, unseres Handelns und unserer Sozialstrukturen beruht mit Sicherheit auch auf der genetisch verankerten Vergrößerung des Neocortex. Es bleibt also vorläufig dabei, dass wir uns mit quantitativen Unterschieden zwischen Affen- und Menschengehirn begnügen müssen – die Genforscher haben bislang aus dem dicht besetzten Genteich, der sicherlich noch Unerkanntes birgt, kein verstecktes Ausschließlichkeitsmerkmal des menschlichen Gehirns herausgefischt.

Das gilt auch für zwei weitere auffallende Strukturbesonderheiten unseres Gehirns.

1) Beim Menschen sind die funktionellen Asymmetrien zwischen linker und rechter Cortexhälfte viel ausgeprägter als beim Menschenaffen. Die Repräsentation gewisser Funktionen in nur einer Cortexhälfte schafft im Cortex insgesamt Raum für mehr spezifische Leistungen.

2) Die Verbindungen und neuronalen Rückkopplungsschleifen zwischen Cortexfeldern und motorischen Zentren sind schon bei Primaten deutlich umfangreicher als bei anderen Säugern. Beim Menschen vermehrten sich die internen Verdrahtungen der motorischen Netzwerke und ihre Verbindungswege noch einmal um eine Größenordnung. Heute beanspruchen die Verbindungsschleifen zwischen Neocortex und den motorischen Vorderhirnnetzwerken den meisten Raum im Gehirn. Mehr als 80 Prozent der Neocortexausgänge führen zum Kleinhirn: Aus quantitativer Differenz erwächst ein qualitativer Quantensprung, eine von keinem Menschenaffen erreichte motorische Intelligenz.

*Handwerk*
*Sprache*
*(S. HOMUNCULUS)*

## 2. Intelligenz

Kein unbefangener Betrachter wird bezweifeln, dass sich die Intelligenz menschlicher Gesellschaften auf einem ungleich höheren Niveau bewegt als die der Tiere, kluge Papageien und Menschenaffen eingeschlossen. Kein hakenbiegender Vogel und nüsseklopfender Schimpanse hat je ein mehrteiliges Werkzeug, geschweige denn ein noch so einfaches Gerät zusammengebastelt. Worin die Unterschiede liegen zwischen einer Intelligenz, die Wissenschaft, Technik und Kunst hervorbringt, und der von Tieren, denen eine solche Welt verschlossen bleibt, steht bis heute zur Diskussion.

Intelligenz lässt sich nicht eindeutig definieren, weil sie nicht nur auf angeborenen biologischen Merkmalen, sondern auch auf kulturell bedingten und erworbenen Fähigkeiten gründet. Unabhängig vom kulturellen Hintergrund rechnet man zur Intelligenz logisches Denken, Schnelligkeit des Denkens, rasche Auffassungsgabe, Rechenvermögen, räumliche Vorstellungskraft, Gedächtniskapazität, Sprechflüssigkeit und Sprachverständnis, kurz Fähigkeiten, deren Manifestationen wir als geistige Leistungen bezeichnen. Psychologen und Pädagogen haben Tests entwickelt, mit denen die oben genannten Intelligenzkomponenten gemessen werden können. Da sich die individuelle Intelligenz altersabhängig ändert, wurde ein Intelligenzquotient IQ eingeführt, der die Intelligenz zum Lebensalter in Beziehung setzt. Die aus Testergebnissen gewonnene mittlere Intelligenz einer Altersgruppe wird gleich 100 gesetzt. Die normale Intelligenz liegt bei einem IQ zwischen 85 und 115. Nur zwei Prozent unserer Bevölkerung haben einen IQ von über 130 und gelten damit als hochbegabt. Wer einen IQ unter 70 hat, wird zu den »geistig Behinderten« gerechnet.

Wie die unterschiedlichen Testbatterien für die Ermittlung des IQ belegen, verstehen wir nicht nur im alltäglichen Sprachgebrauch, sondern auch in der Wissenschaft unter Intelligenz in erster Linie die oben aufgeführten »geistigen« Fähigkeiten. Diese kognitive Intelligenz sollte also bei Tieren weit weniger ausgeprägt sein als beim Menschen. Doch mit jedem Jahr, das die beobachtenden und experimentierenden Verhaltensforscher, Psychologen, Neurobiologen und Primatologen ihrer Forschung hinzufügen, schmilzt der Abstand zwischen Mensch und Tier dahin:

*Werkzeuggebrauch.* Als ich noch in Vorlesungsbänken saß, galt der Werkzeuggebrauch als sichere Bastion gegen die Einverleibung des Menschen in die Tierwelt. Inzwischen zeigen uns Verhaltensforscher in eindrucksvollen Filmdokumenten, wie nicht nur Schimpansen mit einem Stein auf harten, flachen Unterlagen Nüsse aufklopfen und Blätter von schlanken, langen Gerten streifen, um damit Termiten aus den Bauten zu fischen, sondern wie auch neukaledonische Krähen Stäbchen zu Haken zurechtbiegen, mit denen sie Futter aus Röhren herausangeln. Es gibt Fische, die Seeigel mit dem Maul packen und so lange deren verletzliche Unterseite gegen eine Korallenwand prallen lassen, bis sie aufbricht. Nicht nur Geier nutzen die Schwerkraft, indem sie Straußeneier aus großer Flughöhe auf den Boden fallen lassen, auch Krähen setzen sich auf hohe Laternenmasten und lassen Walnüsse so lange auf die Straßendecke fallen, bis sie aufspringen. *Singdrossel → Schneckengehäuse.*

*Kategorienbildung.* Nicht nur intelligente Primaten, sondern auch Bienen beherrschen beispielsweise die Kategorien »gleich« und »ungleich« und transferieren sie von einer Unterscheidung von Gerüchen (Zitrone versus Mango) auf Farbunterscheidungen.

*Kooperation.* Zackenbarsche schwimmen zu Verstecken von Riffmuränen, erzeugen vor den Öffnungen mit Schwanzschlägen rhythmische Wellen und fordern so die Muränen auf, herauszukommen und auf Jagd zu gehen. Sie begleiten die Muränen bei der Futtersuche. Wenn der aalförmige Raubfisch in Korallenhöhlen und -spalten schwimmt, warten die Zackenbarsche über den Korallen auf das Kleinzeug, das durch schmale Öffnungen vor der Muräne nach oben ins freie Wasser flieht. Putzerfische, die große Fische von ihren Hautparasiten befreien, können ihre Kunden betrügen, indem sie ihnen hinterlistig ein Stück Haut abknabbern. Wird der Kunde darüber ärgerlich, versöhnt ihn der Betrüger mit gewissen Gesten und durch besonders eifriges Putzen.

*Soziale Intelligenz.* Die jungen Schimpansen und Bonobos, die in Obhut von Wissenschaftlern anhand erlernter Symbole und Gesten mit ihren Betreuern in regelrechten Sätzen kommunizieren und ihnen sogar Anweisungen erteilen, sind inzwischen Legende. Selbst Papageien können Anweisungen erlernen und richtig anwenden. Weist ein trainierter Papagei den Experimentator an: »Hole Futter!« und bekommt statt Futter einen Spielklotz vorgelegt, so krächzt er »nein«.

*Einsicht in Kausalitäten.* Am Max-Planck-Institut für evolutionäre Anthropologie in Leipzig wurden fünf Orang-Utans mit folgender Situation konfrontiert: Sie bekamen eine durchsichtige vertikale Röhre vorgesetzt, die Wasser enthielt, auf dem Erdnüsse schwammen. Der Wasserspiegel war jedoch so niedrig, dass die Affen das begehrte Futter nicht erreichen konnten. Da gingen die Affen spontan, also ohne vorausgehendes Training, zu einem Wasserspender, füllten sich das Maul mit Wasser und spuckten es in die Röhre. Das wiederholten sie so oft, bis sie die Erdnüsse herausholen konnten.

*Vorsorgeplanung.* Werkzeug erlangt Bedeutung nur im Zusammenhang mit einem Ziel, bei Tieren in der Regel dem der Nahrung. Bislang hat noch niemand in freier Wildbahn beobachten können, dass Tiere, die bei der Nahrungssuche ein Werkzeug einsetzen, dieses aufbewahren, um es später erneut zu benutzen. Nur Menschen scheinen also aus vergangener Erfahrung für die Zukunft planen zu können. Im gleichen Leipziger Institut lernten nun Orang-Utans und Bonobos, mit einem Werkzeug

Futter aus einem Apparat zu holen. Nachdem sie diese Aufgabe beherrschten, bekamen sie geeignete und ungeeignete Werkzeuge vorgelegt, gleichzeitig wurde aber der Zugang zum Apparat verwehrt. Nach fünf Minuten mussten die Affen den Testraum verlassen und die Werkzeuge wurden entfernt, was die Affen beobachten konnten. Nach einer Stunde durften die Tiere den Raum wieder betreten und bekamen Zugang zum Apparat, aber es fehlte das Werkzeug. Spätestens nach sieben solcher Versuche hatten alle Affen begriffen, dass sie vorsorglich beim Verlassen des Raumes ein Werkzeug mitnehmen sollten, um nach einer Stunde Wartezeit nicht mit leeren Händen dazustehen. Dabei wählten sie unter den angebotenen Werkzeugen nur die geeigneten aus. Ein Bonobo und ein Orang-Utan nahmen sogar ein Werkzeug in den ein Stockwerk höher gelegenen Schlafraum mit, um es nach mehr als hundert Stunden wieder in den Testraum zu bringen, damit sie die Belohnung aus dem Apparat holen konnten. In einem weiteren Versuch lernten Affen, mit einem Haken eine von der Decke hängende Saftflasche heranzuholen. Im Test wurde den Affen Werkzeug vorgelegt, das jedoch nutzlos war, weil es keine Saftflasche gab. Obwohl in der aktuellen Situation das lohnende Ziel für den Werkzeuggebrauch fehlte, nahmen die vier getesteten Affen dennoch den geeigneten unter den angebotenen Haken mit in den Warteraum, um ihn später, wenn eventuell wieder eine Saftflasche angeboten würde, zur Hand zu haben. Diese spektakulären Ergebnisse zeigen, dass auch Primaten prinzipiell in der Lage sind, vergangene Erfahrungen in vorsorgendes Verhalten umzusetzen, und dies selbst dann, wenn das Ziel, dem das Werkzeug dient, aktuell nicht vorhanden ist. Es bleibt der Einwand, dass solches Verhalten durch die experimentellen Bedingungen induziert und im Freiland noch nie beobachtet wurde. Dennoch fällt mit diesen Versuchen das Dogma, dass nur der Mensch mentale Zeitreisen machen könne, um über den aktuellen Anlass hinaus vorausschauend zu handeln. Offen bleibt die Frage, über welche Zeitspanne Primaten eine solche mentale Zeitreise möglich ist. Doch darüber wird in anderem Zusammenhang zu diskutieren sein.

Durch die experimentelle Forschung der letzten beiden Jahrzehnte verlor die kognitive Intelligenz des Menschen ein Ausschließlichkeitsmerkmal nach dem anderen. Sie wird auch in den nächsten Jahren durch die Wissenschaften immer näher an die unserer nächsten Verwandten im Tierreich heranrücken. Die Leipziger Anthropologen haben festgestellt, dass sich Affen von vierjährigen Kinder in der Intelligenz kaum unterscheiden. Die entscheidenden Unterschiede sind also anderswo zu suchen.

Traditionell verstehen wir unter Intelligenz geistige, kognitive Fähigkeiten. Er »gehört nicht zu den großen Denkern in unserem Kibbuz. Er zählt zu den bescheidenen, geradlinigen Menschen der Tat«, schreibt Amos Oz in seinem Roman »Ein anderer Ort«. Tatmenschen haben also geradlinig und bescheiden zu sein, denn Kompliziertes bleibt ihnen verschlossen und höheren Ansprüchen sind sie nicht gewachsen. Die westdeutschen Intellektuellen der 1970er Jahre waren befremdet, als eine ihrer Ikonen, Walter Jens, sich öffentlich zu seiner Fußballleidenschaft bekannte und sie damit hoffähig und zu einem mit Ironie getragenen exotischen Accessoire machte. Diese aus humanistischen Gelehrtenstuben überkommene Geringschätzung der Tat übersieht, dass es einer hochgradigen feinmotorischen und kombinatorischen Intelligenz bedarf, um einen Ball über alle Gegenspieler hinweg ins oberste Eck des Tores zu platzieren, und dass nur wenige diese Begabung besitzen.

## 3. Motorische Intelligenz

Was immer wir willentlich tun und ausführen, beruht auf vom Gehirn aktivierten Muskeln, die nach neuronalen zeitlich-räumlichen Programmen genauestens zusammenarbeiten. Diese komplexen Anweisungen kommen von motorischen Zentren des Neocortex und entsprechen einer eigenständigen motorischen Intelligenz. Jeder Künstler, Techniker oder Handwerker weiß, welche Möglichkeiten seine individuelle motorische Intelligenz der Ausführung seiner Ideen bietet beziehungsweise welche unüberwindbaren Grenzen sie ihr setzt. Wer eine gedachte Linie mit seiner Hand fehlerfrei aufs Papier bringt, erfreut sich einer besseren motorischen Intelligenz als derjenige, dem sie ständig misslingt.

Unsere willentliche Muskulatur (Willkürmuskulatur) wird von hierarchisch verknüpften Modulen gesteuert. Die Befehlsebene beginnt in den motorischen Zentren des Neocortex und endet in zahlreichen peripheren Modulen, den zentralen Mustergeneratoren des Rückenmarks. Das sind Nervennetze, die Muskelgruppen zu unterschiedlichsten Handlungen rekrutieren und kombinieren. Dieser freien Kombinatorik entspricht eine unübersichtliche Zahl von sogenannten motorischen Kernen (Netzwerken) im Gehirn, die vielfältig untereinander verschaltet sind. Dieses weitverzweigte System motorischer Kerne im Gehirn und die zentralen Mustergeneratoren im Rückenmark bilden zusammen das ausführende, sogenannte exekutive Gehirn.

Die motorische Fähigkeit zu sprechen und unsere Fingerfertigkeit sind die beiden einzigartigen Eigenschaften, die Kulturen und Zivilisationen schufen und unsere sprachlosen Verwandten im Tierreich zurückließen. Was wüssten wir vom Gedankenreichtum eines Charles Darwin ohne Sprachmotorik und Handschrift? Was wüssten wir von den musikalischen Ideen eines Mozart, wenn sie nicht zu Papier und von der Fingerakrobatik der Musiker zu Gehör gebracht würden? Nichts. Genauso wenig wie von all den Gedanken, Einsichten und Phantasien, die mit dem Gehirn, das sie dachte, zu Staub zerrannen, weil kein Zungenmuskel sie artikuliert, kein Handmuskel sie niedergeschrieben und keine Fingeraktivität sie zu Kunstwerken, Gegenständen, Werkzeugen, Maschinen gestaltet hat.

Ausgerechnet Motorik soll also der Schlüssel zur Menschwerdung sein, wo wir doch aus eigener Anschauung wissen, dass Tiere im Zweifelsfall schneller, geschickter, geschmeidiger laufen, springen, klettern als der Mensch? In der Erdgeschichte hat die adaptive Evolution eine Vielzahl von Bewegungsformen zu höchster Präzision perfektioniert. Auf der motorischen Intelligenz effizienter Fortbewegungsformen der Wirbeltiere baut unsere spezifische Fähigkeit zu sprechen und zu manipulieren auf. Um deren Entstehung zu verstehen, sei zuerst das allen Bewegungen zugrundeliegende neuronale Programmier- und Kontrollschema dargestellt.

## A. Grundlagen der neuronalen Bewegungssteuerung

Wenn ein Fisch schwimmt, eine Raubkatze anschleicht oder ein Pferd galoppiert, sind kontinuierlich zahlreiche Neurone damit beschäftigt, in zielgerichteter Zeitfolge Tausende von Muskelfasern synchron zu erregen und andere zu hemmen. Das räumlich-zeitliche Aktivitätsmuster dieser kooperierenden motorischen Neuronenensembles ändert sich nach vorgegebenem Plan, damit eine fließende, zielgerichtete Bewegung entsteht. Die passende Partitur hierfür schreibt eine Kaskade von motorischen Zentren, die im frontalen Neocortex beginnt und im Rückenmark endet. Am Beispiel der Beinbewegung lässt sich die Arbeitsweise dieser Steuerungskaskade am besten verstehen (Abb. 12).

Das alternierende Strecken und Beugen von Gelenken ist das Grundelement jeder Beinbewegung. Durch das zeitlich programmierte Verbinden mehrerer Gelenkbewegungen entstehen fließende Bewegungen. Jedem Gelenk ist im Rückenmark ein zentraler Mustergenerator zugeordnet, ein lokales Neuronennetz, das für eine alternierende Kontraktion der Strecker- und Beugermuskeln sorgt. Wenn wir Unebenheiten und Weghindernisse sehen oder durch Fuß- und Beinsensorik spüren, verändert der Mustergenerator

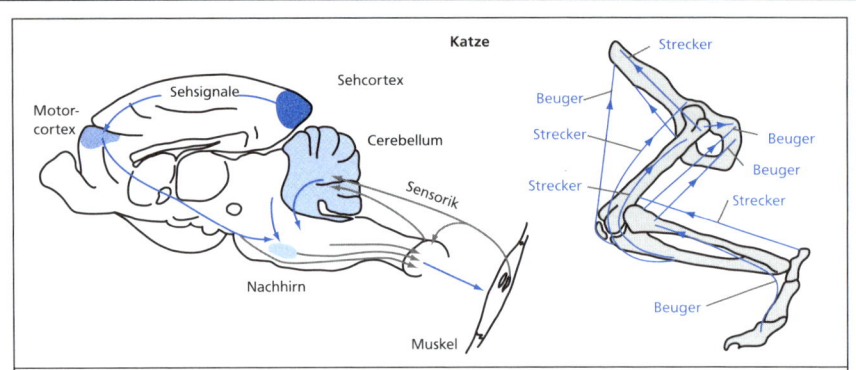

Bewegungskontrolle am Beispiel des Hinterbeines der Katze. Links das Gehirn der Katze mit den wichtigsten Bewegungszentren. Rechts das Hinterbein der Katze mit den Gelenken und Muskeln (Pfeile).

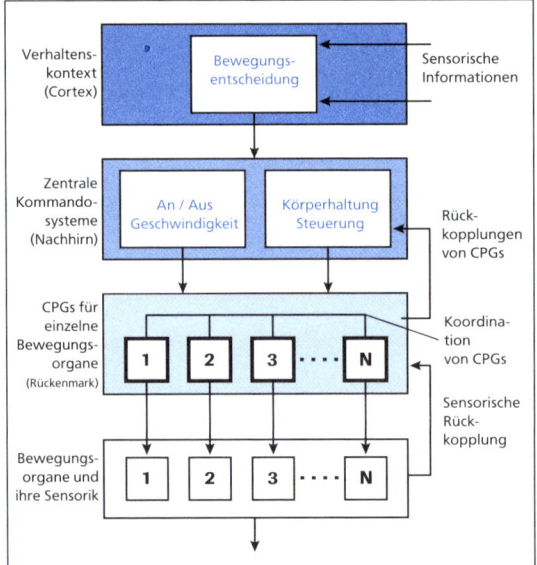

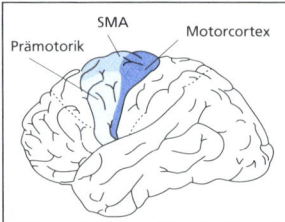

Der menschliche Cortex mit dem Motorcortex und prämotorischen Arealen, die Aktionen generieren. SMA (supplementary motor area) spielt dabei eine zentrale Rolle.

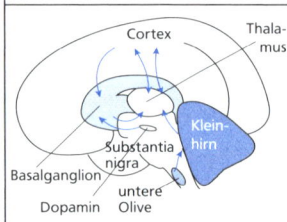

Schema der neuronalen Steuerung. In Rückkopplungsschleifen sind zentrale Mustergeneratoren (CPG) des Rückenmarks einerseits mit der Haut- und Muskelsensorik des Beines und andererseits mit übergeordneten, koordinierenden Zentren des Nachhirns verknüpft. Die Nachhirnzentren geraten im Lauf der Evolution unter die Kontrolle des Motorcortex, der einerseits von Zentren des Vorderhirns (Verhaltenskontext) und andererseits über den Sehcortex in die räumlichen Zusammenhänge des Handelns eingebunden wird. Das Cerebellum begleitet als lernender Zeitcomputer die räumlich-zeitliche Orchestrierung der Muskeln zu kohärenten, zielgerichteten Bewegungen.

Die reziproken Verbindungsbahnen zwischen corticaler Motorsteuerung und den Basalganglien und dem Kleinhirn. Die untere Olive liefert Korrektursignale an das Kleinhirn. Substantia nigra: Dopaminerge Neurone signalisieren den Erfolg einer Handlung. Der Thalamus gehört zum Zwischenhirn.

Abb. 12    Die Prinzipien neuronaler Bewegungskontrolle

automatisch den Grundrhythmus der Bewegung in einer Weise, dass wir nicht ins Stolpern oder gar zu Fall kommen und zu jeder Zeit die Zielrichtung ändern können. Vor allem in übergeordneten Zentren des Nachhirns werden die Mustergeneratoren der einzelnen Gelenke miteinander koordiniert, die Bewegungen begonnen oder beendet und die zugehörigen Körperhaltungen eingespeist. Auch diese Nachhirnzentren werden durch Rückmeldungen aus dem Rückenmark über den aktuellen Stand der Bewegung informiert, so dass sie flexibel auf jede aktuelle Situation reagieren können.

Bei den Säugetieren geraten im Laufe der Evolution diese wichtigen Nachhirnkerne der Bewegungssteuerung mehr und mehr unter den Einfluss des Vorderhirns. Jede bewusste und absichtsvolle Bewegung hat ihren Ursprung in Neuronen des motorischen Neocortex. Dort sind diese Motoneurone entsprechend den Körperteilen, die sie innervieren, in einer bestimmten Reihenfolge angeordnet. Kartiert man auf dem motorischen Cortex die Innervation des Körpers, so nimmt ein Körperteil umso mehr Platz ein, je mehr Motoneurone ihn versorgen. Auf diese Weise entsteht auf dem Motorcortex eine deformierte Reprasentation der gesamten Muskulatur, ein Homunculus, der nicht den realen Größenverhältnissen, sondern der Innervationsdichte entspricht (Abb. 9 b). Die überdimensionale Repräsentation der Finger-, vor allem der Daumenmuskulatur und die provozierend große der Zunge zeigen, dass beim Menschen die Muskeln des »Hand-Werkens« und des Sprechens weit dichter innerviert sind als bei jedem Primaten.

Reizt man lokal Neurone des Motorcortex elektrisch, so wird der entsprechende Muskel aktiviert. Im natürlichen Verhaltensablauf kommen die Erregungsprogramme, welche Muskeln zum Beispiel von Schulter, Arm, Hand und Finger zu einer räumlich-zeitlich orchestrierten Greifbewegung veranlassen, von Programmen prämotorischer Neocortexareale, die unmittelbar vor dem motorischen Cortex liegen. Dort laufen Informationen von Sinnesorganen, aus der Motorik, von Assoziationszentren und Bewertungssystemen des Stirnhirns zusammen, und dort entstehen die mentalen Absichten und die dafür benötigten zeitlich-räumlichen Handlungsprogramme, die wir gegebenenfalls ausführen oder nur in Erwägung ziehen. Für die absichtlichen, ziel- und ergebnisorientierten Bewegungen der Willkürmotorik gibt es also eine Hierarchie der Handlungsgenerierung und -steuerung, die bei allen Säugetieren und beim Menschen in Netzwerken des prämotorischen Cortex beginnt und über die Neurone des motorischen Cortex in die verwirrende Vielfalt von Nachhirnzentren führt, die ihrerseits zentrale Mustergeneratoren des Rückenmarks steuern (Abb. 12).

Der Initiator und Regisseur aller willentlichen Bewegungen und Aktionen ist und bleibt der Neocortex mit seinen motorischen Arealen. Er hat jedoch zwei Assistenten, denen er über massive Nervenbahnen seine Absichten mitteilt und die ihrerseits über Rückkopplungsschleifen das Ergebnis ihrer Berechnungen und Bewertungen an den Neocortex zurückmelden. Es handelt sich um die sogenannten Basalganglien und um das Kleinhirn. Beide Gehirnteile wuchsen bei Primaten und beim Menschen in der Evolution gemeinsam mit dem Neocortex und sind beim Menschen besonders mächtig und groß. Die meisten Ausgänge des Neocortex führen zu diesen beiden Assistenten, die in getrennten Rückkopplungsschleifen parallel mit dem exekutiven Neocortex arbeiten.

Als Basalganglien bezeichnet man fünf untereinander vernetzte Kerne, die vom riesigen Neocortex der Primaten und des Menschen überdacht werden (Abb. 12). Wie die Basalganglien im Detail funktionieren, ist bis heute nicht ganz klar. Die Ausgänge dieser Ganglien führen nicht nur zu den Neocortexarealen zurück, sondern direkt zu den motorischen Kernen des Mittelhirns und des Nachhirns, die koordinierte Bewegungen veranlassen. Die Basalganglien sorgen zunächst dafür, dass die Willkürmotorik insgesamt gedämpft wird und in einem Ruhezustand verbleibt. Sie hemmen spontane Bewegung und fördern die gewollte. Krankhafte Normabweichungen, wie allgemeine Hyperaktivität, finden ihre Entsprechung in verminderter Aktivität der Basalganglien. Deren Schädigung führt oft zu ungewollten Bein- und Gesichtsbewegungen (Veitstanz). Aus dieser ruhenden Oberfläche allgemeiner Hemmung ragen als einzelne Gipfel die momentane Aktivität derjenigen Neurone heraus, die entsprechend der neocorticalen Regie für die Ausführung einer beabsichtigten Handlung benötigt werden. Die Basalganglien sorgen dafür, dass Neurone für andere Muskelgruppen, die eine geplante Handlung konterkarieren könnten, verstärkt gehemmt werden. Durch diese kontrastierende Arbeit der Basalganglien werden die beabsichtigten Motorprogramme aus dem allgemeinen Ruheniveau herausgemeißelt. Diese Präzisionsarbeit ist wichtig, weil motorische Fertigkeiten unter fortwährender Korrektur erlernt werden müssen. Selbst das Gehen und das genaue Zugreifen müssen Kinder mühsam erlernen. In dem Maße, wie Handlungen beherrscht werden und ohne ständige Korrektur auskommen, werden die neuronalen Programme aus der bewussten Kontrolle des Neocortex entlassen und sinken ins Unterbewusstsein ab. Für solche perfektionierten Handlungsabläufe, deren Programme unbewusst ablaufen, sind die Basalganglien unerlässlich, denn sie entlasten das Bewusstsein von zahllosen erlernten Automatismen, aus denen viele unserer Alltagstätigkeiten bestehen. Jeder Autofahrer und jeder Klavierspieler weiß, dass solche perfekt ablaufenden Automatismen, zum Beispiel beim Lenken oder bei der Fingerakrobatik auf der Tastatur, dann fehlerhaft werden, wenn man versucht, sie bewusst zu kontrollieren.

Ein Handlungsablauf ist dann perfekt, wenn das angesteuerte Ziel fehlerlos erreicht ist. An der Bewertung des Erfolgs sind die Basalganglien beteiligt, wobei auch emotionale Wertungen einfließen. Dopamin (Abb. 12, Substantia nigra) ist ein Transmitter, der meldet, wann ein Ziel erreicht ist, er signalisiert Erfolg. Deshalb wird Dopamin gerne als »Erfolgssubstanz« bezeichnet, übrigens nicht nur für Handlungen, sondern auch für emotionale und mentale Befindlichkeiten.

Der andere Assistent, das Kleinhirn (Abb. 12), bewertet nicht Erfolg oder Misserfolg einer Handlung, sondern trägt entscheidend dazu bei, dass das angestrebte Ziel erreicht werden kann. Bei einer zielgerichteten Bewegung kommt es nicht nur darauf an, wie stark und in welcher Reihenfolge sich Muskeln kontrahieren, auch die Zeitrelation zwischen den Muskelaktivitäten muss auf Millisekunden genau orchestriert sein. Wer einen Pianisten dabei beobachtet, wie er seine zehn Finger zeitgenau über die Tasten tanzen lässt, bekommt einen Begriff davon, mit welch unvorstellbarer Zeit-Raum-komplexität solche motorischen Programme im Gehirn konzipiert werden müssen. Nicht nur das Klavierspielen, auch einfachere Bewegungen wie das Gehen wollen durch ständiges Wiederholen so lange eingeübt sein, bis sie perfekt und ohne bewusste Kontrolle ablaufen. Für das Erlernen und Konservieren der schließlich richtig durchgeführten motorischen Raum-Zeit-partitur, im Millisekundentakt aufgeführt von Hunderten von Muskeln, gibt es einen begleitenden Online-Zeitkontrolleur, das Kleinhirn. Versagt dieser zweitgrößte Gehirnteil, werden Bewegungen abgehackt, stockend und ungenau, und der Sprachfluss zerfällt in zäh aufeinanderfolgende Einzelworte.

Bei allen Vorgängen, die einen komplexen zeitlichen Ablauf einschließen, seien sie motorisch oder denkend-kognitiv, wird das Kleinhirn in Schleifen als lernende Zeitmaschine zugeschaltet. Millionenfache Neuronenschleifen führen dem Kleinhirn vom exekutiven Neocortex die auszuführenden Ablaufpläne zu und wirken rückkoppelnd vom Kleinhirn korrigierend auf die neocorticale Planung zurück. Die geschichtete Kleinhirnrinde setzt sich wie der Neocortex aus Abermillionen gleichartiger Mikronetzwerke zusammen. Das Kleinhirn verhält sich wie ein Computer aus parallel arbeitenden Mikroprozessoren, der das vom Neocortex zugespielte räumlich-zeitliche Bewegungsprogramm übernimmt und online mit der tatsächlichen, aktuellen Bewegungsausführung vergleicht. Stimmen die Rückmeldungen über die Ausführung mit dem beabsichtigten Programm nicht überein, so korrigiert das Kleinhirn die Bewegungsabläufe so lange, bis die neuronale Absicht und der tatsächliche motorische Ablauf übereinstimmen. Durch Veränderungen an Synapsen prägt sich das Kleinhirn das dem erlernten Bewegungsablauf entsprechende Zeitprogramm ein, mit dem Ergebnis, dass ein Pianist nun etwa die Bach'schen Goldbergvariationen nahezu ohne bewusste Fingerkontrolle fehlerlos zu spielen vermag. Wie oben gezeigt, sind an diesem Absinken erlernter Fertigkeiten ins Unbewusste auch die wertenden Basalganglien beteiligt. Ohne das Kleinhirn wäre aber die erforderliche präzise Zeitprogrammierung nicht möglich. Die Zeitgenauigkeit unserer motorischen Programme, zum Beispiel beim gezielten Werfen, übertrifft die eines einzelnen Neurons bei Weitem. Diese Präzision wird durch Mittelungsverfahren über viele Mikronetzwerke vor allem im Kleinhirn erzielt. Bei Primaten und weit mehr noch beim Menschen ist der seitliche Cortexbereich des Kleinhirns enorm vergrößert. Dort werden die Finger- und Artikulationsbewegungen in ihrem Zeitablauf kontrolliert, aber auch andere zeitkomplexe Vorgänge der Kognition, des Planens und Denkens.

Die mit Hilfe der Basalganglien und des Kleinhirns erstellten Bewegungsprogramme werden von der Intention und Programmerstellung im präfrontalen Cortex zu den Durchführungsbefehlen im Motorcortex über die Nachhirnzentren zu jenen Mustergeneratoren des Rückenmarks geleitet, die für eine bestimmte Muskelgruppe zuständig sind. Dieser neuronale Weg der Motorik gilt gleichermaßen für alle Säugetiere und für den Menschen. Wo bleibt da die spezifische motorische Intelligenz des Menschen?

## B. Die Pyramidenbahn

Bei den Säugetieren bahnt sich eine neue Verbindung von den Neuronen des Motorcortex zu den Muskelneuronen des Rückenmarks unter Umgehung des Nachhirns an (Abb. 13a). Diese unmittelbare Verbindung zwischen Neocortex und Rückenmark, die sogenannte corticospinale oder Pyramidenbahn, gewinnt aber erst bei den Primaten und beim Menschen besondere Bedeutung. Die Fasern der Pyramidenbahn stammen etwa zur Hälfte von großen Neuronen des Motorcortex und zur anderen Hälfte von prämotorischen Arealen, die für die Erstellung eines Handlungsablaufs wichtig sind. Bei den Affen und beim Menschen innerviert die Pyramidenbahn vor allem Motorzentren der Hände und der Finger. Beim Menschen werden zusätzlich Arm- und Schultermuskeln direkt von Cortexneuronen angesteuert, und ein Ast der Pyramidenbahn innerviert die für das Sprechen zuständigen motorischen Kerne der Gesichts-, Lippen- und Zungenmuskeln (Abb. 13a, b). Die Muskeln des Manipulierens und des Sprechens werden also unter Umgehung der Nachhirn-Netzwerke direkt unter die Kontrolle des Neocortex gestellt. Wie wichtig diese direkte Innervierung ist, erkennt man daran, dass Affen und Menschen die Finger unabhängig voneinander bewegen

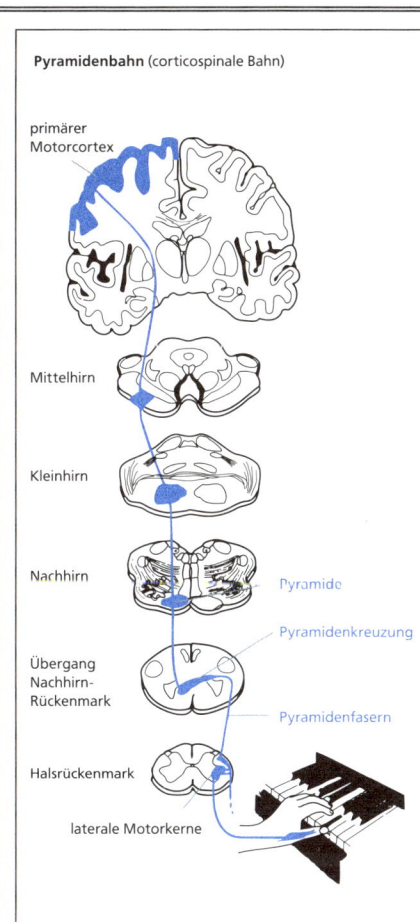

**Pyramidenbahn** (corticospinale Bahn)

primärer
Motorcortex

Mittelhirn

Kleinhirn

Nachhirn — Pyramide

Pyramidenkreuzung

Übergang
Nachhirn-
Rückenmark

Pyramidenfasern

Halsrückenmark

laterale Motorkerne

Die Pyramidenbahn bekommt bei den Primaten und beim Menschen ein besonderes Gewicht.

Die Pyramidenbahn innerviert die Motoneurone der Gesichts- und Handmuskulatur direkt unter Umgehung der zentralen Mustergeneratoren im Rückenmark. Je dichter die Innervierung durch die Pyramidenbahn, desto differenzierter können die betreffenden Muskeln kontrolliert und bewegt werden.

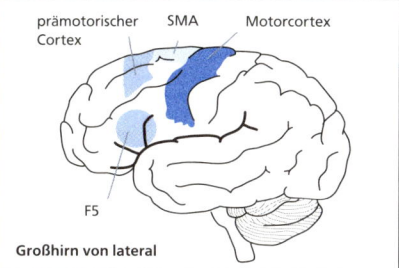

prämotorischer    SMA    Motorcortex
Cortex

F5

**Großhirn von lateral**

Cortex-Areale für die motorische Steuerung, für die Vokalisation und das Sprechen. SMA (supplementary motor area) ist wichtig für das Sprechen.

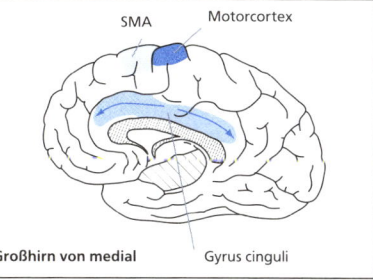

SMA    Motorcortex

**Großhirn von medial**    Gyrus cinguli

Die artspezifischen Laute der Primaten lassen sich vom vorderen Gyrus cinguli durch elektrische Reizung (Blitz) auslösen, nicht aber durch Reizung der SMA. Beim Menschen lassen sich dagegen durch elektrische Reizung der SMA erlernte Phoneme und Silben auslösen, nicht aber durch Reizung des Gyrus cinguli. PAG, das periaquäduktale Grau, ist eine Durchgangsstation für Vokalisationsbefehle bei allen Säugetieren. Seine Reizung löst artspezifische Laute aus.
Nur bei Primaten und beim Menschen gibt es zusätzliche Bahnen vom Motorcortex zu Kernen der Artikulationsmuskulatur (Nc. facialis, Nc. trigeminus, Nc. hypoglossus). Nur beim Menschen lassen sich Sprechelemente durch Reizung der SMA (Blitz) auslösen, und nur beim Menschen steht der Kern der Kehlkopfmotorik (Nc. ambiguus) unter direkter Kontrolle des Motorcortex.

Abb. 13a

Die Pyramidenbahn und die corticale Kontrolle der Lautgebung und des Sprechens

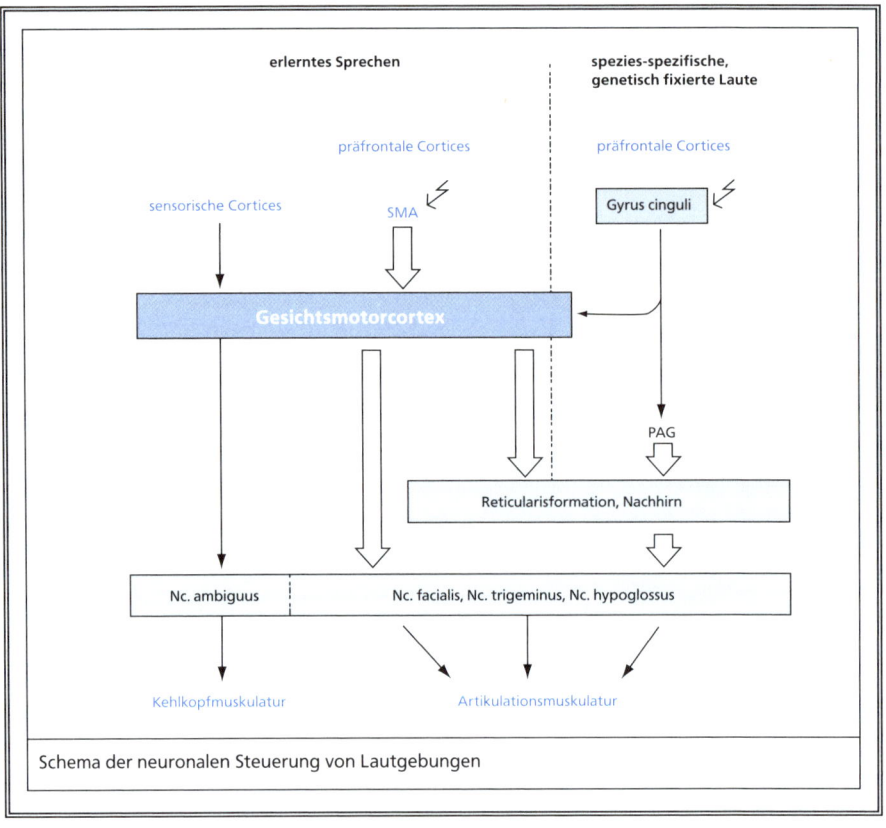

erlerntes Sprechen · spezies-spezifische, genetisch fixierte Laute

präfrontale Cortices · präfrontale Cortices

sensorische Cortices · SMA · Gyrus cinguli

Gesichtsmotorcortex

PAG

Reticularisformation, Nachhirn

Nc. ambiguus · Nc. facialis, Nc. trigeminus, Nc. hypoglossus

Kehlkopfmuskulatur · Artikulationsmuskulatur

Schema der neuronalen Steuerung von Lautgebungen

Abb. 13b
Die Pyramidenbahn und die corticale Kontrolle der Lautgebung und des Sprechens

können, während Katzen, denen diese direkte corticale Innervation ihrer Pfoten fehlt, die Krallen nur gemeinsam bewegen können.

Vom Schimpansen zum Menschen steigert sich die corticale Innervationsdichte der Finger und vor allem der Sprechmuskulatur des Mundes, der Lippen und der Zunge noch einmal um ein Mehrfaches, wie deren überdimensionale Repräsentation auf dem Motorcortex eindrucksvoll belegt (Abb. 9b). Je dichter die Innervierung durch Pyramidenfasern, desto differenzierter wird die Feinmotorik und Geschicklichkeit. Die Neurone der Pyramidenbahn repräsentieren nicht einfach einzelne Muskeln, wie die Abbildung suggeriert, sondern ganze Bewegungselemente der betreffenden Organe. So nehmen die Neurone der Gesichts-, Hand- und Fingermuskeln bei Schimpansen knapp die Hälfte, beim Menschen aber schon zwei Drittel der Motorcortexfläche ein. Diese grotesk anmutende Überrepräsentation der Hände

160

und Gesichtsmotorik zeigt, dass aus Menschenaffen ein neuer Primat, ein »Manipulations- und Artikulationstier« entstanden ist. Im Vergleich zu diesen Muskeln sind alle anderen Körperbereiche des Menschen motorisch geradezu dünn innerviert. Die erstaunlich dürftige neocorticale Repräsentation der Beinmuskeln scheint Gottfried Benn geahnt zu haben, denn er schrieb in einem Brief an seine Tochter am 13. März 1947: »Ich finde schon Gehen eine unnatürliche Bewegungsart, Tiere laufen, aber der Mensch soll reiten oder fahren.« Der menschliche Motorcortex gibt ihm völlig Recht.

Die neue Bedeutung der direkten Cortexbahn wird sofort klar, wenn man bei Primaten das Leistungsprofil der konventionell, über das Nachhirn innervierten Bewegungen mit den von der Pyramidenbahn kontrollierten Bewegungen vergleicht: Ist die Pyramidenbahn unterbrochen, können Affen nach einer kurzen Erholungsphase wieder ganz normal laufen und klettern, aber die differenzierten Fingerbewegungen zum Anfassen und Ergreifen von Gegenständen bewältigen sie nicht mehr. Ist dagegen die stammesgeschichtlich alte Verbindung über die Nachhirnkerne unterbrochen, können die Affen nicht mehr gehen, sind aber nach wie vor in der Lage, mit ihren Fingern Futter aus Verstecken herauszupulen.

Es muss einen Evolutionsbiologen elektrisieren, dass ausgerechnet diejenigen Muskeln unter direkte corticale Kontrolle gestellt wurden, die für unsere einzigartige Manipulier- und Fingerfertigkeit, für die Mimik und das Sprechen verantwortlich sind.

## C. Handlungsneurone

Handlungsabsichten und die auszuführenden Motorprogramme kommen aus Bereichen, die unmittelbar vor dem Motorcortex liegen, den prämotorischen Arealen (Abb. 13a und 14a). Diese Handlungen programmierenden Netzwerke erhalten Eingänge einerseits von frontalen Cortexarealen des sozialen Verhaltens und andererseits von seitlichen und hinteren Cortexbereichen des Sehens. Die Verbindungen zu Seharealen sind essentiell, weil Primaten und der Mensch willentliche Bewegungen unter Augenkontrolle ausführen. Die Sehareale liefern orientierende Informationen über den Handlungsraum, seine Gegenstände und die Handlungsziele. Bei den Primaten gibt es ein prämotorisches Cortexareal, F5, dessen Neurone bei komplexen Hand- und Mundbewegungen aktiv sind. Dieses Areal F5 der Affen ist weitgehend deckungsgleich mit dem Sprechzentrum des Menschen, dem Broca-Areal (Abb. 8a). Pierre Paul Broca, ein französischer Neurologe des 19. Jahrhunderts, identifizierte dieses linksseitige Cortexareal als Sprechzentrum an Patienten, die nach Unfällen oder Hirnschlägen nicht mehr sprechen konnten.

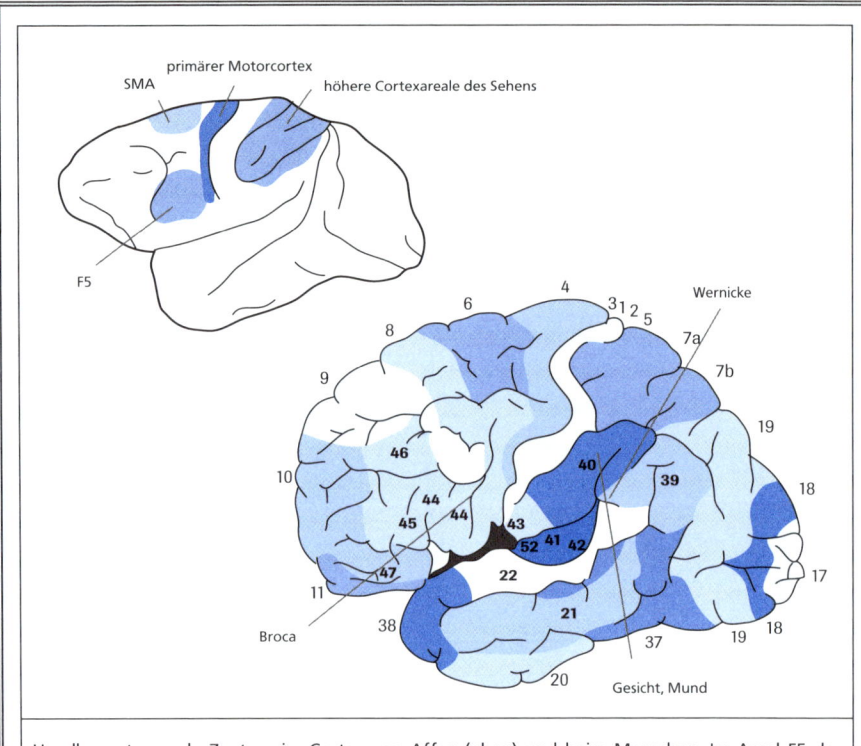

**primärer Motorcortex**

SMA

höhere Cortexareale des Sehens

F5

6    4   31 2 5    Wernicke
8     7a
9     7b
     19
46    40    39
10       18
44   44
45    43
   52 41 42    17
47    22
11    21
38     18
Broca    37   19
20
Gesicht, Mund

Handlungssteuernde Zentren im Cortex von Affen (oben) und beim Menschen. Im Areal F5 der Affen wurden die Spiegelneurone entdeckt. Dunkelblau und hellblaue Bereiche im menschlichen Cortex: Gebiete, die Spiegelneurone enthalten. Broca ist das Sprechzentrum und das Wernicke-Areal das Zentrum für Sprachverständnis. Die Zahlen geben die sogenannten Brodmann-Areale an, nach deren Numerierung der menschliche Cortex topographisch/funktionell unterteilt wird. Das Areal F5 bei den Affen ist homolog zum Broca-Areal beim Menschen.

Abb. 14a    Handlungs- und Spiegelneurone

Die Neurone des Areals F5 feuern nicht einfach bei irgendwelchen Kontraktionen von Mund- oder Handmuskeln. Sie sind nicht Bewegungs-, sondern Handlungsneurone, die nur aktiv werden, wenn eine spezifische, zielgerichtete Handlung durchgeführt wird. Ohne ein Ziel, wie zum Beispiel das Ergreifen eines Gegenstandes, bleiben diese F5-Neurone stumm (Abb. 14b). Das F5-Areal entspricht einer Art Handlungslexikon, in dem die für den Alltag notwendigen Routinehandlungen bereitliegen. Die meisten F5-Handlungsneurone repräsentieren das Greifen mit der Hand, wobei zwischen Arten des Greifens unterschieden wird. Viele Neurone feuern nur, wenn ein kleiner Gegenstand, beispielsweise eine begehrte Rosine, vorsichtig zwischen Daumen und Zeigefinger ergriffen wird. Andere Neurone

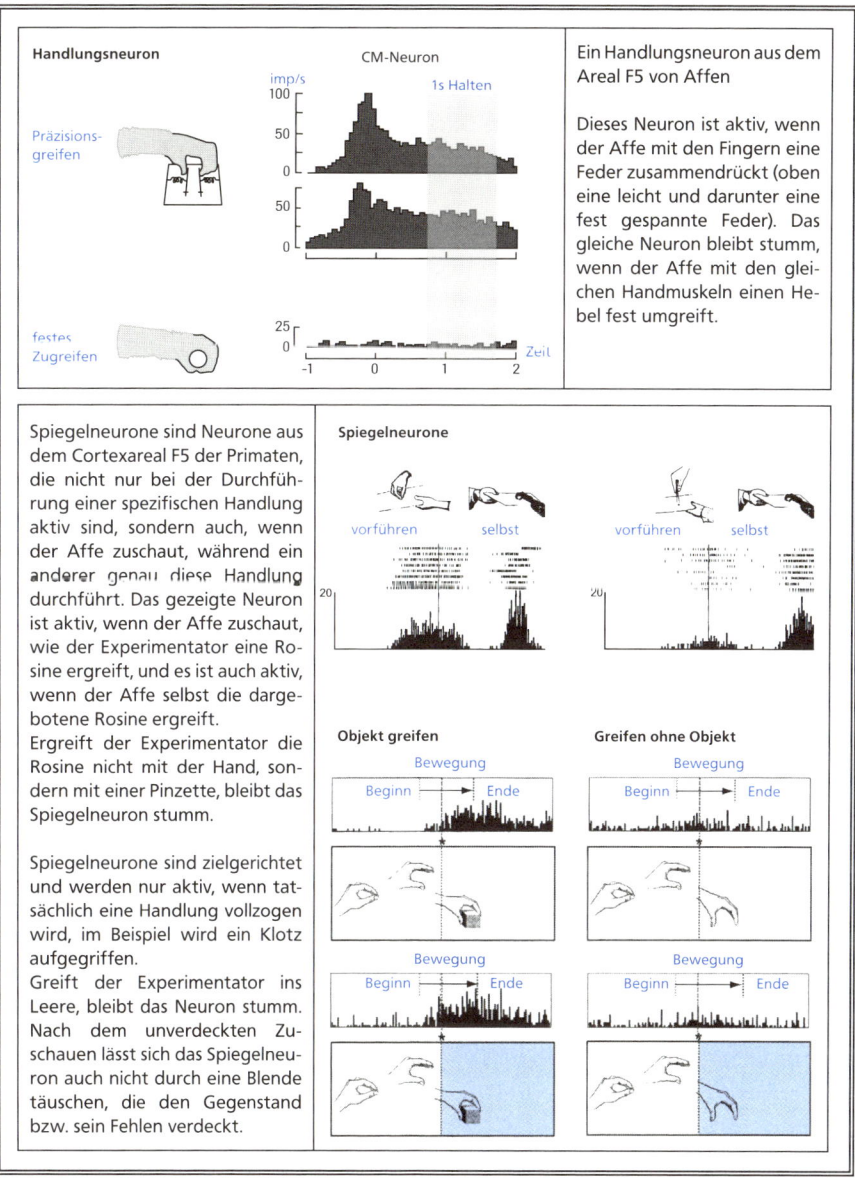

**Handlungsneuron**

Präzisions-greifen

festes Zugreifen

CM-Neuron

imp/s
100
50
0

1s Halten

50
0

25
0

-1    0    1    2    Zeit

Ein Handlungsneuron aus dem Areal F5 von Affen

Dieses Neuron ist aktiv, wenn der Affe mit den Fingern eine Feder zusammendrückt (oben eine leicht und darunter eine fest gespannte Feder). Das gleiche Neuron bleibt stumm, wenn der Affe mit den gleichen Handmuskeln einen Hebel fest umgreift.

Spiegelneurone sind Neurone aus dem Cortexareal F5 der Primaten, die nicht nur bei der Durchführung einer spezifischen Handlung aktiv sind, sondern auch, wenn der Affe zuschaut, während ein anderer genau diese Handlung durchführt. Das gezeigte Neuron ist aktiv, wenn der Affe zuschaut, wie der Experimentator eine Rosine ergreift, und es ist auch aktiv, wenn der Affe selbst die dargebotene Rosine ergreift.
Ergreift der Experimentator die Rosine nicht mit der Hand, sondern mit einer Pinzette, bleibt das Spiegelneuron stumm.

Spiegelneurone sind zielgerichtet und werden nur aktiv, wenn tatsächlich eine Handlung vollzogen wird, im Beispiel wird ein Klotz aufgegriffen.
Greift der Experimentator ins Leere, bleibt das Neuron stumm. Nach dem unverdeckten Zuschauen lässt sich das Spiegelneuron auch nicht durch eine Blende täuschen, die den Gegenstand bzw. sein Fehlen verdeckt.

**Spiegelneurone**

vorführen    selbst          vorführen    selbst

20                           20

**Objekt greifen**

Bewegung
Beginn ⟶ Ende

Bewegung
Beginn ⟶ Ende

**Greifen ohne Objekt**

Bewegung
Beginn ⟶ Ende

Bewegung
Beginn ⟶ Ende

Abb. 14b   Handlungs- und Spiegelneurone

werden nur beim kraftvollen Zupacken mit der Hand aktiv. Bestimmte $F_5$-Neurone repräsentieren generell das Greifen welcher Art auch immer, wieder andere nur das Greifen mit dem Mund. Neben Greifneuronen gibt es Neurone für das Zerreißen, für das Halten, für das Hinstellen von Gegenständen, für das Pulen oder aber Generalisten für jede Art der Manipulation an einem Gegenstand. Manche Neurone repräsentieren umgekehrt nur Fragmente einer Handlung, wie zum Beispiel das Schließen von Daumen und Zeigefinger. Dieser umfangreiche Satz von gängigen, zielorientierten Handlungen kann zu beliebigen und sequentiell beliebig langen Handlungsketten verknüpft werden, so wie man Wörter zu langen Satzreihen zusammensetzen kann. Für eingeübte, längere Handlungs*ketten* gibt es ein anderes prämotorisches Cortexareal (SMA, Abb. 14a), auf das im Zusammenhang mit der Sprache zurückzukommen sein wird.

### D. Spiegelneurone

Das Areal F5 und ein benachbartes Feld auf dem Primatencortex enthalten noch eine andere Klasse von Neuronen, deren Entdeckung vor über zehn Jahren durch den Neurobiologen Giacomo Rizzolatti und seine Kollegen an der Universität Parma für helle Aufregung sorgte.

Für das Erlernen von Fertigkeiten spielt die Nachahmung einer beobachteten Handlung eine wichtige Rolle. Wir lernen diffizile Manipulationen durch Abschauen. Ich erinnere mich noch gut, wie in meiner Zeit als Werkstudent ein freundlicher Meister mir geduldig wieder und wieder vorführte, wie man eine Feile anzusetzen hat, damit auf einem Werkstück eine glatte Fläche ohne Rillen entsteht. Kinder lernen das Sprechen nicht in erster Linie durch Hören, sondern durch das Abschauen von Mundbewegungen.

Im F5-Areal gibt es viele Neurone, die nicht nur feuern, wenn das Tier eine bestimmte Handlung ausführt, sondern auch dann, wenn es regungslos dasitzt und nur zuschaut, wie ein anderer diese Handlung durchführt (Abb. 14b). Rizzolatti nannte solche Neurone »mirror neurons«, Spiegelneurone. Diese feuern nicht nur, wenn der Affe selbst handelt, zum Beispiel eine Rosine ergreift, sondern auch, wenn ein anderer Affe oder der Experimentator genau dasselbe macht. Eine solche Aktion muss nicht in ihrem kompletten Ablauf gesehen werden. Das Neuron feuert selbst dann, wenn das Objekt hinter einer Sichtblende versteckt wird. Manchmal genügt es auch, wenn die Begleitgeräusche einer Aktion gehört werden. Dabei muss die Aktion stets auf ein Objekt gerichtet sein, beim Greifen ins Leere bleibt das Spiegelneuron stumm. Die Aktivität der Spiegelneurone korreliert also nicht mit dem bloßen Beobachten, sondern mit dem Verstehen einer Handlung, die ein anderer durchführt. Diese Handlung muss zum eigenen, potentiellen Aktionsrepertoire des Beobachters gehören.

Beim bloßen Beobachten einer Handlung wird das neuronale motorische System genauso aktiv, als ob es die Handlung selbst durchführen würde. Wenn man jemandem beim Klavierspielen zuschaut, wird das eigene entsprechende motorische System aktiviert. Diese Aktivierung ist viel stärker, wenn der Zuschauer Klavier spielen kann. Das Beobachtete dringt in die motorische Intelligenz des Beobachters ein. Manchmal allerdings bricht die Exekutive durch, wenn wir beispielsweise beim Füttern eines Babys unbewusst den eigenen Mund öffnen. Das System der Spiegelneurone erlaubt es, generell Beobachtetes ohne bewusstes Nachdenken zu simulieren. Es bildet vermutlich über die motorische Nachahmung hinaus die Grundlage für die Fähigkeit, sich in einen anderen hineinzuversetzen: Ich tue und fühle, was du tust und fühlst.

Die Spiegelneurone des F5-Areals und angrenzender Bereiche erklären, warum Nachahmen beim Erlernen von Fertigkeiten eine so dominante Rolle spielt. Beim Meister-Imitator *Homo sapiens* umfasst das Gebiet der Spiegelneurone nicht nur das Sprechzentrum, das Broca-Areal, sondern auch den vorderen Teil des Scheitellappens, wo vor allem auch Mundbewegungen repräsentiert sind (Abb. 14 a).

Pyramidenbahn, Handlungsneurone und Spiegelneurone belegen, in welchem Ausmaß bei Primaten und verstärkt beim Menschen der frontale, prämotorische und motorische Neocortex die neuronale Konzeption, Kontrolle und Durchführung individueller und sozialer Verhaltensweisen übernommen hat. Beim Menschen entwickelte sich mit dem relativ großen Kleinhirn und den massiven Verbindungsschleifen zwischen Neocortex und anderen motorischen Zentren das exekutive Gehirn in weit höherem Grade über dasjenige von Menschenaffen hinaus, als es beim kognitiven Gehirn der Fall ist. Es ist die motorische und nicht die kognitive Intelligenz, die uns klar von der Tierwelt trennt.

Spiegelneurone und Handlungsneurone wurden bei Affen und nicht beim Menschen entdeckt. Für die motorische Intelligenz steht bei Affen das Cortexareal F5 und beim Menschen das Broca-Areal im Zentrum. Die dort für Hände, Gesicht, Lippen und Zunge bereitgestellten Handlungskonzepte könnten in variabler Folge und prinzipiell unbegrenzter Länge zu Handlungsketten verknüpft werden. Für das soziale Lernen gibt es die Spiegelneurone, die uns unbewusst zu Nachahmern machen.

Wenn das so ist, warum können wir Menschen diese neuronalen Werkzeuge nutzen und unsere Finger in schwierigsten und stundenlangen raumzeitlichen Abfolgen in die Klaviertasten greifen oder eine Armbanduhr zusammensetzen lassen? Ein Affe kann das niemals. Warum können wir mit dem Pinsel in der Hand die feinsten Gebilde in präziser Linienführung zu Papier bringen? Ein Affe kann das nicht. Warum können wir unsere Armmuskulatur so präzise vorausprogrammieren, dass die ballistische Wurfbahn genau ins Ziel führt? Ein Affe kann das niemals, er trifft nicht einmal mit dem Hammer einen Nagel. Warum können wir Phoneme rasch zu Worten zusammensetzen und Worte zu sich verzweigenden Sätzen aneinanderreihen? Ein Affe vermag auch das nicht. Die Antwort auf diese Fragen liegt nicht in den Muskeln, den Händen oder im Kehlkopf, sondern im Gehirn.

## 4. Sprechen

Man kann bei Tieren durch elektrische Reizung diejenigen Gehirngebiete identifizieren, bei denen sich Vokalisationen auslösen lassen. Ein zentraler Auslöser arteigener Laute ist ein Cortexareal auf der Innenseite beider Hemisphären, der Gyrus cinguli (Abb. 13 a, b). Von dort lässt sich bei Affen fast deren gesamtes Lautrepertoire auslösen. Der Gyrus cinguli gehört zu einem verzweigten System für die bewusste Wahrnehmung von Emotionen wie Wohlbehagen, Lust, Angst, Schmerz und Wut. Bei Tier und Mensch gehen Emotionen oft mit spezifischen Vokalisationen einher, die den vorherrschenden Gemütszustand charakterisieren. So ist es keine Überraschung, dass die Aktivierung des Gyrus cinguli angeborene Lautgebungen dieser Art erzeugen kann. Die Laute signalisieren der Gruppe den eigenen Gemütszustand. Für darüber hinausgehende, differenziertere Kommunikation benutzen Affen kaum Laute, sondern Gesten. Auch beim Menschen scheint der Gyrus cinguli für emotionale Begleitlaute wie Schreien und Lachen zuständig zu sein, mit Sprechen hat er jedoch nichts zutun.

Die Kehlkopfmuskulatur und die umfangreiche, dicht innervierte Muskulatur des Mundraums, mit denen Affen vokalisieren, gleichen prinzipiell jenen, mit denen wir sprechen. Bei Affen verläuft der neuronale Instruktionsweg vom Gyrus cinguli zu den motorischen Kernen der Vokalisationsmuskeln stets durch motorische Gebiete des Nachhirns, zum Teil direkt und zum Teil über den motorischen Cortex. Beim Menschen dagegen werden die motorischen Kerne der Artikulationsmuskulatur, also der Zunge, der Lippen und des Gesichts, ausschließlich direkt von den entsprechenden Bereichen des Motorcortex innerviert, und nur beim Menschen werden die Kommandoneurone für die Kehlkopfmuskulatur unter direkte corticale Kontrolle gestellt. Diese direkte corticale Innervation der gesamten Mundraum- und Kehlkopfmuskulatur scheint die Voraussetzung für das Sprechen zu sein. Patienten mit beidseitigen Schädigungen des motorischen Gesichtscortex können nicht mehr sprechen und nicht mehr singen. Dieselbe Läsion bei Affen hat keinerlei Auswirkung auf deren Lautgebung. Auf neuronaler Ebene sind also artspezifische Vokalisationen eines Schimpansen etwas grundsätzlich anderes als die Sprache des Menschen. Ohne motorischen Cortex gibt es keine Sprache, wohl aber sämtliche artspezifischen Laute eines Primaten. Schimpansenvokalisationen sind daher keine evolutiven Vorläufer menschlicher Sprache. Wer die Sprachentstehung verstehen will, muss sich mit dem Cortexareal F5 beschäftigen, das bei Primaten die neuronale Kontrolle differenzierter Manipulationen übernimmt und das beim Menschen dem Broca-Areal, dem Sprechzentrum, entspricht.

Reizt man beim Menschen Neurone nicht im Gyrus cinguli, sondern in einem prämotorischen Cortexareal, dem sogenannten supplementären motorischen Areal SMA (Abb. 13 a, b), lassen sich gesprochene Phoneme und Silben auslösen. Reizt man das SMA bei Affen, ruft man keine einzige Lautäußerung hervor. Das SMA ist also ein Cortexgebiet, das nur beim Menschen und bei keinem Primaten Lautäußerungen, das Sprechen, auslösen kann. Ist das SMA zerstört, kann der Patient zwar noch auf Fragen antworten, aber er spricht nicht mehr spontan und äußert seine Gedanken nicht mehr.

Damit ist das neuronale Gebiet dingfest gemacht, das einen sprachlosen Primaten zu einem sprechenden Primaten macht, dem Menschen. Allerdings löst das SMA neben dem Sprechen noch anderes aus. So nehmen zum Beispiel Handlungsketten, die erinnert werden, für die Ausführung ihren Weg durch das SMA.

Nach einer These, die auf William H. Calvin (1994) zurückgeht, ist der Unterschied zwischen Sprechen und Sprachlosigkeit ein gradueller, der in der Summe zu einer neuen Qualität führt, nämlich dem prinzipiell unbegrenzten und regelhaften Aneinanderfügen von Einzelelementen zu Handlungsfolgen, zu sich verzweigenden, rekursiven Satzkonstruktionen oder auch nur zu Gedankenketten. Diese Verknüpfungsfähigkeit, die Erinnertes genauso einschließen muss wie Vorausgedachtes und -geplantes, bleibt bei Primaten noch rudimentär. Schimpansen können Handlungselemente nur relativ langsam, ungenau und lediglich in überschaubarer Zahl zu längeren Handlungsinstruktionen zusammenfügen. Deshalb werfen Affen Steine und Äste stets ins Ungefähre, lernen längere Handlungssequenzen nur nach langer Einübung und können ihre Phoneme – sie verfügen über nicht weniger als der Mensch – nicht zu Wörtern oder gar Wortfolgen zusammensetzen.

Das entsprechende Cortexareal des Menschen, das Broca-Areal, verbindet Handlungselemente der Arme und Hände ebenso wie die Artikulationsmuskulatur der Kiefer, Zunge und Lippen schnell und präzise zu unbegrenzten Handlungsketten. Die Komponenten werden nach Regeln verknüpft, die ganz ähnlich wie beim genetischen Code Einzelbausteine in beliebiger Reihenfolge und in prinzipiell endlosen Sequenzen verbinden können. Diese »Broca-Fähigkeit« wirft einen Ball genau ins Ziel, baut ein Uhrwerk zusammen und generiert sich verzweigende endlose Wortfolgen auch dann, wenn wir sie gar nicht aussprechen, sondern spielerisch und stumm in unserem Gehirn ablaufen lassen. Dieses endlose, regelhafte Verknüpfen von motorischen Instruktionen beherrschen unsere Primatenvorfahren nur in begrenztem Umfang.

Diese nach vorne offenen Verkettungen besitzen noch eine zweite Eigenschaft, die Rekursion. Rekursion oder Rückverweis besagt, dass eine logische Operation auf ein Objekt angewandt und das so modifizierte Objekt dann erneut dieser Regel unterworfen wird. Dieses rekursive Spiel kann endlos wiederholt werden. Die Einbettung eines Bestandteils in einen Bestandteil gleicher Art zeichnet Sprache aus. Beispiele hierfür sind eingeschobene Nebensätze, die sich ohne Rücksicht auf Verständlichkeit uferlos ineinanderschachteln lassen, wie schlechte Redner beweisen. Zweideutigkeiten von Sätzen liefern ein anderes Beispiel für Rekursion: »A diskutierte über die Arbeit mit B«. Dieser Satz kann bedeuten, dass A mit B über Arbeit diskutierte oder dass A über Arbeit diskutierte, die A mit B gemeinsam durchführte. Rekursiv sind auch Genitivketten: »meines Vaters Bruders Frau«, oder Wörter, die rückwärts gelesen den gleichen oder einen anderen Sinn ergeben: Anna, Neger, Gras, Reliefpfeiler.

Mit Hilfe des Rückverweises können wir Satzschlangen bilden, deren Länge einzig durch die Verständlichkeit und unser Gedächtnis für die Satzanfänge begrenzt ist. Das Filibustern im US-Senat zeigt, wie man Sätze stundenlang aneinanderreihen kann mit dem einzigen Zweck, einen bestimmten Zeitraum auszufüllen. In der Literatur gibt es genügend rekursive Texte, die dem Leser ein Äußerstes an Konzentration abverlangen. Ein Paradebeispiel hierfür liefert Thomas Bernhard mit seiner Erzählung »Gehen«, die aus einer ununterbrochenen Folge aufeinander bezogener Denkvorgänge besteht, die sich auf hundert Seiten zwar mit Satzzeichen, aber ohne Absatz- oder Kapitelunterbrechung aneinanderreihen.

Vor- und Rückverweise sind ein Markenzeichen jeglicher Sprache. Sie tauchen aber auch in komplexen Handlungsketten auf, zum Beispiel bei handwerklichen und technischen Fertigkeiten. Die neuronalen Algorithmen, auf denen dieses zentrale Merkmal des Sprechens und Handelns beruht, sind unbekannt. Bei Primaten sind diese Fähigkeiten nur rudimentär vorhanden oder fehlen ganz. Die Rekursion und das prinzipiell endlose Verketten von motorischen Komponenten, Silben zu Wörtern, Wörter zu Sätzen usf., gehören zum Wesen der Sprache und sind Ausschließlichkeitsmerkmale, die allein dem Menschen zukommen. Rekursion ist eine Fähigkeit, auf der Kulturen aufbauen.

Sprache *und* das Hand-Werken sind die Merkmale, die den Menschen von der Tierwelt trennen. Mit der Sprache *und* der Hand ging ein intelligenter Primat in den Menschen, in den *Homo sapiens et faber* über. Bezeichnenderweise ignoriert die seit Jahrhunderten gültige Artbezeichnung des Menschen die Bedeutung der motorischen Intelligenz. *Homo* hülfe seine *sapientia* (Klugheit) wenig, wäre er nicht gleichzeitig ein *faber*, ein Geschickter. Erst Max Frisch hat mit seinem Romantitel »Homo faber« dem tätigen Aspekt des Menschseins einen Namen gegeben. Sprache und Geschicklichkeit sind Erzeugnisse des Gehirns. Beide kulturschaffenden Fähigkeiten verdanken wir einer stürmischen Expansion des motorischen, exekutiven Gehirns (motorische Neocortexareale, Kleinhirn und Basalganglien), die einsetzte, als sich die Hominiden vor etwa vier bis sechs Millionen Jahren von dem Vorfahren, den sie mit den Schimpansen teilen, trennten.

Sprechen ist nur sinnvoll, wenn das Gesprochene verstanden wird. Sprache braucht ein Wortlexikon und einen grammatikalischen Satzbau, und den Worten muss eine Bedeutung zugeordnet werden. Sprache verlangt weit mehr, als nur sprechen zu können. Aber das Sprechen war die Voraussetzung für die verbale Kommunikation, ohne die es menschliche Gesellschaften, wie wir sie kennen, nicht gäbe. Alle noch so ausgeklügelten Fähigkeiten des Kategorisierens, Abstrahierens und der Symbolik wären nutzlos, ließen sie sich nicht in Worten, Sätzen und Satzfolgen artikulieren. In seinen »Ideen zur Philosophie der Geschichte der Menschheit« hat Johann Gottfried Herder geschrieben: »Indessen wären alle diese Kunstwerkzeuge, Gehirn, Sinne und Hand [...] unwirksam geblieben, wenn uns der Schöpfer nicht eine Triebfeder gegeben hätte, die sie alle in Bewegung setzte; es war das göttliche Geschenk der Rede.«

Kinder erwerben Sprache erstaunlich schnell und besitzen schon mit vier Jahren einen Sprachschatz von ca. 1000 Wörtern. Ein strebsamer Abiturient bringt es ohne Weiteres auf ein Lexikon von 60000 Wörtern, von denen allerdings nur ein Bruchteil aktiv beim Sprechen verwendet wird. Das Wortlexikon findet sich hauptsächlich im sogenannten Wernicke-Areal, dem Cortexgebiet fürs Zuhören, das nicht im vorderen kognitiv-motorischen, sondern im hinteren, sensorischen Teil des Cortex liegt (Abb. 14a). Carl Wernicke, ein Neurologe des 19. Jahrhunderts, der in Halle und Breslau lehrte, machte die Entdeckung, dass Patienten, die sprechen können und Wörter als akustisches Signal hören, aber nicht mehr als Wort verstehen und als Sprache erkennen, Schäden in der nach ihm benannten Cortexregion aufweisen. Das Wernicke-Areal ist durch ein Faserbündel mit dem Broca-Areal verbunden. Ohne diese Verbindung wird die Sprache stockend, falsche Wörter werden benutzt und Gesehenes kann nicht mehr benannt werden. Sprache entsteht jedoch nicht nur in diesen beiden verknüpften

Zentren: Das Lesen des geschriebenen Wortes ist inzwischen zum wichtigsten Wissensmedium geworden. Interessanterweise muss das gelesene Wort nicht wie das gehörte das Wernicke-Areal passieren, um als Sprache erkannt und verstanden zu werden. Die Sehzentren des Cortex haben eigene Zugänge zum Broca-Areal. Es sei daran erinnert, dass es im Gehirn für die unterschiedlichsten Funktionen, so auch für die Sprache, stets hierarchisch organisierte verzweigte Netzwerke gibt, die je nach Bedarf unterschiedliche Module rekrutieren können. So sind mit der Sprache nicht nur Broca- und Wernicke-Areal, sondern auch andere Teile des Gehirns befasst, zum Beispiel die oben für die motorische Intelligenz erwähnten »Assistenten«, die Basalganglien. Verschiedene vordere Cortexareale werden benötigt, um Worte mit Bedeutung zu belegen (Semantik), ohne die sie unverständlich wären. Das Rückgrat der Sprache bildet jedoch der grammatikalische Satzbau (Syntax), für den nicht nur, aber vor allem wiederum das Broca-Areal notwendig ist. Man kann die Grammatik als ein Vehikel verstehen, mit dem wahrgenommene Außenwelten, Konzeptuelles und Intentionales aus den vorderen Cortexregionen strukturiert und über die sensorisch-motorische Ebene, vor allem des Broca-Areals, in gesprochene Sätze umgewandelt und damit den Zuhörern mitgeteilt werden.

Wie Sprache vom Gehirn im Einzelnen konzipiert und gesteuert wird, ist noch lange nicht geklärt und in Fachkreisen Gegenstand zum Teil hitziger Debatten. Dabei geht es um drei zentrale Fragen von evolutiver Bedeutung:

1) Ist Sprache eine völlig eigenständige Fähigkeit?
2) Kommt Rekursion nur in der Sprache vor und ist sie somit ein ausschließliches Merkmal des Menschen?
3) Ist die Fähigkeit zum Satzbau angeboren?

1) »Speech is special (SiS)«, dieses Motto haben sich der bekannte Sprachforscher Anatoly Liberman und seine Schule auf die Fahne geschrieben. Da Patienten, die Sprache nicht mehr verstehen können, sehr wohl alle anderen Laute und Geräusche erkennen und genau zuordnen, und da »Alexiker« zwar gelesene Wörter nicht mehr erkennen, sehr wohl aber gesehene einzelne Buchstaben und andere Gegenstände richtig benennen, postuliert die Libermanschule, dass Sprache im Gehirn einen gesonderten, von den üblichen sensorischen und kognitiven Leistungen abgetrennten, eigenständigen Weg geht. Liberman hat in seinen Versuchen gezeigt, dass das Hörsystem allgemeine Geräusche und Laute mit *offenen* Modulen analysiert, die beliebige Signale endloser Variabilität wie Verkehrslärm, Maschinenge-

räusche und Vogelstimmen verarbeiten. Die akustische Spracherkennung arbeitet dagegen mit *geschlossenen* Modulen, mit denen Hörsignale in vorab festgelegte Kategorien wie zum Beispiel »da«, »ga«, »ka« usf. geschoben werden. Diese Bewertungskategorien werden während des Spracherwerbs erlernt und prägen für immer die individuelle Sprachwelt.

Oben wurde gezeigt, dass Sprache absolut nichts mit den Lauten von Affen oder mit unserer eigenen emotionalen Lautgebung zu tun hat. Ist die Sprache dann aus dem Nichts, durch eine zufällige Mutation beim Menschen entstanden? Die erwähnte weitgehende Deckungsgleichheit zwischen Broca- und F5 Areal spricht dagegen. Affen kommunizieren vorwiegend mit Gesten und nicht mit Lauten. Inzwischen wächst die Zahl der Anthropologen, die den phylogenetischen Vorläufer der Sprache nicht in der Lautgebung, sondern in der Gestik der Primaten sehen. So sollen die frühesten, noch sprachlosen Hominiden sich ebenfalls durch Gesten verständigt haben. Auch der moderne Mensch, sofern er sich nicht schult, das eine vom anderen zu trennen (wie etwa Nachrichtensprecher), begleitet seine Sprache stets mit expressiver Mimik, Hand-, Arm- und sogar Körpergesten. Ein schönes Beispiel für den Zusammenhang von Sprache und Gestik bietet eine Besprechung in der Süddeutschen Zeitung vom 24. März 2007 zu Martin Walsers 80. Geburtstag: »Martin Walser liebt sehr die nicht zu Ende geführten Sätze [...]. Und der nicht zu Ende geführte Satz hat den Vorteil, dass er von den Worten in eine ausschwingende Armbewegung hinübergleiten kann, wozu Walser den Kopf hin und her wiegt, als schwinge auch dieser fort im Rhythmus des offen gelassenen Gedankens. Ein Registerwechsel im Ausdrucksspektrum bei gewissermaßen gleicher Tonhöhe« (Ijoma Mangold).

Gehörlose lernen mühelos und schnell eine Gebärdensprache, die in ihrer Kapazität dem Gesprochenen nicht nachsteht, und es gibt Beispiele, wonach junge, sich selbst überlassene Gehörlosengruppen spontan eine eigene Gebärdensprache entwickelten. Man könnte sich daher gut vorstellen, dass durch eine entsprechende Weiterentwicklung der feinmotorischen Steuerung der Mund-, Lippen-, Zungen- und Kehlkopfmuskulatur im F5-Areal, später Broca-Areal, aus einer Gebärdensprache eine verbale wurde.

Diese Hypothese wird noch unterstützt durch die Entdeckung eines Spiegelneuronensystems für Sprachlaute. Kleinkinder erlernen Sprache bevorzugt durch das Imitieren von Mund- und Lippenbewegungen, also durch mimische Signale. Ein schlagendes Beispiel für die Effektivität der Spiegelneurone liefert das Hören von Worten mit Doppel-r, das mit Hilfe der Zunge artikuliert wird, und Doppel-f, das keine Zungenbewegungen braucht. Hört ein Zuhörer ein Doppel-f, bleiben seine Spiegelneurone für die

Zungenmuskulatur stumm, hört er dagegen ein Doppel-r, werden sie aktiv. Spiegelneurone für die Sprache, die enge Kopplung von Gestik und Sprechen sowie die Wahrnehmung des gesprochenen Wortes durch eigene, geschlossene Hörmodule stützen die Libermansche These »speech is special«.

2) Mit einem grundsätzlichen Artikel zur Sprachfähigkeit führen Marc D. Hauser, Noam Chomsky und W. Tecumseh Fitch seit 2002 die heutige Debatte über die Evolution der Sprachfähigkeit an. Sie postulieren eine Sprachfähigkeit im engeren Sinne und eine im weiteren Sinne. Zu der »faculty of language in the broad sense (FLB)« zählen sie kognitive Fähigkeiten, welche die Sprache mit anderen neuronalen Leistungen teilt, beispielsweise das Hören, das Kategorisieren und das Strukturieren von Sequenzen nach Regeln (Grammatik). Zur »faculty of language in the narrow sense (FLN)« zählen sie einzig die Fähigkeit zur Rekursion. Rückverweisen soll das einzige nur dem Menschen zukommende Charakteristikum von Sprache sein. Die drei Autoren behaupten sogar, Sprache sei nicht als kommunikatives Medium entstanden, sondern zur Darstellung innerer Gedanken. Die Unterteilung in Sprachfähigkeiten im engeren und weiteren Sinne wird nicht in Frage gestellt, wohl aber die These, nur die Rekursion gehöre in den engeren Bereich der Sprachfähigkeit. Einige Sprachforscher weisen darauf hin, dass Rekursion etwas Erlerntes sei und Sprache nur deshalb verzweigte Strukturen habe, weil sie rückverweisende Gedanken und Tatbestände darstellen müsse. Nach meiner Auffassung ist Rekursion, wie etwa die Verzweigung von Sätzen in Ketten von Nebensätzen, ein Teilaspekt jener den Menschen auszeichnenden motorischen und kognitiven Fähigkeit, Informationen motorischen oder kognitiven Ursprungs zu im Prinzip endlos langen und verzweigten Abfolgen zu verketten. Die rekursive Verzweigung von Wortketten ist zwar ein Charakteristikum von Sprache, aber kein Ausschließlichkeitsmerkmal. Wie auf Seite 168 f. beschrieben, gibt es solche Ketten auch bei komplexen Manipulationen.

3) Der Sprachtheoretiker Noam Chomsky, der die Sprachforschung der letzten Jahrzehnte maßgeblich prägte, vertritt die Auffassung, dass bei allen Unterschieden in den Grammatiken der Sprachen eine Kerngrammatik existiert, die angeboren, also genetisch verankert ist und nur dem Menschen zukommt. Für seine These spricht, dass es a) keine Sprache ohne grammatische Regeln gibt und b) Kleinkinder dieses komplexe Kommunikationssystem mühelos und ohne besonderes Training erlernen. Sie »dürsten« förmlich nach Sprache und wenden die Regeln des Satzbaus rasch und mühelos an. Chomsky hält es für unwahrscheinlich, dass eine so komplexe Struktur wie die der Sprache auch bei anderen kognitiven Leistungen zu finden sei, geschweige denn bei Tieren.

172

Doch die Debatte über die Frage, ob dem Menschen eine Grammatik-struktur genetisch mitgegeben ist oder ob er die Satzbaupläne ausschließlich erlernte, geht unvermindert weiter. Kanzi, ein Bonobokind, könnte allerdings zu einem Problem für Chomskys These werden. Kanzis Stiefmutter Matata sollte auf einem Tastenfeld abstrakte Symbole lernen, die Gegenstände, Handlungen und Ideen darstellten. Kanzi war sechs Monate alt und – von den Experimentatoren nicht beachtet – während der Trainingsstunden zugegen, weil er die Nähe seiner Mutter brauchte. Trotz intensiver Übungen lernte seine Mutter diese Aufgabe nie wirklich. Kanzi aber begann im Alter von zwei Jahren völlig überraschend, ohne je von den Experimentatoren belehrt worden zu sein, von sich aus das Tastenfeld zu benutzen, und zwar so klug, wie es von seiner Mutter vergeblich erwartet worden war. Er hatte offensichtlich spontan das Konzept der symbolischen Repräsentation begriffen, die für Objekte, Handlungen und Intentionen stand, die hier und jetzt nicht anwesend waren. Die Experimentatoren haben Kanzis spontane Einsicht sofort genutzt und sein Symbolrepertoire auf wenigstens 90 Symbole erweitert.

Noch überraschender war, dass Kanzi einfache grammatische Regeln anwandte und menschliche Sätze selbst dann verstehen konnte, wenn er die sprechende Person nicht sah. Inzwischen versteht er einen kleinen Teil der englischen Sprache und kommt sogar mit Nebensätzen zurecht. Zum Beispiel reagiert Kanzi auf folgenden Satz zu 77 Prozent richtig: »Hole den Ball, der im Gemeinschaftsraum liegt.« Zweieinhalbjährige Kinder befolgten diese Anweisung nur zu 52 Prozent richtig.

Ohne das Einüben durch Trainer und ohne Belehrung zeigt Kanzi, dass er abstrakte Symbole und die Grammatik der englischen Sprache verstehen und anwenden kann, eine Fähigkeit, die man eigentlich nur dem Menschen zuspricht. Inzwischen wissen wir, dass auch Schimpansenkinder einfache menschliche Sprache verstehen können. Wenn man es wagt, diese Ergebnisse von den wenigen in der Obhut von Sprachwissenschaftlern aufwachsenden Schimpansenkindern zu verallgemeinern, so zeigen sie nicht, dass Menschenaffen in ihren natürlichen Gesellschaften Kommunikation mit Symbolen praktizieren. Sie zeigen aber, dass das Gehirn junger Menschenaffen ein solches Kommunikationssystem verstehen kann. Die neuronale Fähigkeit zum Verständnis abstrakter Symbole und Grammatik musste also schon vor fünf bis sechs Millionen Jahren in den gemeinsamen Ahnen der Schimpansen, Bonobos und der Menschen geschlummert haben. Die Fähigkeit, Sprache zu verstehen, wäre demnach nicht menschenspezifisch. Der ontogenetische Aspekt ist dabei entscheidend, denn nur Affenkinder, nicht aber erwachsene Menschenaffen können lernen, Sprache zu verstehen.

Für das Sprachverständnis scheinen die Unterschiede zwischen den Gehirnen von Menschenaffen und jenen der Menschen gradueller und nicht prinzipieller Natur zu sein.

Was aber menschenspezifisch bleibt, ist das Sprechen, die Artikulation solcher Symbole und ihrer inneren Zusammenhänge in Wörtern und in grammatisch strukturierten Sätzen. Kein einziger Menschenaffe, ob jung oder alt, hat je gelernt, ein einziges Wort zu sprechen. Nicht mangelndes Verständnis, sondern das Nicht-sprechen-Können hat verhindert, dass so etwas wie Sprache als Kommunikationsmittel in Menschenaffengesellschaften benutzt werden konnte. Die wunderbaren Möglichkeiten von Symbollexika und Satzbau schlummern anscheinend im individuellen Gehirn eines Schimpansen oder Bonobos, können aber das, was dieses Gehirn »weiß und denkt«, mangels Artikulation dem anderen nicht mitteilen und sozial nutzbar machen. Diese Ergebnisse stützen eindrucksvoll die These, dass die motorische Intelligenz, die Sprechfähigkeit und die Geschicklichkeit der Hände die entscheidenden Eigenschaften sind, die den Menschen vom Tier trennen.

Phylogenetisch verdanken wir beide Merkmale der unübertroffenen neuronalen Feinmotorik eines gegenüber unseren Primatenvorfahren weit größeren und differenzierteren exekutiven Gehirns im vorderen Teil des Neocortex. Ohne Sprache gäbe es keine menschliche Gesellschaft mit Regeln, Gesetzen, Wertesystemen und Rollenverteilungen; ohne unsere Hände gäbe es weder ein Rad noch global vernetzte Computersysteme mit virtuellen Welten. Sprache begründet die Kulturgeschichte. Erkenntnisdurchbrüche, Innovation und zeitlose Kunst entstammen immer individuellen Gehirnen. Durch Sprache werden deren Geniestreiche sozialisiert, der Gesellschaft im Guten wie im Bösen präsentiert. Was das *Individuum* auszeichnet, ist die Sprache, und was die *Spezies Homo sapiens* auszeichnet, ist die Humangesellschaft, die es ohne Sprache nicht gäbe.

Sowohl Sprache wie Kulturen haben sich über die letzten Jahrtausende ständig weiterentwickelt. Sie bedingen sich gegenseitig und sind in ständiger Interaktion aneinander gewachsen. Es ist eben nicht wahr, dass Evolution nur auf Zufall und Notwendigkeit beruht, sie lebt auch, wenn nicht gar vorwiegend, von der immerwährenden Interaktion zwischen in Genen niedergelegter ererbter Struktur- und Leistungsinformation und der aktuellen Umgebung, einer Außenwelt, die beim Menschen mit exponentieller Beschleunigung vom gesellschaftlichen Umfeld beherrscht wird. Von den Stoffwechselwegen der Bakterien bis zum menschlichen Gehirn wurden und werden Genome durch das aktuelle Leben modifiziert, beim Menschen vor allem durch sein selbstgeschaffenes kulturell-zivilisatorisches Umfeld.

S. Th. de CHARDIN: Der Mensch im Kosmos.

Gesellschaften bestehen aus Individuen mit unterschiedlichen Interessen, Gefühlen, Glücksvorstellungen, Ängsten und Erwartungen. Wassili Grossman schreibt in seinem großen russischen Epos »Leben und Schicksal«: »Zusammenschlüsse von Menschen erhalten ihren Sinn nur durch ein einziges [...] Ziel – nämlich den Menschen das Recht auf unterschiedliche, individuelle, jedem Einzelnen angemessene Daseinsformen zu erkämpfen, das Recht, individuell zu fühlen, zu denken und die Erde zu bewohnen.« Es gibt noch andere Ziele, aber schon dieses anspruchsvollste Ziel lässt uns immer wieder neu um gesellschaftliches Einverständnis und gemeinschaftliches Handeln ringen.

Nicht nur Sprache, auch unser Sozialverhalten gründet auf umfangreichen neuronalen Netzwerken unseres Gehirns. Es gibt neben dem exekutiven und kognitiven Gehirn auch ein soziales Gehirn, das auf das Engste mit den beiden anderen vernetzt ist. Die Herkunft des Menschen und seine Zukunft sind ohne dieses soziale Gehirn nicht zu verstehen.

## 5. Das soziale Gehirn

Unter dem Dach »soziales Gehirn« gibt es viele und unterschiedliche Bewohner. Dennoch bilden sie als Ganzes eine kohärente Wohngemeinschaft, die dem Haus seine Identität verleiht, nicht nur weil sie kontrollieren und koordinieren, was sich in den Untergeschossen ereignet, sondern weil sie sorgfältig beobachten, was sich um das Haus herum abspielt. Sie sorgen dafür, dass das Haus mit Nachbarhäusern harmoniert, kooperiert und in seinen »Stadtteil« integriert bleibt. Diese verschiedenartigen Bewohner erfüllen jeweils eigene Aufgaben, stehen aber ständig in Verbindung und reden miteinander, so dass jeder weiß, was der andere tut. Sie stimmen sich untereinander ab und erscheinen nach außen als eigenständige und einheitliche Persönlichkeit, als ein seiner selbst bewusstes Subjekt. Dieses Bild veranschaulicht, warum es so schwierig ist, das soziale Gehirn in getrennte Einzelkomponenten aufzugliedern.

Trotz seines gleichförmigen Aufbaus aus säulenförmigen Mikronetzwerken gliedert sich die riesige Verarbeitungs- und Speicherfläche des Neocortex in zahlreiche definierte Adressen. Es gibt einen klaren Aufgabentrend von der Wahrnehmungsrepräsentation im hinteren Teil zu den übergeordneten, integrierenden Feldern in der vorderen Hälfte des Neocortex, wo Wahrnehmungen in Verhalten umgesetzt und Entscheidungen getroffen werden und wo die Einheit des Individuums entsteht. Bei den einfachen Säugetieren wie dem Igel oder der Spitzmaus beherrschen die nach den fünf Sinnen getrennten Darstellungsfelder der sensorisch wahrgenommenen Außenwelt den größten Teil des Neocortex (Abb. 9b). Selbst bei den Primaten beschäftigt sich mehr als die Hälfte des Neocortex auf 30 Cortexarealen allein mit der Verarbeitung visueller Informationen und visuell gesteuerter Bewegungen.

Erst bei den phylogenetisch jüngeren und größeren Säugetieren erweitern sich vor dem motorischen Cortex eine Reihe sogenannter prämotorischer Felder, die für die Umsetzung aktueller Erfahrungen und innerer Zustände in Aktionen zuständig sind. Bei den Menschenaffen und in exorbitanter Weise beim Menschen weitet sich hinter der Stirn ein Bereich aus, den es bei älteren Säugetierarten kaum oder noch gar nicht gibt. Es handelt sich um den vordersten Neocortexbereich, das Stirnhirn, das bei den Neurobiologen den etwas irreleitenden Namen präfrontaler Cortex bekommen hat (Abb. 15a). Diese präfrontalen Areale beanspruchen beim Menschen 30 bis 40 Prozent der Cortexfläche. Sie kontrollieren die übrigen Bereiche, integrieren Gefühle und innere Befindlichkeiten in das aktuell wahrgenommene Umfeld und beziehen individuell erinnerte Erfahrungen in die Vorbereitung von Entscheidungen mit ein. Der präfrontale Cortex bildet den Kern dessen, was man als soziales Gehirn zusammenfasst. Diesem sozialen Gehirn arbeiten Hirngebiete zu, die Gefühle und innere Befindlichkeiten repräsentieren, sowie Areale des Schläfencortex, die sensorische Wahrnehmungen kategorisieren. Doch bei beabsichtigten Handlungen werden Auswahl und Entscheidung weniger durch äußere Reize als intern getroffen.

## A. Bewerten und Entscheiden

Es gibt ein weitverzweigtes Netzwerk corticaler und subcorticaler Hirnstrukturen, die beteiligt sind, wenn es um Erfolgsbewertungen vollzogener Handlungen, um die Erfolgsperspektive geplanter Aktionen und um Entscheidungen geht (Abb. 15b). Das Netzwerk ist deshalb so verwirrend weitläufig und flexibel, weil in Urteilen und Entscheidungen nicht nur rationale Überlegungen, sondern auch Gefühle, Motivationen, Erinnertes aus einem wachsenden Erfahrungsschatz, gesellschaftliche und moralische Werte und die aktuelle innere Befindlichkeit von Körper und Geist zusammenkommen.

In diesem verzweigten Netzwerk gibt es eine Hierarchie, in der die frontopolaren Cortexareale in letzter Instanz logische Schlussfolgerungen ziehen und komplexe Entscheidungen auslösen. Es handelt sich um drei Cortexfelder des medialen präfrontalen Cortex, nämlich

- den dorsalen fronto-medialen Cortex (dMPFC, Abb. 15b),
- den orbitofrontalen Cortex (OFC), der weiter unten, unmittelbar über den Augenhöhlen liegt, und
- das sogenannte Brodmann-Areal 10 (BA 10), das als weiteres großes frontopolares Feld zwischen den beiden anderen liegt.

Ähnlich wie die motorischen Zentren zur Durchführung einer Handlung Assistenten benötigen, kommen auch diese »Entscheidungsfelder« nicht ohne zusätzliche Unterstützung anderer Areale aus. Dazu gehören unter anderen der vordere Cingulus-Cortex auf der Innenseite, dort, wo die beiden Cortexhemisphären aneinanderliegen, die stammesgeschichtlich ältere und unter dem Cortex liegende Amygdala (Mandelkern) und vor allem laterale Felder des präfrontalen Cortex.

Wandert man im präfrontalen Cortex von hinten nach vorne, so verlagert sich die neuronale Kontrolle vom Wahrnehmen und Handeln in der äußeren Welt hin zur abstrakten, kategorialen Repräsentation und zu internen, emotionalen Befindlichkeiten. Entscheidungen treffen und die Aufmerksamkeit auf eine innere oder äußere Situation lenken sind zwei verschiedene Vorgänge, die von unterschiedlichen Cortexarealen ausgeführt werden: Im präfrontalen Cortex kontrollieren die hinteren Bereiche, die unmittelbar vor motorischen Zentren liegen (BA 8, 45 und 46), die Aufmerksamkeit auf äußere Ereignisse. Sie haben enge Verbindungen zum hinteren Teil des Neocortex, wo die Wahrnehmung der äußeren Welt und bei Primaten und beim Menschen die wichtige visuelle Steuerung von Handlungen repräsentiert sind. Im Gegensatz zu diesen Aufmerksamkeitszentren haben die frontopolaren Entscheidungsnetzwerke keinerlei Verbindung zu dieser sensorischen hinteren Cortexhälfte. Sie stellen stattdessen durch reziproke Projektionsschleifen den Dialog mit dem Hörcortex, wo die Welt durch Sprache begrifflich erfasst wird, und dem vorderen oberen Schläfenlappen (*sulcus temporalis superior*, Abb. 8 a) her, wo die Informationen der fünf Sinne schon zu einer kohärenten, komplexen Welt integriert sind. Die Entscheidungsareale bekommen also sowohl verbale als auch sensorische und konzeptuelle Informationen über die Außenwelt und nehmen ihrerseits Einfluss auf diese Art der Welt-Repräsentation. Die beiden dorsalen Areale interagieren auch mit den Amygdalae, dem vorderen Cinguluscortex und dem orbitofrontalen Cortex, die über die innere emotionale und Motivationswelt des Individuums informieren. In den frontopolaren Feldern fließen beide Welten, die innere gefühlte mit der äußeren, kognitiv wahrgenommenen zusammen.

Der frontopolare Cortex beschäftigt sich mit Entscheidungssituationen, bei denen mehrere Optionen offenstehen und zunächst unklar ist, welche am besten zum Ziel führt. Für solche Überlegungen ruft er relevante Gedächtnisinhalte auf. Wenn verschiedene Ergebnismöglichkeiten durchgespielt sind und schließlich entschieden wurde, deaktiviert sich der frontopolare Cortex und überlässt die konkrete Durchführung der gewählten Handlung den weiter hinten liegenden präfrontalen Arealen und den motorischen Zentren.

Um das Ziel zu erreichen, müssen sich Überlegungen oft verzweigen oder zurückgestellt werden, bis eine andere Überlegung beendet ist. Ein einfaches und anschauliches Exempel ist eine Rechenoperation, bei der zwei Summen gebildet und dann miteinander multipliziert werden (zum Beispiel $(4+7) \times (3+5) = 88$). Die erste Summe bleibt in einer Warteschleife, bis die zweite gebildet ist und schließlich in einem dritten Akt multipliziert werden kann. Laterale präfrontale Cortexfelder (Abb. 15a) halten solche Zwischenschritte komplexer Überlegungen am Leben, bis das Ganze zu Ende geführt werden kann. Der frontopolare Cortex ist daher für das logische Denken unerlässlich und erlaubt zudem das Hin- und Herpendeln zwischen innerer Gedankenwelt und der gedanklichen Auseinandersetzung mit äußeren Situationen. Mit diesen Fähigkeiten des frontopolaren Cortex kann der Mensch einerseits langfristige Pläne schmieden und andererseits überlegt auf aktuelle gesellschaftliche Belange und auf die faktische Umgebung reagieren.

Das obere der frontopolaren Entscheidungsfelder, der dorsale mediale präfrontale Cortex (dMPFC, Abb. 15b), trifft die Grundsatzentscheidung, ob wir aktiv werden sollen oder nach sorgfältiger Abwägung besser nichts unternehmen. Dieses Feld ist ein zur Vorsicht neigendes Kontrollorgan, das uns vor unbeherrschten und unüberlegten Aktionen schützt. Wenn dieses Areal aktiv wird, nimmt die neuronale Erregung in den motorischen Berei-

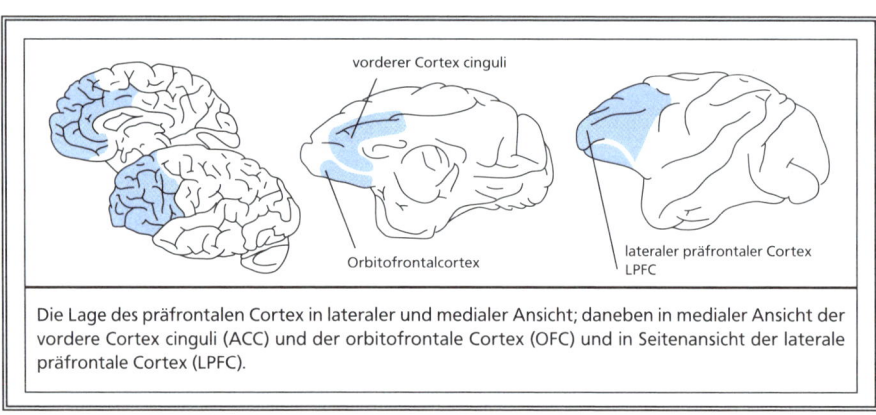

vorderer Cortex cinguli

Orbitofrontalcortex

lateraler präfrontaler Cortex
LPFC

Die Lage des präfrontalen Cortex in lateraler und medialer Ansicht; daneben in medialer Ansicht der vordere Cortex cinguli (ACC) und der orbitofrontale Cortex (OFC) und in Seitenansicht der laterale präfrontale Cortex (LPFC).

Abb. 15a   Der präfrontale Cortex

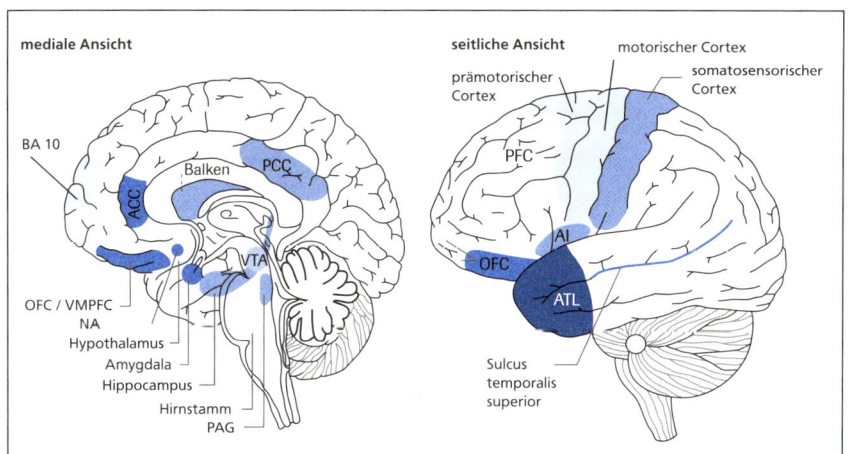

Cortexareale, die für die Repräsentation und Verarbeitung von Gefühlen besonders wichtig sind. ACC: vorderer Cortex cinguli, AI: vordere Insula (u.a. Geschmackszentrum), ATL: vorderer Schläfenlappen, BA 10: Brodmann-Areal 10, NA: Nucleus accumbens (Motivationen), OFC: orbitofrontaler Cortex, PAG: periaquäduktales Grau, PCC: hinterer Cortex cinguli, PFC: präfrontaler Cortex, VTA: ventrales Mittelhirn.

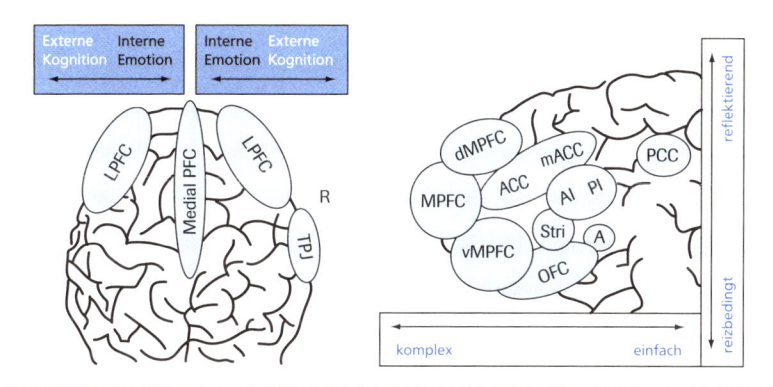

In den vielen Netzwerken des präfrontalen Cortex lassen sich zwei Tendenzen ausmachen: Zur Medianen des präfrontalen Cortex hin nehmen emotionale Einflüsse zu, während Einflüsse von außen (Wahrnehmung) mehr in lateralen Bereichen zu finden sind. Vom hinteren Rand bis zum frontalen Pol des präfrontalen Cortex nimmt die Komplexität ständig zu; in dorsalen Netzwerken nimmt die abstrahierende und reflektive Verarbeitung zu, während in den mehr ventral gelegenen der von Reizen ausgelöste Außeneinfluss überwiegt.

LPFC: lateraler präfrontaler Cortex, TPJ: temporal-parietaler Übergang (Seheinflüsse); A: Amygdala, ACC: vorderer Cortex cinguli, AI: vordere Insula, dMPFC: dorsaler medialer präfrontaler Cortex, mACC: medialer Teil des vorderen Cortex cinguli, MPFC: medialer präfrontaler Cortex, OFC: orbitofrontaler Cortex, PCC: hinterer Cortex cinguli, PI: hintere Insula, Stri: Teil der Basalganglien, vMPFC: ventraler medialer präfrontaler Cortex.

Abb. 15b   Der präfrontale Cortex

chen ab. Der dorsale mediale präfrontale Cortex hemmt und unterbindet also mögliche Aktivitäten, auch solche, die sich unter Umständen schon im Unterbewusstsein vorbereitet haben. Die Wichtigkeit dieser Vetofunktion beleuchtet ein alltägliches Vorkommnis im Straßenverkehr: Ein Autofahrer steht an einer Kreuzung, und die Ampel schaltet auf Grün. Plötzlich fährt ein Fahrradfahrer quer über die Fahrbahn. Obwohl der Fuß schon auf dem Gaspedal ruht und das Losfahren neuronal vorbereitet ist, gelingt es dem Fahrer im letzten Moment, diese geplante Handlung zu stoppen.

Das Feld dMPFC gehört zu den wichtigsten Akteuren der Selbstkontrolle, eine Fähigkeit, die den Menschen aus der Tierwelt heraushebt. Das Areal erstellt weder Handlungsprogramme, noch wählt es zwischen Alternativen aus, seine Aufgabe ist vielmehr, ein Veto einzulegen. Der amerikanische Neurobiologe Benjamin Libet, auf dessen Experimente aus dem Jahre 1985 die Widersacher des freien Willens sich berufen, hat eine solche Vetoinstanz gefordert. Mit seinen Experimenten zeigt er, dass sich einfache Handlungen, wie beispielsweise der Griff zum Wasserglas, im Unterbewusstsein ankündigen, lange bevor wir bewusst zugreifen. Aber im Gegensatz zu seinen Apologeten hat Libet immer betont, dass zwischen der unbewussten Aktionsvorbereitung und der bewussten Durchführung ausreichend Zeit für eine übergeordnete Instanz bleibt, ein willentliches Veto einzulegen. Mit dem dMPFC ist diese Instanz gefunden worden.

Das unter dem dorsalen »Veto-Feld« liegende Brodmann-Areal 10 (BA 10, Abb. 15b) kontrolliert viele Bereiche des individuellen Status und ist damit ein zentraler Bestandteil des Netzwerks zur Selbstkontrolle. BA 10 ist mit vielen anderen präfrontalen Arealen wechselseitig vernetzt und beteiligt sich an der Kontrolle des inneren Status und motorischer Vorgänge, am Aufrufen von Gedächtnisinhalten und vor allem an der Kontrolle von Emotionen. In diesem Feld agieren höherrangige Ziele, wie zum Beispiel Bewertungen nach Moralsystemen, die sowohl von rationalen Überlegungen als auch von Gefühlen beeinflusst werden.

Das Brodmann-Areal 10 wird auch als Tor aufgefasst, das zwischen dem inneren und dem nach außen gerichteten mentalen Leben vermittelt. Das Areal wird vor allem dann aktiv, wenn bei einer schwierigen explorativen Situation mehrere Erklärungs- und Reaktionsalternativen aufgerufen und gedanklich erprobt werden. BA 10 fokussiert schließlich auf dasjenige Reaktionssystem, das in einer gegebenen Situation optimal erscheint, vor allem dann, wenn bis dahin bewährte Routinebewertungen nicht mehr weiterhelfen. Die gedanklich durchgearbeiteten Situationen müssen nicht real gegeben sein, es kann sich um lediglich mental wachgerufene handeln. Zu dieser Gedankenarbeit gehört das spontane Nachdenken wie auch das

In-Gedanken-Sein, während man konkret etwas ganz anderes tut. Die Aktivität des BA 10 korreliert daher quer durch alle Bereiche der Kognition.

Das unterste der drei frontopolaren Felder, der orbitofrontale Cortex (OFC, Abb. 15b), beschäftigt sich vor allem mit dem individuellen ökonomischen Nutzen von Handlungen. Die Aktivität seiner Neurone steigt mit dem zu erwartenden Erfolg einer Handlung an. Ändert sich der Erfolg oder kehrt er sich sogar in sein Gegenteil um, bedarf es des OFC-Netzwerkes, um das erlernte Aktionsgefüge an die neue Lage anzupassen. Patienten mit zerstörtem orbitofrontalem Cortex werden unflexibel und behalten das alte, früher erfolgreiche Handlungsmuster bei. Solchen Patienten fällt es zum Beispiel schwer, eine früher schmackhafte, aber nun ekelhaft riechende Speise nicht zum Munde zu führen. Die Entwertung einer gewohnten Belohnung wird nicht mehr zur Kenntnis genommen. Dieser Verlust an »freiem Willen« betrifft nicht nur Routinehandlungen, sondern wirkt sich auch negativ auf den sozialen Behauptungswillen und die Bereitschaft aus, sich gegen bedrohliche Situationen zu wehren.

Durch reziproke Schleifenverbindungen kooperiert der orbitofrontale Cortex eng mit einem der wichtigsten Assistenten für Entscheidungsfindungen, den unter dem Cortex liegenden Amygdalae oder Mandelkernen. Dieses stammesgeschichtlich alte und in sich reich gegliederte Netzwerk erzeugt vor allem handlungsmächtige Gefühle wie Wut, Zorn, Angst, aber auch Lust und Freude. Die Verbindungen der Amygdalae mit dem präfrontalen Cortex machen Emotionen bewusst erlebbar. Wahrnehmungen und Handlungen werden in den Amygdalae emotional als gut und lohnend oder als schlecht und unnütz eingestuft und als wichtige »gefühlte« Information in den Entscheidungsprozessen des orbitofrontalen Cortex und seiner benachbarten Areale verwendet. Die Bahn zwischen Amygdala und präfrontalem Cortex kann als ein System betrachtet werden, das komplexe emotionale und sozial wirksame Signale wie Gesichtsausdrücke, Gesten und Körperhaltungen in den Gesamtkontext des Bewertens und Entscheidens einspeist. In diesen frontopolaren Cortexarealen werden daher soziale und emotionale Ereigniskomplexe repräsentiert und in Handlungspläne einbezogen.

In das von Emotionen geprägte Entscheidungs- und Bewertungsnetzwerk mit engen Verbindungen zu den Amygdalae gehört auch der vordere Teil des cingulären Cortex (ACC, Abb. 15b), der in viele andere soziale Belange einbezogen ist. Der ACC registriert das tatsächlich erzielte Ergebnis einer Handlung. Er bewertet das Ergebnis bislang durchgeführter Handlungskomponenten im Hinblick auf die weitere Handlungsstrategie bis hin zum maximalen Erfolg. Die Erfolgssignale aus dem ACC fördern generell das soziale Interesse, denn wer mit dem, was er tut, Erfolg hat, fühlt sich in der Regel wohl in seinem sozialen Milieu und nimmt aktiv am gesellschaftlichen Leben teil. Primaten, bei denen experimentell solche Erfolgssignale aus dem ACC unterbunden werden, verlieren das Interesse an Gesichtern und damit am Umgang mit ihren Artgenossen.

Auch bei positiven wie negativen Erwartungen wird der vordere cinguläre Cortex zusammen mit dem orbitofrontalen Cortex und den Amygdalae aktiviert. Diese Gebiete sind verstärkt und koordiniert gleichzeitig aktiv, wenn Personen positiv über die Zukunft denken. Bei pessimistischen Vorstellungen über die Zukunft reduzieren sie ihre Aktivität und koordinieren sich nicht mehr untereinander. Pessimismus und Optimismus finden also in diesen die Gefühle kontrollierenden Gehirnstrukturen ein neuronales Korrelat. Solche Erwartungshaltungen beeinflussen auch die Wahrnehmung der Realität.

Der vordere cinguläre Cortex verfügt über Algorithmen, mit denen er feststellt, wie weit die für eine aktuelle Situation angemessene Reaktion von jener abweicht, mit der die betreffende Person üblicherweise reagieren würde. Je größer diese Abweichung ist und je schärfer damit der individuell erlebte Konflikt zwischen Gewohnheit und Notwendigkeit, desto aktiver wird der ACC. Selbst politische Einstellungen spiegeln sich in der Konfliktkontrolle des ACC wider. Mit Hilfe der funktionellen Magnetresonanzabbildung (fMRI) wurde in einer konkreten Konfliktsituation bei Probanden mit einer liberalen Grundeinstellung und solchen mit einer konservativen die Aktivität im ACC gemessen. Die Experimentatoren vermuteten, dass Liberale eher bereit sein würden als Konservative, im Konfliktfall ihr Verhaltensmuster zu ändern. In einem Verhaltensversuch hat sich diese Hypothese bestätigt. Vor allem die Aktivität des dorsalen ACC korrelierte gut mit der Bereitschaft, gewohnte Reaktionen zu ändern. Bei den liberaleren Probanden war diese ACC-Aktivität signifikant höher als bei den konservativeren, die eher dazu neigen, an gewohnten Verhaltensweisen festzuhalten, obwohl die Signale eine Verhaltensänderung einfordern. Diese Untersuchung zeigt anschaulich, dass auch abstrakte, schwer zu erfassende Konstrukte wie politische Einstellungen und Ideologien eine neuronale Basis haben. Es gibt, so die weiter reichende Folgerung, kein geistiges Phänomen ohne materielle Basis im Gehirn.

Schließlich moduliert ein Neurotransmitter generell Entscheidungen und die Entscheidungsbereitschaft. Es handelt sich um Dopamin, die »Erfolgssubstanz«, die für das Erlernen später unbewusst ausgeführter motorischer Fertigkeiten eine große Rolle spielt (siehe Basalganglien, Seite 156 f.

und Abb. 12). Das Dopaminniveau in einem Nervennetz ist ein Signal für die Diskrepanz zwischen der erwarteten und der bis dahin tatsächlich erreichten Belohnung für eine zu lernende bzw. erlernte Handlung. Wenn einem Hungrigen Essen gezeigt oder jemandem Geld in Aussicht gestellt wird, nimmt der Dopaminspiegel in den Basalganglien zu. Ein Teil der Basalganglien ist über dopaminerge Schleifen mit präfrontalen Cortexarealen verbunden und wirkt so auf die Bereitschaft ein, willentlich zu handeln. Mit dem Dopaminniveau steigen die wahrgenommene Erfolgsaussicht und die Wahrscheinlichkeit, dass entsprechend gehandelt wird. Umgekehrt dagegen kommen willentliche Handlungen bei niedrigem Dopamingehalt selten zustande. Dopamin wirkt insofern als wichtiger Agent für das individuelle Handeln. Die präfrontalen Entscheidungsareale sind jedoch nicht nur passiv auf den Dopaminzustrom aus den Basalganglien angewiesen, sondern können ihrerseits die Ausschüttung von Dopamin auslösen und so die Signalstärke aus anderen Hirnarealen erhöhen, wenn dies für die Steigerung der Handlungsbereitschaft und die Bewältigung einer aktuellen Aufgabe hilfreich ist.

Außer den hier vorgestellten wichtigsten Cortexarealen gibt es weitere zum Bewertungs- und Entscheidungsnetzwerk gehörende Zentren, die hier außer Acht bleiben. Es bleibt problematisch, die präfrontalen Cortexareale mit bestimmten Funktionen zu identifizieren, weil ihre Kompetenz in aller Regel weiter greift als das, was experimentelle Neurobiologen bisher im Rahmen ihrer spezifischen Konzepte entdeckt haben. So wird beispielsweise der dorsale fronto-mediale Cortex in die Selbstkontrolle nicht nur, wie experimentell festgestellt, bei Handlungen, sondern auch bei anderen Aspekten des Verhaltens und der Persönlichkeit involviert sein.

Im täglichen Leben sind wir gewohnt, Entscheidungen und Aktionen, die rational begründet sind, solchen vorzuziehen, die uns von Emotionen getragen scheinen. Das Gehirn kennt diese logische Trennung von Verstand und Gefühl nicht. Beide Quellen für Bewertungen, Handlungskonzepte und Gedankengebäude fließen in den weitverzweigten und vielfältigen Netzwerken des präfrontalen Cortex zusammen. Die Abbildung 15b zeigt, wie in den Netzwerken des Vorderhirns der Einfluss der Nachdenklichkeit gegenüber spontaner Aktion von ventral nach dorsal zunimmt und der Einfluss von Gefühlen gegenüber der Außenwelt-Wahrnehmung zur Mitte des Vorderhirns größer wird. Gerade die medianen Netzwerke, die als oberste Instanzen in unserem Denken und Handeln gelten (MPFC-Kerne), werden nachhaltig mit Informationen über die Gefühle und den gefühlten Zustand der Persönlichkeit versorgt. Keine noch so rationale Entscheidung und Überlegung ist frei von emotionalen Einflüssen. Wie die vereinfachten, verteilten Netzwerke für Wahrnehmungen und die für Aktionen in Abbildung 16 (siehe Seite 194) zeigen, färben Gefühle nicht nur unser Handeln, sondern auch die Art und Weise, wie wir die Welt sehen.

## B. Gefühle und ihre Kontrolle

Vor beinahe 2000 Jahren schrieb Marc Aurel sinngemäß: »Wenn du von irgendetwas Äußerem bedrückt wirst, so kommt dieser Schmerz nicht von diesem Äußeren selbst, sondern von deiner Einschätzung dieses Äußeren, und das ist etwas, was du jederzeit ändern kannst.« Damit beschreibt der weise Menschenkenner die enge Verwobenheit von Denken und Fühlen. Es ist eben nicht so, dass der Verstand nicht weiß, was das Herz fühlt, wie Blaise Pascal meinte. Tatsächlich bestimmen Gefühle unser Denken sowie die Begründungen für unser Handeln gegenüber Mitmenschen und in der Gesellschaft, ja selbst unsere Wahrnehmung der Wirklichkeit in einem weit größeren Ausmaß, als wir uns das als gebildete Verstandesmenschen eingestehen wollen. Die Fähigkeit, seine momentanen Gefühle zu kontrollieren und sie mit »kühler Überlegung« langfristigen Zielen unterzuordnen, zeichnet den Menschen gegenüber der gesamten Tierwelt aus. Diese einzigartige kreative und produktive Leistung verdanken wir dem präfrontalen Cortex.

Sollte jemand den Eindruck haben, dass seine Gefühle tatsächlich aus dem Bauch kommen oder aus dem Herzen emporsteigen, wie unsere Sprache suggeriert, so muss man dem entgegenhalten, dass sie mit Sicherheit nicht von diesen Organen herrühren, sondern von Neuronen, die sie innervieren. Gefühle haben eine neuronale Basis und lassen sich bei allen Wirbeltieren durch elektrische Reizung bestimmter Hirnareale auslösen. Gefühle sind bewertete Reaktionen auf äußere Wahrnehmungen oder mentale Vorstellungen und entstehen nicht in definierten Hirnzentren, sondern wiederum in einem weitverzweigten Netzwerk, an dem auch subcorticale Hirnbereiche beteiligt sind (Abb. 15b). Die dort entstehenden Gefühle werden dem Neocortex zugeführt, wo sie in Entscheidungs- und Bewertungsprozesse eingebunden und beim Menschen durch präfrontale Cortexareale kontrolliert und in längerfristigen Absichten und Aktionsstrategien genutzt werden. Wie schon erwähnt, unterscheidet den Menschen vom Tier vor allem die bewusste Gefühlskontrolle. Tiere leben ihre Gefühle sofort und unmittelbar aus.

Die vergleichenden Psychologen unterscheiden sieben grundlegende Gefühlssysteme, von denen die ersten fünf allen Wirbeltieren und die letzten zwei wenigstens allen Säugetieren und dem Menschen zukommen.

Diese Grundemotionen müssen nicht erlernt werden, sondern sind genetisch fixiert, also angeboren. Diese Basisgefühle sind (in Klammern der englische Fachausdruck):

1) Furcht (fear)
2) Wut, Zorn (rage)
3) Neugierde, Suchen (seek)
4) Lust (lust)
5) Fürsorge (care)
6) Panik (panic), ausgelöst bei sozialer Trennung
7) Spiel (play).

Viele zählen auch den Schmerz zu diesen Grundgefühlen der Wirbeltiere.

Die Grundgefühle werden vor allem in der Jugendphase in der Auseinandersetzung mit dem sozialen Umfeld durch Erfahrungen und kognitive Einflüsse zu einem komplexen und individuellen Sozialverhalten auf neuronaler Basis integriert und überbaut. So werden diese zunächst nicht mit individuellen Gruppenmitgliedern und spezifischen Objekten korrelierten Grundgefühle subjekt- und objektbezogen. Beim Menschen bilden sie auch die Basis für die erlernten sozialen Wertesysteme, die im präfrontalen Cortex durch die Einarbeitung in Erfahrungen und in planerische oder auch nur spekulative Gedankengänge zu einem raffinierten und höchst ausdifferenzierten individuellen Sozialverhalten führen.

Da Gefühle aus einem weitverzweigten Netzwerk emporwachsen und auf dem Neocortex an vielen verschiedenen Stellen gebraucht werden, um ein kohärentes, in sich schlüssiges und der aktuellen Situation angemessenes Sozialverhalten zu erreichen, arbeiten die Gefühlssysteme mit Neuromodulatoren. Solche Substanzen können von einer kleinen Gruppe von Neuronen ausgeschüttet und über die Blutbahn weit im Gehirn verteilt werden. Sie werden nur an den Nervennetzen wirksam, die auf den chemischen Stoff gewissermaßen warten, indem sie an ihren Synapsen entsprechende Rezeptoren für den spezifischen Modulator anbieten. Obwohl solche Neuromodulatoren in verschiedenen Funktionszusammenhängen wirken, kann man sie, mit etwas Mut zur Verallgemeinerung, bestimmten Gefühlssystemen zuordnen:

So steht Oxytocin für Fürsorge. Das Geburtshormon fördert nicht nur mütterliche Gefühle und bei Kindern und Erwachsenen soziale Bindungen, sondern auch freundliche und hilfreiche Zuwendung, und es mindert den Trennungsschmerz. Da Oxytocin die Paarbindung festigt, wird es auch gerne als »Treuehormon« bezeichnet. Man kann zum Beispiel monogame

Wühlmäuse zu polygamen Tieren machen, wenn man die Rezeptoren an den entsprechenden Hirnneuronen mit einem Antagonisten besetzt, so dass Oxytocin nicht mehr andocken und seine Wirkung entfalten kann.

Vasopressin steht für Protektion und soziale Dominanz. Das Hormon stimuliert das männliche Sexualverhalten und fördert das Leben in Gruppen.

Endorphine und Opioide stehen für angenehme soziale Bindungen. Sie fördern das Spielen und die gegenseitige Fürsorge, beispielsweise bei Tieren die Fellpflege. Unter Opioid-Einfluss werden gerne erotische und andere fürsorgliche Begünstigungen gewährt.

Das Gonadotropin freisetzende Hirnhormon fördert erotische Gefühle. Man könnte diese Liste noch eine Weile fortsetzen. Ein eindrucksvolles Beispiel für die sozialen Auswirkungen eines Neuromodulators liefert Serotonin. Diese Substanz wirkt an Synapsen. Dort wird der Serotoninspiegel durch einen Serotonintransporter in Schach gehalten, der Serotonin wegschafft. Es gibt Menschen, die genetisch bedingt zu wenig Transporter produzieren und deshalb einen hohen Serotoninspiegel an den Synapsen aufweisen. Die Folge sind soziale Störungen. Solche Personen schätzen andere, denen sie begegnen, häufig als unangenehm ein und neigen zu Depressionen. Bei Affen, die in toleranten Gesellschaften mit flacher Hierarchie und vielen befriedenden Verhaltensweisen leben, sind alle Individuen ausreichend mit Serotonintransportern versorgt. Bei intoleranten und streng hierarchischen Gruppen von Rhesusaffen gibt es viele Individuen, die genetisch bedingt zu wenig Serotonintransporter produzieren.

Diese beeindruckende Korrelation zwischen Neuromodulatoren und dem Sozialverhalten liefert reduktionistisch denkenden Biologen eines ihrer wichtigsten Argumente gegen die Willensfreiheit. Dabei übersehen sie, dass diese verschiedenen Gefühlssysteme spätestens auf der Ebene der präfrontalen Cortexfelder untereinander in Konkurrenz stehen. In der gedanklichen Auseinandersetzung mit aktuellen Situationen entscheidet jede Person, wie weit sie dominierenden Gefühlslagen für ihr Denken und Handeln Raum lässt.

Bei der präfrontalen Kontrolle von Gefühlen geht es nicht um deren einfache Unterdrückung. Dies hätte und hat oft fatale Folgen. Drückt man Gefühle nur weg, führt das rasch zu psychischem Stress und sozialem Fehlverhalten. Es geht vielmehr um die Beherrschung der Gefühle im wörtlichen Sinne, um ihre sinnvolle Nutzung im Verbund mit rationalen Überlegungen für längerfristige Strategien der sozialen Eingliederung, sei es als Führung, Unterordnung oder partnerschaftliche Kooperation. Gefühle sind unerlässlich für die Bewertung von Dingen und Ereignissen. Dabei kommt es zu folgenreichen Affektassoziationen. Ekelgefühle beispielsweise verführen Personen häufig dazu, moralisch neutrale Ereignisse als unmoralisch zu bewerten. Wenn Wanderer am Fuße eines Hügels traurige Musik hören, überschätzen sie regelmäßig die Steigung des vor ihnen liegenden Weges. Wer sich in seiner Gruppe glücklich fühlt, neigt eher zur globalen Betrachtungsweise, während Traurige sich weniger auf die Gruppe als Ganzes, sondern auf Einzelne konzentrieren. Positive Gefühlsregungen begünstigen und negative behindern bewusstes und überlegtes Reagieren in besonderen Situationen.

Bei Gehirnstrukturen, die Gefühle generieren und aufrechterhalten, wird gerne vom »prosozialen« Gehirn gesprochen. Man bezeichnet damit ein System, das dem sozialen Gehirn zuarbeitet. Es wäre jedoch sachgerechter, die Gefühlssysteme als gleichgewichtige Partner in das soziale Gehirn einzubeziehen, weil Gefühle keine Zuarbeiter, sondern integraler Bestandteil von Bewertungs- und Entscheidungssystemen sind und die Urteilskraft ebenso wie die soziale Kompetenz einer Persönlichkeit mitbestimmen.

Einen Großteil unserer täglichen Gedankenarbeit verbringen wir damit, unsere Emotionen in unser Handeln nutzbringend einzubeziehen. Beherrschung wird am ehesten erreicht, wenn wir Gefühlsursachen kognitiv-rational durchdenken und zu Einsichten kommen. Solche bewussten Gefühlskontrollen spielen sich im ventro-medialen präfrontalen Cortex ab, zu dem auch der orbitofrontale Cortex gehört (Abb. 15 b). Dabei spielt der Einfluss des darüberliegenden Cortexfeldes BA 10 eine wichtige Rolle, da es Konzepte aus der äußeren Welt vermitteln kann. BA 10 beteiligt sich auch an der Bewältigung schmerzhafter Erinnerungen.

Die primäre Wirkungsebene der Gefühle ist nicht das Bewusstsein, sondern das Unbewusste. Dort, in den unzugänglichen Labyrinthen gefühlsbeladener Erfahrungen, traumatischer, dramatischer, glücklicher Ereignisse, den Erfolgen, Niederlagen, Gefühlsstürmen und Bedrängungen eines ganzen Lebens entstehen Gefühle und drängen ins Bewusstsein empor, wo sie in einen Dialog mit bewusstem Denken und aktueller Erfahrung treten. Das Unterbewusstsein bleibt in unserem Denken und Handeln immer gegenwärtig und formt in der Auseinandersetzung mit dem Bewussten die Qualitäten und die Dynamik der Persönlichkeit.

Man kann den medialen präfrontalen Cortex als ein Parlament der Bewertungssysteme auffassen. Wir beurteilen Situationen und Handlungen nach unterschiedlichen Kriterien, die in zwei Gruppen zusammengefasst werden können: ökonomische, die in erster Linie dem Eigennutz dienen, und solche, die dem Gemeinwohl dienen und uns als gesellschaftliche Normen, Gesetz und Moral begegnen. Jeder weiß aus eigener Erfahrung, dass diese beiden Ziele, Eigennutz und Gemeinwohl, in vielen Situationen im Widerstreit stehen und eine Entscheidung von uns verlangen. Die Gesellschaft und der moralisch Agierende erwarten einen fairen Ausgleich zwischen diesen Zielen. Trotz aller andersartiger Erfahrungen, die jeder schon gemacht hat, scheint das Gefühl für Fairness im Menschen fest verankert zu sein. Psychologen testen Fairness mit einem Spiel. Ein Spieler bekommt einen Geldbetrag, den er mit einem Mitspieler teilen soll, der nichts bekommt. Teilt er nicht, wird ihm der gesamte Betrag wieder abgenommen. Dem Spieler steht frei, wie viel er dem Habenichts abgibt. Der kann seinerseits den angebotenen Betrag ablehnen, wenn er ihm nicht angemessen erscheint. Bei Ablehnung bekommen beide nichts. Das Gefühl der Fairness ist so ausgeprägt, dass die meisten Spieler wenigstens 40 bis 50 Prozent anbieten. Die Mitspieler lehnen in der Regel das Angebot als unfair ab, wenn es unter 20 Prozent sinkt. Der unfaire Spieler wird also vom Mitspieler sozial bestraft. Das Gefühl für Fairness funktioniert so zuverlässig und in allen Lebensaltern, dass die Psychologen vermuten, es könnte ein angeborenes Grundgefühl sein. Unsere nächsten Verwandten, die Schimpansen, zeigen in einem ähnlichen Test keinerlei Zeichen von Fairness. Die Benachteiligten bleiben gleichgültig und reagieren nur selten emotional gegenüber dem, der nichts abgibt. Der unfaire Schimpanse wird sozial nicht bestraft. Dieses Ergebnis lässt die Frage offen, ob wir das Gefühl für Fairness in früher Kindheit erlernt haben oder als Ausschließlichkeitsmerkmal in unseren Genen mit uns tragen.

Das anspruchsvollste Bewertungssystem ist die Moral, die Normen des gesellschaftlichen Miteinanders und des Handelns einfordert. Moral löst Emotionen aus, und Gefühle fließen umgekehrt in moralische Wertungen ein. Wie einfachere Bewertungssysteme wird auch Moral durch den orbitofrontalen Cortex und die Amygdala mit Emotionalität verknüpft (Abb. 15b), mit der Amygdala deshalb, weil dort Handlungen und Situationen als lohnend oder schädlich für unsere Absichten bewertet werden. Dort lernen wir, ob wir moralisch gut oder schlecht gehandelt haben, und dort »empören« wir uns über Moralverstöße. Über den Belohnungsmechanismus der Amygdala lernen wir zum Beispiel soziale Fürsorge für andere. Das Erlernte führt in den medialen präfrontalen Cortexfeldern zu bewussten Entscheidungen. Bei moralischen, gefühlsrelevanten Entscheidungen spielt vor allem der ventro-mediale Bereich eine Rolle. Fällt dieses präfrontale Gebiet aus, verlieren solche Patienten die Hemmung, Handlungen mit emotional aversiven Folgen durchzuführen. Sie sind eher bereit, aus Wut und Zorn sogar einen Menschen umzubringen.

Die von der Gesellschaft, von unserer unmittelbaren Umgebung und schließlich von uns selbst eingeforderten Moralwerte beladen das Handeln mit individueller Verantwortung, und wer diesen Imperativen nicht folgt, belastet sich mit Schuldgefühlen. Beides, Schuld und Verantwortung, sind undenkbar in den Naturwelten jeder anderen Kreatur, sind aber die Eckpfeiler jeder noch so primitiven oder kulturell hochstehenden menschlichen Gesellschaft. Nichts macht deutlicher, dass Menschsein nur im sozialen Kontext denkbar ist. Aber auch diese einzigartige menschliche Qualität gäbe es nicht ohne eine materielle Basis in den Aktivitäten der Neuronennetze des präfrontalen Cortex.

Noch einmal: Was den Menschen gegenüber jedem ihm noch so nahestehenden Tier auszeichnet, ist nicht so sehr seine blitzschnelle Auffassungsgabe und analytische Intelligenz als vielmehr seine Fähigkeit, sich zu beherrschen, vor allem seine Gefühle, Wut, Zorn, Freude, Euphorie im Zaum zu halten und seine Reaktionen in den Kontext gesellschaftlicher Gegebenheiten und von Überlegungen zu stellen, die sich auf längerfristige interessen- und wertegeleitete Ziele richten. Tiere, auch die Schimpansen, leben dagegen ihre aktuellen emotionalen Stimmungen, Motivationen und momentanen Interessen spontan, unbeherrscht und unkontrolliert aus. Die Beherrschtheit des Menschen lässt sich in den geschilderten Arealen des präfrontalen Cortex lokalisieren und beruht auf der reflexiven Selbstbetrachtung, zu der die Menschen fähig sind, dank ebendieser Kontrollinstanzen und ihrer Zeitreisen tief in die gesellschaftliche und individuelle Vergangenheit und weit voraus in die ferne, ungewisse Zukunft.

Die Beherrschtheit des Menschen beruht nicht nur auf den besonderen Gefühlskontrollen seines Frontalgehirns, sondern liegt auch in einem anderen menschenspezifischen Charakteristikum begründet, seinem Zeitgefühl. Es gibt kein Tier, das wesentlich über den Tag hinaus willentlich, also spontan und aktuell planen kann. Daran ändert auch das oben geschilderte Versuchsergebnis nichts, wonach Schimpansen im Verhaltensexperiment wenigstens für den nächsten Tag vorsorgen können. Deshalb haben Tiere keine Zukunft und keine Vergangenheit. Der Mensch dagegen kann gedanklich nicht nur die unmittelbar vergangene Zeit und die nähere Zukunft überblicken, sondern auch seine gesamte Lebensspanne in seinem Gehirn durchwandern, von der frühen Kindheit bis zum unausweichlich nahenden Tod. Das Bewusstsein, im unaufhaltsamen und unerbittlichen Zeitstrom mitschwimmen zu müssen, bestimmt maßgeblich unser individuelles und gesellschaftliches Handeln. Die politischen Diskussionen über den Klimawandel und über Schuldenberge, die künftige Generationen zu schultern haben, zeigen, wie unsere Gegenwart vom Zeitbewusstsein geprägt wird.

Solche Zukunftsdiskussionen offenbaren, wie sehr rationales Planen und aktuelles Lebensgefühl miteinander zu kämpfen haben. Viele kulturelle Leistungen von Einzelnen oder Gesellschaften beruhen auf dem Wissen, dass jedes Leben mit dem Tod zu Ende geht. Ohne dieses Todesbewusstsein, ohne das Wissen, dass die Reise durch die Zeit ein Ende haben wird, gäbe es keine mythologischen oder religiösen Jenseitsvorstellungen. Wir wissen aus der Vergangenheit und erleben jeden Tag, wie stark der Drang, die Zeit durch Jenseitskonstrukte überwinden zu wollen, den Gang der Menschheitsgeschichte trotz Aufklärung und Wissenschaft bis zum heutigen Tag beherrscht. Nur der Mensch hat Zeit und kann sie nach seinen Kriterien nutzen, vergeuden, genießen und an ihr leiden.

## C. Das soziale Lernen

Der Mensch ist dann erwachsen, wenn er nicht mehr nachahmen muss. Imitieren dominiert die Kindheit und Jugend, in der wir nicht nur das Sprechen lernen, sondern auch alle anderen mentalen und handwerklichen Fertigkeiten, die wir zur Selbstbehauptung in einer komplexen menschlichen Gesellschaft brauchen. Die immer länger werdenden Schul- und Ausbildungsphasen und die Aufforderung zum lebenslangen Lernen belegen, wie in sich ständig wandelnden Gesellschaften Lernen zum wichtigsten Instrument des Überlebens wird. Lernen ahmt nicht blind nach, sondern durchdringt das Imitierte mit dem Verstand. So ist der frontopolare Cortex nicht nur bei Entscheidungen, sondern auch beim sozialen Lernen beispielsweise durch belehrende Anweisungen zum Aneignen neuer Fertigkeiten dauernd aktiv und zieht sich erst wieder zurück, wenn das Neue erlernt und zur Routine geworden ist.

Im Vergleich zu den Menschenaffen verleiht der drei- bis viermal größere Neocortex dem Menschen ein ungleich größeres Gedächtnis und ermöglicht weit schnelleres Erfassen und längeres Vorausplanen. Darüber hinaus haben wir Fähigkeiten wie die Sprache, Mathematik, kausales Argumentieren, die es bei keinem Primaten gibt und deren Perfektion auf sozialem Lernen beruht. Der Mensch ist nicht nur ein soziales Wesen. Durch seine kulturell-zivilisatorische Entwicklung, die er dem sozialen Lernen verdankt, ist er ohne gesellschaftliche Integration gar nicht mehr lebensfähig. Soziales Lernen heißt von anderen lernen, lernen durch Nachahmen nicht nur der Eltern, der Lehrer und Handwerksmeister, sondern längst durch sozialisiertes Lernen mit Lernprogrammen, Lehrbüchern, Gebrauchsanweisungen usf.

Kein anderes Lebewesen lernt durch das Nachahmen anderer so schnell und umfassend wie der Mensch. Im Gegensatz hierzu galten die Primaten

als ausgesprochen schlechte und unwillige Nachahmer, bis die Verhaltensforscher herausfanden, dass Affen durchaus imitieren, wenn sie das, was sie
nachahmen sollen, statt von Menschen von Artgenossen gezeigt bekommen.

Spiegelneurone, die nicht nur aktiv sind, wenn das Individuum eine
spezifische Handlung ausführt, sondern auch, wenn es beobachtet, wie ein
anderer diese Aktion ausführt, wurden bereits im Zusammenhang mit der
motorischen Intelligenz vorgestellt (Abb.14b). Seit ihrer Entdeckung vor über
zehn Jahren hat sich gezeigt, dass sie bei der motorischen Intelligenz, aber
auch in anderen Bereichen das Lernen durch Nachahmen mitbestimmen.

Für die praktische Intelligenz kommt es auf die Umsetzung von Sinneseindrücken in geeignete Ausführungsprogramme an. Viele kognitive Fähigkeiten des Lernens, die dem kognitiven Neocortex zugeschrieben werden,
sind verfeinerte Formen sensorischer Transformation. Die Spiegelneurone
verkörpern diese diffizile sensomotorische Verknüpfung. Beim Menschen
gibt es Spiegelneurone nicht nur im Broca-Areal, sondern umfassender noch
in Arealen des präfrontalen Cortex, also im Sozialgehirn (Abb.15a). Spiegelneurone erlauben die verstehende Nachahmung von Beobachtetem ohne
bewusstes Nachdenken. Die Spiegelneurone codieren Ziel und Zweck der
beobachteten Handlung und nicht nur deren konkrete Durchführung.
Durch die Spiegelneurone wird das neuronale motorische System beim
bloßen Beobachten so aktiv, als würde es die Handlung selbst ausführen.
Es handelt sich um eine identische, neuronal codierte zweckorientierte
Handlung ohne konkrete Ausführung.

Will jemand Gitarrespielen lernen und schaut einem Gitarrespieler zu,
wird bei ihm im präfrontalen Cortex das Spiegelsystem aktiviert. Die präfrontalen Netzwerke mit Spiegelneuronen stehen beim Menschen unter der
Kontrolle prämotorischer Felder, die entscheiden, ob die neuronale Spiegel-
aktivität motorischen Zentren zur Ausführung übergeben wird oder nicht.
Für das Erlernen durch Nachahmung handwerklicher und künstlerischer
Fertigkeiten jeglicher Art liefern die Spiegelneurone die Grundlage. Es gibt
ein System von Spiegelneuronen, das speziell auf Sprechen reagiert, und
weitere solche Systeme in benachbarten Feldern, wo Gesichtsausdrücke und
Körperhaltungen wahrgenommen werden. Das Spiegelsystem des Menschen bezieht sich daher auch auf Gefühle, die durch Mimik, Gesten und
Körperhaltungen ausgedrückt werden. Durch deren neuronale Imitation
lernen wir von unseren Mitmenschen nicht nur, wie sie mit ihrem aktiven
Verhalten welches Ziel verfolgen, sondern auch, welchen Gefühlen sie inner-
lich ausgesetzt sind.

Ekel ist ein ausdrucksstarkes Gefühl, das sich in der Mimik besonders
markant widerspiegelt. Deshalb eignet es sich gut als Beispiel für die Erfor-

schung der neuronalen Grundlagen des nachempfundenen Mitfühlens. Wir fühlen den Ekel mit, wenn wir bei jemandem die verzerrten Gesichtsausdrücke des Widerwillens und des Abscheus beobachten. Wie bei allen Gefühlen sind beim Ekel mehrere Hirnareale involviert, insbesondere die Amygdala als generelles Gefühlszentrum und – da es beim Ekel meist um Essen geht – das corticale Geschmackszentrum, die sogenannte Insula. (Die Insel ist eine Gehirnwindung, die verborgen unter einer seitlichen Cortexfurche liegt.) Reizt man bei einem Patienten die vordere Insel elektrisch, wird ihm schlecht und er fühlt sich krank. Ist die Insel zerstört, können solche Patienten bei anderen den Gesichtsausdruck des Ekels nicht mehr erkennen, den von anderen Gefühlen aber sehr wohl. Spielt man ihnen ekelerregende Ess-Szenen vor, reden sie von wohlschmeckender Nahrung. Bei intakter Insula überträgt das Spiegelsystem die beobachteten Gefühlsgesten beim Zuschauer auf seine Inselregion und lässt ihn den Ekel des anderen mitfühlen.

Wir verdanken dem Spiegelsystem im präfrontalen Cortex das rasche und erfolgreiche Erlernen nicht nur des Sprechens und der Hand- und Fingerfertigkeiten komplexester Art, sondern auch des Mitfühlens, der Empathie. Das Spiegelsystem projiziert die beobachteten Gefühlsgesten auf das eigene corticale und viszerale motorische Kontrollsystem und löst dort in abgeschwächter Form das gleiche Gefühl in den entsprechenden Hirnzentren aus. Damit hat das Spiegelsystem eine enorme gesellschaftliche Bedeutung, denn es erlaubt zu verstehen, was der andere aktiv vorhat und welche Gefühle ihn momentan bewegen. Diese nachahmende Einfühlung bedarf keiner Reflexion, kann aber gedanklich in die eigenen Überlegungen und Entscheidungen als wichtige Information über die Befindlichkeit und die Absichten eines Mitmenschen einbezogen und genutzt werden.

Nur Menschen können angeblich mitfühlen und sich in andere hineindenken. Primaten haben jedoch ebenfalls ein Netz von Spiegelneuronen, und es gibt inzwischen genügend Verhaltensbeobachtungen und neuronale Untersuchungsergebnisse, die nahelegen, dass zumindest Menschenaffen Empathie aufbringen und sich bis zu einem gewissen Grad in Artgenossen hineinversetzen können. Hierfür einige Beispiele:

Schimpansen können nicht schwimmen. In einem Gehege ertrank ein Männchen, als es versuchte, ein Schimpansenkind zu retten, das in den Wassergraben gefallen war. Oder: In einem Klettergerüst haben sich oben Schimpansen versammelt und kraulen sich gegenseitig. Ein altes, von Arthritis geplagtes Weibchen will auch dort hinaufklettern, schafft es aber nicht. Da kommt spontan ein junges, mit ihr nicht verwandtes Weibchen und hilft ihr, kräftig schiebend, zu den anderen nach oben. Ein weiteres Beispiel: Schimpansen, die beobachteten, wie ein anderer vergeblich versuchte, an Futter heranzukommen, das mit einer Kette weggeschlossen war, lösten für ihn diese Kette, obwohl sie selbst dadurch nicht an das Futter kamen. In einem Test zeigte sich, dass nicht nur kleine Kinder, sondern auch Schimpansen einem Experimentator helfen, einen Gegenstand zu erlangen, den er allein nicht zu erreichen vermag. Solche Hilfsaktionen setzen Empathie voraus, das Mitfühlen und Erkennen, was der andere will oder benötigt.

Obwohl man Menschenaffen Empathie nicht absprechen kann, fehlen ihnen die umfangreichen und komplexen Mechanismen des Kooperierens und der Fürsorge für nichtverwandte Gruppenmitglieder, wie sie menschliche Gesellschaften auszeichnen.

In einem aufschlussreichen Vergleich hat die Gruppe um den Primatologen Michael Tomasello am Leipziger Max-Planck-Institut für evolutionäre Anthropologie gezeigt, woran das liegt (Abb. 16). Tomasello unterscheidet zwei Bereiche des Wissens und Könnens. Der physikalische richtet sich auf Gegenstände und ihre raum-zeitlichen Bezüge, der soziale auf Gruppenmitglieder und deren zielgerichtete Aktionen, Absichten, Wahrnehmungen und Kenntnisse. Mit der gleichen Testbatterie haben die Wissenschaftler sowohl bei adulten Schimpansen und Orang-Utans als auch bei zweieinhalbjährigen Kindern die soziale und physikalische Intelligenz getestet. Menschenaffen erreichen ungefähr die Intelligenz von zwei- bis dreijährigen Kindern. Im physikalischen Bereich testeten die Forscher das Ortsgedächtnis, das Wiedererkennen von Objekten nach Rotation oder Verlagerung an einen anderen Ort, das Erkennen von Objekten nach Form und Geräuschen sowie Mengenunterscheidung und Werkzeuggebrauch. Im sozialen Bereich überprüften sie das Lernen durch Nachahmen, Kommunikationsfähigkeiten, das Lesen von Gesten, die Fähigkeit, dem Blick eines anderen zu folgen, und das Erkennen, was der andere mit seinen Aktionen bezweckt. Es ergab sich eindeutig, dass im Bereich der physikalischen Intelligenz die adulten Menschenaffen und die Kinder etwa auf gleicher Leistungsstufe standen, in der sozialen Intelligenz waren jedoch die Kinder den Affen weit voraus (Abb. 16). In einem Experiment konnten Affen, die sich kannten, durch die Wahl eines Hebels entscheiden, ob nur sie allein oder auch ihre Genossen Futter bekommen. Die Tiere verhielten sich gegenüber ihren Partnern indifferent. Drei- bis fünfjährige Kinder wählten jedoch in einer ähnlichen Situation immer so, dass auch die Versuchsleiterin mitversorgt wurde.

Diese Ergebnisse zeigen eindrucksvoll, dass sich der Mensch von seinen nächsten Verwandten im Tierreich weniger durch allgemeine Verstandesfähigkeiten, sondern vor allem durch die soziale Intelligenz seines großen präfrontalen Gehirns abhebt. Der Unterschied scheint zunächst nur ein

**kognitiv-emotionale Integration**

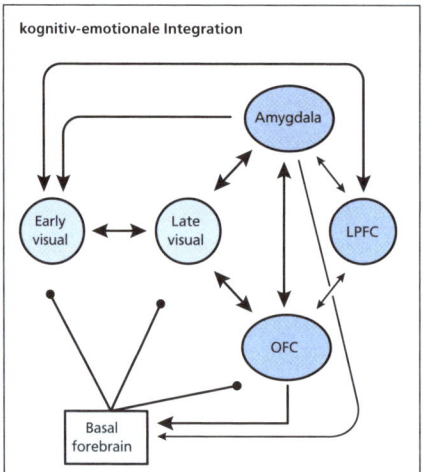

**emotionaler Einfluss auf Handlungen**

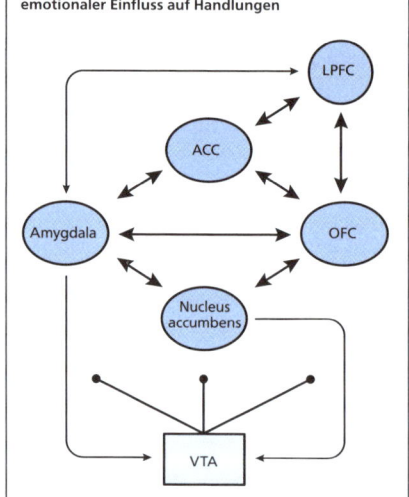

Vereinfachtes Netzwerk für die kognitiv-emotionale Integration bei der visuellen Wahrnehmung (Gefühle beeinflussen die Wahrnehmung). Early visual: noch wenig verarbeitete Seheindrücke aus dem primären Sehcortex, late visual: komplexe Verarbeitung von Seheindrücken in höheren Sehrealen, Amygdala (Gefühle), LPFC: lateraler präfrontaler Cortex, OFC: orbitofrontaler Cortex, basal forebrain: Signale über den inneren Zustand.

Vereinfachtes Netzwerk zur emotionalen Kontrolle von Handlungen. ACC: anteriorer Cortex cinguli, LPFC: lateraler präfrontaler Cortex, OFC: orbitofrontaler Cortex, Nucleus accumbens: Motivationen, VTA: ventrale Mittelhirnbereiche, die vor allem über Dopamin Erfolgssignale liefern.

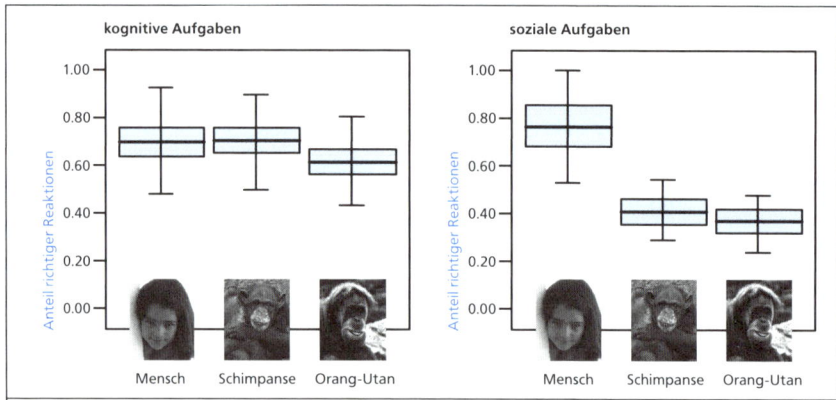

Bei der Lösung von mehr physikalischen Aufgaben (Ortsgedächtnis, Wiedererkennen von Objekten nach Rotation oder Verlagerung an einen anderen Ort, Erkennen von Objekten nach Form und Geräuschen, Mengenunterscheidung, Werkzeuggebrauch) gibt es keinen Unterschied zwischen Menschenaffen und Kindern. Bei der Lösung sozialer Aufgaben (Lernen durch Nachahmung, Kommunikationsfähigkeiten, Deuten von Gesten, dem Blick anderer folgen, Absichten erkennen) sind Kinder jedoch doppelt so erfolgreich wie adulte Menschenaffen. Die blauen Balken und vertikalen Linien geben die statistische Sicherheit und Varianz der Ergebnisse an.

Abb. 16   Integration von Kognition und Emotion und soziale Intelligenz

gradueller zu sein, denn auch Menschenaffen haben einen präfrontalen Cortex, können durch Nachahmen lernen und sich in Artgenossen hineinversetzen. Allerdings ist der Umfang der menschlichen Leistung riesig im Vergleich zu den eher rudimentären sozialen Intelligenzfähigkeiten der Affen. Das allein hätte vermutlich den Menschen nicht aus dem Tierreich in die Freiheit entlassen, hätte er nicht das Wissen und Können des individuellen Gehirns den anderen durch die Sprache mitteilen und durch die Schrift zum potentiell permanenten Erbe der Menschheit machen können. Beides, herausragende soziale Intelligenz und Sprache, waren die Voraussetzungen für menschliche Kulturen und Zivilisationen, wie sie sich in den letzten paar tausend Jahren herausgebildet haben.

Die enge Beziehung zwischen menschlicher Gesellschaft und sozialem Gehirn wirft die Frage auf, was von beiden zuerst da war. Doch dieser Streit wäre müßig. Präfrontaler Cortex und das Leben in der Gesellschaft bedingen sich wechselseitig und haben sich aneinander weiterentwickelt und hochgeschaukelt. Die stürmische kulturelle Entwicklung unserer Gesellschaften in den letzten Jahrhunderten veränderte höchstwahrscheinlich auch das soziale Gehirn, wie umgekehrt modifizierte neuronale Leistungen die Gesellschaftsstrukturen beeinflussen. Bei der Ausgestaltung der Cortexareale für die Wahrnehmung der Außenwelt wirken die konkreten Erfahrungen in der Kindheits- und Jugendphase nachweislich mit. Wieso sollte diese Modifizierbarkeit neuronaler Strukturen durch das individuelle Erleben für die Erfahrungen in der Gesellschaft und das soziale Hirn nicht genauso gelten? Im Zuge der rasanten Veränderungen unserer heutigen gesellschaftlichen Lebensbedingungen, etwa durch die globalen Ökonomien und Medienwelten, wird sich das soziale Gehirn auch heute und in Zukunft wandeln.

Die Fähigkeit, sich in andere hineinzuversetzen, Gedanken zu lesen, die Gesichtsausdrücke und Körperhaltungen der Mitmenschen interpretieren zu können, Empathie und Mitgefühl – all das setzt ein intaktes Ich-Bewusstsein voraus. Schimpansen und Orang-Utans wird dieses Bewusstsein ihrer selbst ebenfalls zugesprochen, weil sie sich im Spiegel selbst erkennen und den Blicken eines anderen folgen können. Aber schon bei den Gorillas ist das umstritten. Wie auf Seite 128 ausgeführt, unterscheidet der Neurobiologe Gerald M. Edelman ein primäres Bewusstsein, das alle Wirbeltiere besitzen, und ein sekundäres, das Ich- oder Selbstbewusstsein, das auf dem primären aufbaut. Dieses Ich-Bewusstsein kann selbstreflexiv lange Zeitreisen in die Vergangenheit und in die Zukunft unternehmen und entsprechende gedankliche Szenarien konstruieren. Nach Edelman setzt dieses Selbstbewusstsein ein erzählendes Selbst mit Sprachfähigkeiten voraus, was die Menschenaffen als Ich-bewusste Tiere ausschließen würde. Indem er die

Sprache einbezieht, integriert Edelman soziale Elemente und damit das soziale Gehirn in die Formung des Ich-Bewusstseins. Zweifellos fließen beim Menschen in die Formung des Ichs gesellschaftliche Erfahrungen und Bedingungen ein. Bei Kindern reifen das Selbstbewusstsein und die Fähigkeit, sich in andere hineinzuversetzen, bis zum vierten oder fünften Lebensjahr heran. Ob die Sprachfähigkeit indes eine Voraussetzung für die Entstehung eines Selbstbewusstseins ist, wurde bislang nicht nachgewiesen und bleibt umstritten. Die Beobachtungen bei Schimpansen, die unter anderem eindeutig Mitgefühl empfinden, indem sie beispielsweise malträtierte Artgenossen in den Arm nehmen, kraulen und küssen, sprechen für ein Selbstbewusstsein, das freilich gegenüber dem des Menschen rudimentär bleibt. Um eine Chronologie der eigenen Vergangenheit wachzurufen, bedarf es wiederholter und rekursiv sich verzweigender Rekonstruktionen. Solche Rekonstruktionen sind auch für das Planen und perspektivisch in die Zukunft gerichtete Gedankenkonstrukte notwendig. So können Patienten, die nicht mehr in ihre eigene Vergangenheit zurückfinden, auch nicht mehr planen. Diese Fähigkeit zu langen Zeitreisen, die auf bislang noch nicht aufgeklärten Algorithmen des Neocortex beruht, sowie die enge Einbindung in die Gesellschaft durch Sprache ermöglichen vermutlich unser Ich-Bewusstsein, das mit dem der Menschenaffen nur wenig gemein hat.

Das Ich-Bewusstsein entzieht sich der neurobiologischen Analyse aus mehreren Gründen. Es ist eine subjektiv und objektiv nicht fassbare Größe, die dem Integral all der unüberschaubaren Vorgänge entspricht, die sich zu jedem Zeitpunkt in unserem Gehirn bewusst und unbewusst abspielen. Dieses integrale Ich sieht sich als Schöpfer seiner Werke und Taten und übernimmt als individueller Verursacher gegenüber der Gesellschaft und ihren Normen die persönliche Verantwortung. Das Ich-Bewusstsein besteht nachdrücklich auf seiner Urheberschaft und leugnet sie unter Umständen nur, wenn ihm soziale Bestrafung droht. Jede Signatur auf einem Kunstwerk bezeugt dieses gewollte Bekenntnis zur persönlichen Urheberschaft. Dies und die daraus erwachsende Verantwortung gegenüber den Mitmenschen sind ein zentraler Charakterzug des Selbstbewusstseins.

Das Ich-Bewusstsein garantiert die Einheit von Körper und Geist. Übersetzt man den Begriff Geist, der sich in allen kulturellen Leistungen ausdrückt, in neurobiologische Begriffe, so gerät man in ein unentwirrbares Netzwerk von bewussten gedanklichen Vorgängen, von Gefühlswelten und Motivationen und unbewussten Kraftfeldern, die nicht zuletzt all unsere vergangenen Erfahrungen und ihre gefühlten Wertigkeiten widerspiegeln. Gerade weil das Unterbewusstsein eine beharrlich unterschätzte Komponente des Ich-Bewusstseins ist, fällt es uns schwer, uns selbst zu kennen.

»Erkenne Dich selbst« bleibt daher eine lebenslange und nie erfüllbare Herausforderung.

Trotz aller offenen Fragen lassen sich für das Geistesleben einige Randbedingungen angeben. Der Neocortex kann direkt oder indirekt viele und unterschiedliche Netzwerkmodule rekrutieren. Beim Denken integriert der Cortex unterschiedliche, für den konkreten Denkvorgang passende Module – Module für zielgerichtetes, planerisches Denken, das Durchdenken von Lösungswegen, das Wechseln von Perspektiven, das Erzeugen virtueller Konstrukte, oder Module und Modulensembles für unterschiedliche Denkweisen und Inhalte, beispielsweise das Erfassen einfacher physikalischer Eigenschaften, das Schließen sozialer Bündnisse, das Erkennen einfacher kausaler Zusammenhänge, das Planen usf. All das gab es schon, bevor die Sprache vor etwa 100 000 Jahren entstand. Es muss daher bei den frühen Hominiden ein vorsprachliches, individuelles Geistesleben gegeben haben. Aber erst durch die Sprache bekam die gedankliche Durchdringung von Realitäten und die Abstraktion ein effektiveres und ungleich leistungsfähigeres Werkzeug, das vor allem die individuelle Gedankenarbeit in die Gemeinschaft hineintrug. Mit der Sprache sozialisierte sich das einsame Denken zum gemeinsamen Disput, an dem unterschiedlich leistungsfähige Gehirne teilnehmen konnten. Der Geist wurde zu einem gesellschaftlichen Phänomen, indem er Denkergebnisse aus der ihn umgebenden Kultur aufnahm und an das kulturelle Umfeld abgab. Durch diese permanenten sozialen Dialoge hat sich der menschliche Geist in der Vergangenheit weiterentwickelt und wird das auch in Zukunft tun.

Seit ihrer Entstehung ist Sprache zum Medium des bewussten Denkens und der Meinungsäußerung geworden. Die innere, nicht geäußerte Sprache, mit der wir zu uns selbst sprechen, ist das Vehikel des bewussten, konzeptuellen Denkens im Gegensatz zum sprachfreien, visuell-räumlichen Denken. Diese sprachfreie Weltdurchdringung leistet auch Abstraktionen, die praxisorientiert sind. Selbst Bienen beherrschen so abstrakte Kategorien wie »gleich« und »ungleich«. Tiere können also auf ihre Weise denken, aber sie können nicht gedanklich mit Abstraktionen spielen, wie wir das durch die denkstrukturbildenden Leistungen und Begriffsbildungen der Sprache in unerschöpflichen Gedankenspielen und Wortgefechten beliebig oft zustande bringen. Sprache ist zum Träger des Geisteslebens geworden. In ihr drückt der Einzelne Thesen, Behauptungen, Meinungen aus, erzählt realitätsbezogene und virtuelle Gedankenketten und der Phantasie entsprungene Geschichten.

Edelman hat insofern recht, wenn er behauptet, dass für das Ich-Bewusstsein des Menschen die Sprache Voraussetzung ist, oder genauer und phylogenetisch ausgedrückt: in den letzten zigtausend Jahren geworden ist. Wie schon erwähnt, denken auch Tiere und erst recht Menschenaffen. Aber Geist, wie er sich beim Menschen auch nichtsprachlich durch Artefakte ausdrückt, hat noch kein Biologe bei irgendeinem Tier nachweisen können. Selbst beim Menschen entwickelt sich das, was wir als Geistesleben auffassen, erst zwischen dem neunten Monat und dem vierten Lebensjahr und im Dialog mit der kulturellen Umgebung.

Der Versuch, das Ich-Bewusstsein und den Geist irgendwo im Gehirn zu lokalisieren, wäre unsinnig. Dennoch wird jeder Neurobiologe der These zustimmen, dass es ohne den präfrontalen Cortex kein Selbstbewusstsein und kein Geistesleben geben kann. Jede Gesellschaft besteht aus der Summe der Ich-bewussten Individuen, die ihr angehören. Der permanente Dialog zwischen der Gemeinschaft und ihren »Ichs« entscheidet über das Schicksal sowohl der Gesellschaft als auch des selbstbewussten Individuums. Wie hier auf gesellschaftlicher Ebene bedeutet Leben auf allen Stufen, von den Molekülen bis zu den Nervennetzen des Gehirns, nichts anderes als die dynamische Interaktion ineinandergreifender komplexer Systeme.

# VII. Wer sind wir, und wo gehen wir hin?

## 1. ›Homo sapiens‹, der Generalist der Evolution

»Sagt mir, was bedeutet der Mensch? Woher ist er kommen? Wo geht er hin?« In Heinrich Heines Gedicht »Fragen« aus dem zweiten Zyklus »Nordsee« steht ein Jüngling »am wüsten, nächtlichen Meer« und stellt sich diese Fragen. Das Gedicht endet: »Und ein Narr wartet auf Antwort.«

Heute, 150 Jahre spater, braucht man kein Narr zu sein, um wenigstens auf die ersten beiden Fragen eine Antwort der Wissenschaften zu erwarten. Der Mensch mit dem Artnamen *Homo sapiens*, wie er vor etwa 160 000 bis 100 000 Jahren auf die Bühne trat, war das Ergebnis von sich selbst organisierenden Systemen und von adaptiver, natürlicher, Darwin'scher Evolution, also von genetischer Variabilität und deren Auslese durch äußere Lebensumstände wie Klima, Nahrungsangebot, Konkurrenz um Ressourcen, Infektionsepidemien und anderes mehr. Wie die Debatten über Klimawandel und Vogelgrippe zeigen, sind wir auch heute noch den gleichen äußeren Einflüssen ausgesetzt. Doch der aktuelle Klimawandel ist Menschenwerk, und Epidemien werden durch die täglichen, weltumspannenden Menschenströme in Flugzeugen und Autos begünstigt.

Seit wenigen tausend Jahren lebt *Homo sapiens* in einer Welt, die zunehmend von selbstgeschaffenen zivilisatorischen und kulturellen Bedingungen beherrscht wird. Diese kulturelle im Gegensatz zur natürlichen Evolution hat sich mit der Aufklärung und dem Siegeszug von Wissenschaft und Technik exponentiell beschleunigt. Lebensqualität und Lebenschancen des *Homo sapiens* im 21. Jahrhundert hängen so sehr von menschengemachten Umständen ab, dass er ohne Einbindung in Gesellschaften mit sozialen, gesundheitlichen, ausbildenden und versorgenden Netzwerken nicht mehr lebensfähig ist. Einige Anthropologen bezeichnen den heutigen Menschen wegen seiner umfassenden gesellschaftlichen Abhängigkeit nicht mehr als soziales, sondern als ultrasoziales Wesen, das als Einzelwesen faktisch nicht mehr existieren kann. In seiner menschengeschaffenen Lebenswelt erfindet sich der Mensch der Gegenwart ständig selbst und bestimmt sein zukünftiges Gesicht. Er agiert in einer hochzivilisierten Gesellschaft, in der er in einer Art Spinnennetz höchstspezialisierter Arbeitsteilung hängt und direkt oder indirekt Teil eines globalen Waren- und Informationsflusses geworden ist, der sich treffend mit dem wunderbaren Namen *world wide web* (*www*) charakterisieren lässt. Die Anforderungen an einen solchen modernen *Homo faber* sind ganz anderer Natur als die an den *Homo sapiens*, der in antiken und vorgeschichtlichen Zeitaltern seinen Flecken Land bestellte und ihn gegebenenfalls mit Schwert und Schild verteidigte.

Nach herrschender Lehrmeinung entstand dieser sich selbst schaffende Mensch durch den Zufall und die natürliche Auslese. Bekannte Wortführer der Evolutionsbiologie wie Stephen Jay Gould und Richard Dawkins waren und sind davon überzeugt, dass der Mensch ein reines Zufallsprodukt natürlicher Evolution sei und bei einem fiktiven Neubeginn des Lebens nicht wieder entstehen würde. Es ist eine Tatsache, dass wir Menschen das Ergebnis natürlicher Evolution sind und insoweit Gestalt-, Struktur- und Funktionsmerkmale von Primaten, Säugetieren und Wirbeltieren teilen. Selbst mit Bakterien haben wir bestimmte Gene gemeinsam. Der Mensch wäre also in der Tat ein Zufallsprodukt, wenn die natürliche Evolution nichts anderes wäre als ein Spielball zufälliger Mutationen und deren Auslese durch beliebige äußere Existenzbedingungen. Wie schon auf Seite 8 f. geschildert, meiden die Lehrbücher der Evolution den Begriff Fortschritt, der ein Ziel voraussetzt, wie der Teufel das Weihwasser.

Doch das Leben ist kein Gepäckstück der Natur, das wie auf einer Ladepritsche in zielloser Fahrt über unwegsames Gelände mal hierhin, mal dorthin geworfen wird. Das Leben ist nicht den Zufällen der Natur ausgeliefert, es *benutzt* vielmehr den Zufall als willkommene Variationsquelle, um in der Auseinandersetzung mit der Welt seit den ersten enzymatischen Reaktionen bis zum *world wide web* unbeirrt seine Richtung beizubehalten, und diese Richtung ist benennbar: wachsende Komplexität und damit verknüpft zunehmende Unabhängigkeit von ökologischen Lebensbedingungen.

Die Evolution ist eine großartige und hinreißende Geschichte über die Emanzipation des Lebens aus den engen Fesseln der Natur in mehr und mehr selbstbestimmte Freiheit, und der Höhepunkt dieser Emanzipationsgeschichte ist der Mensch:

- Er ist das einzige Lebewesen, das sich nach eigenen, frei gewählten Kriterien eine selbstbestimmte, »humane« Lebenswelt schaffen kann.
- Er ist das einzige Lebewesen, das sich dem Diktat reproduktiver Fitness und natürlicher Auslese entziehen kann.

- Er ist das einzige Lebewesen, das sich die Werkzeuge der natürlichen Evolution bis hin zur Genmanipulation angeeignet hat und damit die natürliche Evolution durch eine kulturelle, seinen eigenen Zielen folgende Evolution überformt. Nunmehr bestimmt der bewusste Mensch und nicht nur die »blinde und unbarmherzige« Natur den weiteren Fortgang der Evolution.

- Er ist das einzige Lebewesen, das mit der Freiheit Selbstbestimmung erlangte und damit Verantwortung für alles Lebendige trägt. Die Übernahme evolutiver Mechanismen aus unbewusster Natur in ein Bewusstsein mit autonomen Zielen konnte mitreißende, humane Welten schaffen. Niemand hat die Chancen dieser Freiheit besser verstanden als Johann Gottfried Herder, der am Ende des 18. Jahrhunderts im vierten Buch (VI., 6) seiner »Ideen zur Philosophie der Geschichte der Menschheit« schrieb: »Der wahre Mensch ist frei und gehorcht [nur, der Verf.] aus Güte und Liebe.«

- Er ist das einzige Lebewesen, das mit seinem Selbstbewusstsein weiß, dass es dem Tod anheimfallen wird. Im Angesicht des Todes schafft es transzendente Weltvorstellungen, die sein Dasein mit bestimmen.

- Er ist das freieste und faszinierendste Lebewesen, das je den Erdball bewohnt hat. Mit dem Menschen hat sich die lebendige Materie selbst befreit. Die Freiheit des Menschen und seine damit verbundene Gestaltungsmacht sind keine Anmaßung gegenüber der Natur oder gar das Geschenk einer außernatürlichen Gottheit, sondern das konsequente Ergebnis einer natürlichen Evolution, die wachsende Komplexität schafft und Umweltunabhängigkeit begünstigt. Insofern sind die besonderen menschlichen Eigenschaften natürliche Eigenschaften, die wir im Sinne der Natur artgerecht zu nutzen haben wie jeder andere Organismus, den die natürliche Evolution hervorbrachte. Unsere naturgegebenen kreativen Fähigkeiten zu fesseln wäre genauso unsinnig, wie einem Vogel die Benutzung seiner Flügel zu verbieten. Wenn der Mensch sich seiner Art gemäß verhält, stellt er sich nicht gegen die Natur, sondern schafft als Kind der Natur eine humane Welt, welche die Natur einschließen muss, weil sie die Lebensgrundlage des Menschen bleibt.

Der Trend zu wachsender Komplexität der Zellen und Organismen ist kein göttlicher Funke, der das Leben entzündet, sondern eine zwangsläufige Folge der eisernen Regel, dass der Erfolgreichere den weniger Erfolgreichen übertrumpft. Mit der Komplexität wächst die Fähigkeit zur Selbstorganisation von Systemnetzwerken. Wie sich schon auf dem Niveau des enzymatischen Stoffwechsels in Bakterien und Zellen zeigt, schafft höhere Komplexität mehr Möglichkeiten für Kooperation und Raum für Redundanz, die Lebensfunktionen, wie zum Beispiel Stoffwechselvorgänge, effektiver macht und gegen Zufälle absichert. Dies könnte die Grundlage für die stabilisierende Selbstorganisation solcher Funktionskomplexe sein.

Komplexe Systeme verhalten sich allerdings widersprüchlich, weil sie einerseits mehr Sicherheit gewähren, andererseits aber auch verletzlicher werden, wenn Fehler in Kernbereichen eines Netzwerks auftreten. Antagonistische Eigenschaften ziehen sich durch alle Ebenen des Lebendigen von den Molekülen bis zu Populationen und Ökosystemen: Kooperation versus Konkurrenz, Artenbildung versus Aussterben, Stabilität versus Störung.

In einem Kernbereich der Evolution macht sich dieser Antagonismus, der Dynamik erzeugt, besonders deutlich bemerkbar: Zellen und Organismen betreiben einen hohen und energetisch kostspieligen Aufwand, damit bei Genduplikationen möglichst wenige unvermeidbare Fehler auftreten. Schließlich soll ein von der Natur als erfolgreich selektioniertes Genensemble über möglichst viele Generationen hinweg unversehrt erhalten bleiben. Andererseits ist die natürliche Auslese auf Genveränderungen angewiesen, wenn sie auf eine sich ändernde Umwelt mit neuen, gut angepassten Genomen antworten will. Genmutationen sind aber im Grunde nichts anderes als fehlerhafte Informationen, die den Reparaturmechanismen der Zelle und des Zellkerns entgangen sind. Die meisten dieser Mutationen schaden dem System und verschwinden wieder aus dem Genom oder führen gar zum Tod. Doch diese Verschwendung von Leben wird in Kauf genommen um der seltenen Chance willen, dass ein solcher »Genfehler« sich vorteilhaft auf das System und die Lebensfähigkeit in seiner Umgebung auswirkt. Auf der Ebene der Gene sind solche zufälligen Innovationen teuer mit geopfertem Leben erkauft.

Dem Dilemma antagonistischen Verhaltens begegnen komplexe Netzwerke mit einem modularen Aufbau aus mehreren Unternetzwerken. Vor allem ineinander verschachtelte und hierarchisch verknüpfte Netzwerke mit der Fähigkeit zur Selbstorganisation, wie sie am ausgeprägtesten in Gehirnen zu finden sind, können fehlerhafte Stellen durch die Rekrutierung ähnlicher Module bis zu einem gewissen Grade ausgleichen. Der Neocortex des Menschen mit seinem schier unerschöpflichen Vorrat an Modulen und deren hierarchischer Steuerung durch Netzwerke des Frontalhirns ermöglicht nicht nur eine erstaunliche funktionelle Plastizität, wenn bestimmte Hirnareale ausfallen, sondern gewährt auch hochflexible Anpassungsmöglichkeiten in sich rasch verändernden und ganz verschiedenartigen Umwelten, ohne dass sich das ganze System neu erfinden müsste.

Plastizität und Flexibilität sind die vorteilhaften Eigenschaften, welche die Richtung der Evolution zu wachsender Komplexität und zunehmender Befreiung aus Umweltfesseln bis zur Entstehung eines weitgehend autonomen Gesamtnetzwerks »Mensch« bestimmt haben. Diese Evolutionsrichtung zielt naturnotwendig auf einen sich weitgehend selbst regulierenden autonomen Organismus, und dieses Lebewesen heißt nun einmal *Homo sapiens*. Würde der Evolutionsprozess von vorne beginnen, entstünde irgendwann ein ähnlich selbständiges, autonomes, intelligentes System, das höchstwahrscheinlich anders aussehen würde als der heutige Mensch, aber ähnliche Eigenschaften hätte und Ähnliches leistete.

»Im Anfang war das Wort.« Dieser jahrtausendealte biblische Satz aus mythosgeschwängerten Urzeiten erweist sich auch in unserer aufgeklärten naturwissenschaftlichen Zeit als richtig. Seit seinen enzymatischen Anfängen in einer wie immer gearteten Ursuppe oder einem Urschlamm vor mehr als vier Milliarden Jahren beruht Leben auf Information. Dabei geht es nicht um Information per se, um statische Information, die möglichst umfangreich in einer sicheren Bibliothek, beispielsweise in Form von Genen verwahrt bleibt, sondern um den Informationsaustausch oder Informationsumsatz zwischen Partnern. Partner, die sich gegenseitig etwas zu sagen haben, sind Moleküle in enzymatischen Reaktionen, verschiedene Stoffwechsel- und Gennetzwerke in der Zelle. Zellen kommunizieren untereinander ebenso, wie die Organe eines Organismus über hormonale und neuronale Informationssysteme miteinander reden. Gehirne haben keine andere Aufgabe, als Informationen aufzunehmen, zu verarbeiten und umzusetzen, um damit komplexe Organismen durch die Fährnisse einer hochstrukturierten Welt zu steuern. Selbst das winzige Gehirn einer Ameise kann es mit technischen Computern aufnehmen, und das menschliche Gehirn bleibt mit weitem Abstand das komplizierteste Konstrukt, das der Erdball je gesehen hat, unerreichbar selbst von noch so riesigen Hochleistungsrechnern mit Terabytes und weltumspannenden Vernetzungen. Kooperation und Konkurrenz in Tier- und Menschengesellschaften beruhen auf einem permanenten und differenzierten Informationsfluss zwischen den Individuen. Und die letztlich von der Sonne stammende Energie für alle Lebensprozesse wäre ohne den ständigen Informationsfluss zwischen Organismus und Umwelt jeder Lebensform, vom Bakterium bis zum Menschen, entzogen. Die Quintessenz des Lebens ist daher die Interaktion auf allen Organisationsstufen des Lebens, beginnend mit den Molekülen in der Zelle über die Organe in einem Organismus, die Mitglieder einer Population bis hin zu den vernetzten Dialogen zwischen den vielfältigen Lebensformen, die sich zu einem Ökosystem verbunden haben. Leben ist Informationsdynamik oder »fortwährendes Fressen von Information«, wie es Konrad Lorenz ausgedrückt hat.

Es gibt auch andere Vorstellungen über das Wesen des Lebendigen. Richard Dawkins vertritt in seinen weltweit gelesenen Büchern die Auffassung, dass die Gene das Leben beherrschen. Diese Informationsstruktur in Form von DNA versucht, sich mit ihrer Fähigkeit zur Selbstreplikation von Generation zu Generation unversehrt am Leben zu erhalten und sich zu vermehren bis in alle Ewigkeit. Die Gene enthalten die Instruktionen für die Gestalt und Funktion ihrer Organismen und sind dieser Theorie zufolge die eigentlichen Meister der Evolution. Nach Dawkins benutzen die Gene die Organismen lediglich als energiespendende Vehikel, die sie vor den Fährnissen und Unwägbarkeiten einer sich verändernden Welt schützen und ihnen von Generation zu Generation ein potentiell ewiges Leben sichern sollen. Wir, die Organismen, die unüberschaubare Vielzahl an Bakterien, Pflanzen- und Tierarten einschließlich des Menschen tanzen nur nach dem Taktstock der Gene. Die Organismen sinken zu einem Epiphänomen eines molekularen Ewigkeitsdranges herab. Sollten die Gene tatsächlich den Evolutionsprozess bestimmen, wäre es für sie klüger gewesen, die Komplexität ihrer Vehikel auf dem Niveau von Bakterien zu belassen.

Bakterien gehören zu den ältesten Lebensformen auf der Erde und gedeihen mit unverwüstlicher Lebenskraft und rasanten Vermehrungsraten in allen Räumen und durch alle Zeiten. Sie sind die sichersten Vehikel für ewigkeitssüchtige Gene, während komplexere Genfahrzeuge mit schöner Regelmäßigkeit wieder aussterben und durch andere ersetzt werden.

Im Gegensatz zu komplexeren Organismen, den Tier- und Pflanzenarten, die um Ressourcen konkurrieren müssen, verhalten sich Bakterienarten untereinander oft kooperativ. Je nach den Bedürfnissen, die sich aus einer aktuellen Umweltsituation ergeben, können sie mühelos geeignete Gene von anderen Bakterienarten aufnehmen oder an andere abgeben. Durch diesen lateralen Gentransfer werden Gene zu Kosmopoliten, die je nach Umweltdruck zwischen Bakterienarten hin und her wandern. Damit ist eine schnelle und flexible Anpassung an Umweltveränderungen gewährleistet und der Fortbestand von Genen am besten gesichert. In einem solchen, im Stundentakt sich vermehrenden Bakterium könnte sich ein um seinen Fortbestand besorgtes Gen besser aufgehoben fühlen als in einem menschlichen Gehirn, das womöglich vor der Kinderzeugung einer Infektion zum Opfer fällt oder in der heutigen gesellschaftlichen Situation die Reproduktion willentlich verweigert.

Die mit dem Fortgang der Evolution anwachsende Komplexität und Vernetztheit der Funktionssysteme in Organismen verlangten zunehmend danach, ein Genensemble zu bewahren, das die Instruktionen für das diffizile Gesamtsystem enthält. Deshalb wurde bei komplexeren Organismen der schnelle, laterale Informationstransfer zugunsten des langsameren, vertikalen Transfers von Generation zu Generation allmählich aufgegeben. Erst mit der kulturellen Evolution des Menschen wird der laterale Informationstransfer wieder zu einem bestimmenden Werkzeug der Entwicklungsgeschichte. Die rasante Anhäufung von Wissen und Erkenntnissen und die exponentiell wachsende Akkumulation von Leistungen aus Wissenschaft und Technik stehen durch lateralen Informationstransfer prinzipiell der ganzen Menschheit zur Verfügung. Diese lateral sich ausbreitende Informationsflut menschlicher Kulturarbeit dominiert schon heute den weiteren Fortgang der Evolution und konkurriert erfolgreich mit der Evolution durch natürliche Auslese. Sie ersetzt Darwins Konzept durch eine anthropozentrische Gestaltung heutiger und künftiger Lebenswelten.

Die matrizengetreue Duplizierung der Gene und ihre unverfälschte Weitergabe von Generation zu Generation ist fraglos die Grundlage für den Fortbestand des Lebens und somit eine Voraussetzung für den Bestand der Biosphäre. Eine andere, ebenso unabdingbare Vorbedingung für alles Leben ist der Energieaustausch mit der Umwelt. Der Begriff Dialog trifft die Wirklichkeit besser, weil er im Gegensatz zum Austausch die aktive Kommunikation beider Partner ausdrückt.

Mit der Komplexität der Organismen wachsen die Kommunikations- und Kooperationsmöglichkeiten. Damit erhöhen sich die Überlebenschancen in der Konkurrenz um die Ressourcen und erweitert sich das Spektrum der Reaktionen auf Umweltveränderungen, was wiederum die Umweltabhängigkeit vermindert. Wie geschildert, führt diese ungebrochene Richtung der Evolution naturnotwendig zu einem sich selbst bestimmenden, freien Lebewesen, wie es im *Homo sapiens* verwirklicht ist. Wir sind also genau das, was viele aus unterschiedlichen Motiven nicht hören wollen: die Krönung der Evolution.

## 2. Die sprachbegabte Gesellschaft

Stanley Kubricks Film »2001: Odyssee im Weltraum« beginnt mit einer Szene, in der sich eine Horde von Hominiden in unwirtlicher Landschaft zufrieden grunzend um ein Wasserloch versammelt hat. Diese Affenmenschen unterhalten sich mit unartikulierten Lauten, von Sprache kann noch keine Rede sein. Mit lautem Geschrei und aufgeregtem Drohgehabe wehren sie den Angriff einer anderen Gruppe ab. Da entdeckt einer dieser Affenmenschen, dass man abgenagte Knochen in die Hand nehmen und damit zuschlagen kann. Beim nächsten Überfall der Nachbarn erschlägt er mit dieser Knochenkeule einen der Angreifer, worauf sich die Eindringlinge rasch zurückziehen. Das Triumphgeschrei und -gehopse ist groß: Kain hat Abel erschlagen. Mit überschäumender Kraft schleudert der Totschläger den Knochen in die Luft. In einem der grandiosesten Schnitte der Filmgeschichte verwandelt sich der durch die Luft taumelnde Knochen in ein majestätisch dahingleitendes Raumschiff des 21. Jahrhunderts.

Nach Auffassung einiger Anthropologen trifft diese Kurzfassung der Menschheitsgeschichte den Nagel auf den Kopf. Die gegenüber den heutigen Primatengruppen sehr viel größeren und viele nichtverwandte Mitglieder einschließenden Hominidengesellschaften seien entstanden, weil sie sich ständig gegen angreifende Nachbargruppen zur Wehr setzen mussten. Paläontologen glauben, in mehrere Millionen Jahre alten Relikten Spuren dieser Aggressivität gefunden zu haben. Derselbe Evolutionsdruck habe auch Sprache entstehen lassen, denn nur diejenigen Horden hätten sich durchsetzen können, die durch differenzierte Kommunikation von Gruppenregeln kohärentes und koordiniertes Gruppenverhalten herzustellen vermochten.

Eine andere interessante These sieht den Beginn menschlicher Gesellschaften und ihrer Sprachen ebenfalls in deren Wehrhaftigkeit. Mit der Entdeckung von Fernwaffen, gemeint sind zielgenau geworfene Steine, später Pfeile und Wurfspeere, sei der Bedarf an gruppeninterner Kommunikation so groß geworden, dass vokalisierte Sprache die auf Sicht angewiesene Gestensprache abgelöst habe. Für den Neurobiologen hat diese Spekulation den Charme, dass sie das Entstehen des Sprechens eng mit der Motorik nicht nur von Gesten verknüpft, sondern auch mit jener des zielgenauen Werfens. Es sei an die feinmotorische Steuerung von Hand- und Armbewegungen der Primaten durch das Cortexfeld F5 erinnert, dasselbe Areal, das beim Menschen als Broca-Areal auch die Steuerung des Sprechens übernimmt. Heutige Schimpansen können durchaus lernen, eine Reihe von Symbolen mit einer Syntax zu Sätzen zu verbinden, doch gelingt ihnen das nur über kurze Verknüpfungsketten, während menschliche Sprache sich in potentiell endlosen Satzketten verlieren kann.

Es sei dahingestellt, ob der Fortschritt in der Wehr- und Angriffstechnik odere andere Notwendigkeiten wie Arbeitsteilung, faire Versorgung aller Gruppenmitglieder und Ähnliches, oder eine Mischung aus verschiedenen gruppeninternen Bedürfnissen Sprache entstehen ließ und den sprechenden Gruppen gegenüber den sprachlosen einen immensen Vorteil verschaffte. In jedem Fall ist der Schlüssel für die Entstehung und das Wachsen menschlicher Gesellschaften das soziale Lernen, das Lernen vom Anderen, womit Wissen und Können vertikal von den Eltern an die Kinder und lateral an andere Gruppenmitglieder weitergegeben werden. Der soziale Informationstransfer ist ungemein schnell und erlaubt rasche Verhaltensänderungen. Er hat aber gegenüber der langsamen genetischen Informationsvererbung von Generation zu Generation zunächst den gravierenden Nachteil, dass ihm ein sicheres, permanentes Speichermedium fehlt, wie es die DNA-Gene darstellen. Die im Gehirn einzelner Mitglieder tradierten Fähigkeiten einer Gruppe können durch den Tod Einzelner oder durch das Aussterben der Gruppe spurlos verschwinden. Erst mit der Erfindung der Schrift und sehr viel später des Buchdrucks ergibt sich eine gute Chance, dass erlangtes Wissen und erworbene Fertigkeiten über die einzelne Gesellschaftstradition hinaus nicht mehr verlorengehen, durch vernachlässigte Nutzung vergessen oder bei der Weitergabe von Generation zu Generation korrumpiert werden.

Eine einfache Protosprache, vielleicht nur in Form von Gesten und einfachen Lauten, soll bei der frühen Hominidenart *Homo erectus* vor etwa zwei Millionen Jahren entstanden sein. Diese Menschenart hat schon Feuer benutzt, stellte Steinwerkzeuge, Faustkeile und Speere her. Diese gesellschaftlichen Leistungen sind ohne sprachliche Kommunikation kaum denkbar. Doch von diesen wenigen, aus verschollener Vorzeit übriggebliebenen Artefakten auf Sprache und deren Entstehung zu schließen, muss spekulativ bleiben. Die ersten sicheren Zeugnisse für gesprochene Sprache sind 130 000 bis 140 000 Jahre alt. Einen Biologen überzeugen dagegen die vergleichenden neurobiologischen Tatsachen, wie sie im Kapitel über das Sprechen dargestellt wurden, am meisten, weil sie die corticale Steuerung der Feinmotorik der Hände, der Gesten und des Sprechens miteinander verbinden. Diese neuronale Prädisposition brauchte äußeren Druck in ökologischer, wehrhafter oder gruppeninterner Form, um Sprache entstehen zu lassen. Aber auch Primaten unterlagen zu jener Zeit den gleichen äußeren Restriktionen und Bedürfnissen und entwickelten bis heute keine Sprachen, weil ihnen dafür die neuronalen Voraussetzungen fehlen.

Ohne Sprache gibt es keine menschliche Gesellschaft. Aber erst mit der Erfindung von Schrift konnten sich die enormen Möglichkeiten des raschen sozialen Informationserwerbs voll entfalten, weil sie die Tradierung über potentiell grenzenlose Zeiträume und geographische Regionen erlaubte. Aus lokalem Wissen und Können, von einzelnen Gesellschaften oft eifersüchtig gegenüber Konkurrenten gehütet, können regionale und mit wachsender Mobilität sogar menschheitsumgreifende nützliche und akkumulierende

Vorräte an Wissen, handwerklichem und geistigem Können erwachsen. Schrift ergänzte das individuelle Nachahmen, das bis zum heutigen Tag das zentrale Instrument für laterale Informationsausbreitung geblieben ist. So sind Basiserfindungen der Menschheit ohne schriftliche Anweisungen entstanden; man denke an das Rad, an Grundwerkzeuge wie Hammer, Messer, Beil, Säge, an die Handwaffen wie Speere, Pfeil und Bogen, Schwerter und Schilde. Schriften entstanden mehrmals und unabhängig voneinander. Die bislang ältesten Zeugnisse stammen von den Sumerern und sind ca. 5000 Jahre alt. Die Chinesen entwickelten ihre Schrift vor etwa 3300 Jahren, eine dritte Schriftart erfanden Mexikoindianer vor 2600 Jahren.

Lesen und Schreiben werden keinem Menschenkind bei der Geburt mitgegeben, beides muss langsam durch soziales Lernen erworben werden. Bis heute ist es eher eine Minderheit der Menschen, die lesen und schreiben kann. Noch im Mittelalter beherrschten diese Kunst in Europa in erster Linie Mönche. Erst über hierarchische Kommunikationswege konnten schriftliches Wissen und Gedankengut in Gesellschaften eine Breitenwirkung entfalten. Heutige Zivilisationsgesellschaften können ohne schriftliche Zeugnisse auf dem Papier oder dem Bildschirm nicht mehr existieren. Nur literate Gesellschaftsschichten vermögen moderne, wissenschaftsbasierte Zivilisationen zu tragen.

Schreiben und Lesen von Schriften sind aus phylogenetischer Sicht so jungen Datums, dass sie im Genom des Menschen wahrscheinlich noch keine festen Spuren hinterlassen haben. Damit entsteht für die neurobiologische Betrachtung ein interessantes Problem. Der durch die Gene vollständig in verschiedene Funktionsfelder aufgeteilte Neocortex muss für diese kulturellen und von jedem Individuum selbst zu erwerbenden Errungenschaften Raum geben. Lesen ist primär eine visuelle Leistung und das Schreiben eine motorische Tätigkeit der Hand, nicht des Kehlkopfes und der Mund- beziehungsweise Zungenmuskulatur. Beide Tätigkeiten beruhen auf dem gleichen Verständnis von Symbolen und deren Aneinanderreihen nach grammatischen Regeln.

In der linken Cortexhälfte wurden Areale gefunden, die regelmäßig beim Lesen aktiviert werden. Einige überlappen sich mit denen, die für die Verarbeitung gesprochener Sprache zuständig sind. Doch ein Gebiet, das in enger Nachbarschaft zu Feldern liegt, die Gesichter repräsentieren, wird nur beim Lesen und nicht beim gesprochenen Wort aktiv. Dieses linke »visuelle Wortareal« wird bei lesenden Japanern und Chinesen, die ganz andere Schriften vor sich haben als das uns geläufige Alphabet, genauso aktiv. Das Areal reagiert am stärksten, wenn der individuelle Leser eine ihm besonders vertraute Schrift und Orthographie liest. Bei Kindern, die Lesen lernen, wird das Gelesene zunächst eher diffus in ventralen Seharealen des linken Cortex repräsentiert und fokussiert sich mit dem Lesefortschritt auf das genannte visuelle Wortareal. Ein definiertes Cortexareal wird also für eine kulturell erworbene Leistung spezifiziert, ohne dass die dort ursprünglich verankerte visuelle Aufgabe verlorengeht. Man spricht von einer »recycling hypothesis« corticaler Repräsentation kulturell erworbener Leistungen. Leider gibt es entsprechende Erkenntnisse für das Schreiben noch nicht.

Auch das Rechnen stellt ein ähnliches Problem dar. Das uns heute geläufige Zahlensystem wurde vor 2600 Jahren in Indien geschaffen und kam erst im Mittelalter durch arabische Wissenschaftler mit entsprechenden Rechenalgorithmen in europäische Kulturen. Erstaunlicherweise werden trotz dieser jungen Geschichte der Arithmetik über alle Kulturen hinweg beim Rechnen die gleichen Hirnareale aktiviert, die in Nachbarschaft zu solchen des Greifens, Zeigens und der Aufmerksamkeit liegen. Bei Affen, die zwar nicht rechnen, aber in begrenztem Umfang zählen können, wird bei dieser Tätigkeit dasselbe Gebiet aktiv, das primär für die Erfassung der sich andernden Rauminformationen bei Augenbewegungen zuständig ist und beim Rechnenlernen im menschlichen Cortex Raum freigibt für arithmetische Fähigkeiten. Beim ersten Erlernen sind jedoch zunächst nur frontale Cortexbereiche aktiviert. Erst wenn die Rechenfertigkeiten stabil erlernt sind, werden sie in den hinteren, parietalen Cortexbereich transferiert. Offensichtlich verdanken wir dem oben beschriebenen sozialen Gehirn im überdimensionalen Frontalcortex die besondere Fähigkeit, von anderen schnell und effektiv zu lernen. Die geschilderten neuen Erkenntnisse über das Lesen und das Rechnen geben einen ersten Einblick in das allgemeine Problem, wie kulturell erworbene Fähigkeiten in ein durch Gene und Ontogenese geprägtes Gehirn integriert werden. Ohne die modulare Organisation unseres Neocortex und die damit verbundene unerschöpfliche Flexibilität wäre die heutige, kulturell dominierte Menschheit mit ihren globalen Vernetzungen des Wissens, des Güteraustauschs und der Arbeitsteilung nicht denkbar.

Mit der Schrift, dem Buchdruck und den elektronischen Medien haben Menschengesellschaften die Denkergebnisse und Leistungen einzelner kreativer Gehirne oder kleiner Gehirn-Teams sozialisiert und trotz Patentrecht und Firmengeheimnis prinzipiell der ganzen Menschheit zur Verfügung gestellt. Innovationen reifen, oft nach gemeinsamen Diskussionen, in einzelnen Gehirnen heran. Auch bei Primaten stammen Werkzeugtraditionen von einzelnen Tieren. So wurde das Waschen von Süßkartoffeln und später von Weizenkörnern bei japanischen Rhesusaffen von dem gleichen Weibchen erfunden. Bei Primaten sind es eher niederrangige und marginalisierte Gruppenmitglieder, die Innovationen für die Gruppe liefern. Verhaltensweisen, die zu Neuerungen führen, nehmen dann zu, wenn bisheriges Routineverhalten nichts mehr verspricht. Stressfreie und wohlgenährte Affen mit viel Freizeit sind nicht diejenigen, die für Innovationen sorgen. Wer will, mag Analogien zu menschlichen Gesellschaften ziehen.

Mit den Computern und ihrer weltumspannenden Vernetzung haben wir begonnen, nicht nur die Ergebnisse, sondern auch grundlegende *Gehirnfunktionen*, Algorithmen, Vernetzungseigenschaften und insbesondere Gedächtnisspeicher zu sozialisieren. Wenngleich die heutigen Computer der Assoziationskraft und Kreativität menschlicher Gehirne unterlegen sind, übertreffen sie unsere Gedächtnisleistungen und -kapazitäten bei Weitem. Umfangreiche Rechenoperationen, wie sie die heutige Technik und Wissenschaft verlangen, wären mit Gehirnen nie erreichbar. In der Sozialisierung singulärer Errungenschaften, individueller Erkenntnisse und Einsichten liegt der Erfolg wissenschaftsbasierter moderner Zivilisationen begründet. Diese Vergesellschaftung der Gehirne schuf die Mittel und Instrumente, mit denen wir uns zur Zeit die Werkzeuge der Evolution aneignen und die Natur mehr und mehr beherrschen. Evolution ist heute nicht länger nur eine Frage natürlicher Auslese, die Kriterien der Selektion werden vielmehr zunehmend von Menschen bestimmt. Der Fortgang der Evolution einschließlich unserer eigenen wird durch uns selbst gesteuert, bewusst und fatalerweise auch unbewusst. Wir sind durch die sich akkumulierende kulturelle Evolution in der einzigartigen Situation, nicht nur deren Gegenstand, sondern gleichzeitig ihr Gestalter zu sein. Das lädt den heutigen und kommenden Generationen eine völlig neuartige, globale und vorausschauende Verantwortung auf, die früheren Menschgeschlechtern gänzlich unbekannt und unvorstellbar war. Diese neue Aufgabe wird über mehrere Generationen, verbunden mit unvermeidbaren, schmerzenden Fehlleistungen, sozial erlernt und in globalen Regelwerken verankert werden müssen, deren Befolgung nur durch internationale Politikinstrumente durchzusetzen ist. Diese für manche beängstigende Zukunft ist ein unausweichliches Ergebnis menschlicher Evolution. Mit anderen Worten: Die Darwin'sche natürliche Evolution ist nicht mehr allein auf der Welt. Die vom Menschen zu verantwortende kulturelle Evolution prägt heute und in alle Zukunft Mensch *und* Natur.

## 3. Gesellschaftsstruktur

Zumindest in den Köpfen von Wissenschaftlern, die sich mit der Entstehung menschlicher Gesellschaften beschäftigen, spielen gewalttätige Auseinandersetzungen eine dominierende Rolle. Es gibt eine Theorie, wonach nicht nur die Sprache, wie oben dargelegt, sondern auch die ersten Gruppenstrukturen durch die unabweisbare Notwendigkeit entstanden seien, sich gegen andere Horden wehren und aus gemeinsamer Jagd mit Vorräten versorgen zu müssen. So lässt Paul M. Bingham in seiner »coalitional enforcement theory« (koalitionären Erzwingungstheorie) von 1999 die Geschichte menschlicher Gesellschaft wiederum mit der Entdeckung beginnen, dass man durch zielgenaues Werfen Gegner auf Distanz halten und sie ohne persönliche Beteiligung an handgreiflichen Kämpfen verletzen und töten kann. Dies gelänge am erfolgreichsten, wenn sich Koalitionen bildeten, die gemeinsam dieses Ziel verfolgten. Koalitionäre müssten sich allerdings gegen soziale Betrüger schützen, die alle Vorteile kommunaler Wehrhaftigkeit genössen, ohne sich den mit Verteidigungsakten verbundenen Risiken auszusetzen. So seien die ersten, gesellschaftlich vereinbarten Regeln solche der gemeinschaftlichen Bestrafung sozialer Betrüger gewesen. Solche koalitionären Zwangsmaßnahmen begünstigten nicht nur den Gruppenzusammenhalt, sondern verminderten auch das individuelle Risiko der Strafenden umso deutlicher, je mehr Personen sich an der Strafaktion beteiligten.

Diese Logik erinnert an die kriegführenden Schimpansen. Aus Motiven, die bis heute völlig ungeklärt sind, bilden sich bei Schimpansen »spontan« Männchenkoalitionen, die gemeinsam an den Grenzen des Gruppenreviers auf Patrouille gehen. Trifft die Patrouille auf Schimpansen benachbarter Gruppen, so greift sie diese Tiere an, wenn sie eindeutig in der Überzahl ist, und verletzt und tötet diese Nachbarn ohne Hemmungen auf brutalste Weise. Es ist also denkbar, dass die Neigung zur koalitionären Erzwingung kommunaler Wehrhaftigkeit vom gemeinsamen Vorfahren des Menschen und des Schimpansen geerbt wurde, denn dieses kriegerische Verhalten wurde unter Menschenaffen bislang nur bei Schimpansen beobachtet.

Ob die gemeinschaftliche Abstrafung sozialer Dissidenten ein frühes Erbe der Hominidenvergangenheit ist, sei dahingestellt. Bleibt man jedoch bei dieser linearen Denkweise, wird man folgern, dass die gemeinschaftliche Zwangsmaßnahme einen autokatalytischen Prozess wachsender Kooperation zwischen Verwandten und Nichtverwandten auslöst, da sich die sozialen Kosten von Wehr- und Strafmaßnahmen auf immer mehr Menschen verteilen. Das Risiko ist für den Einzelnen umso geringer, je größer

die Anzahl der Beteiligten ist. Deshalb werden sich die meisten Gruppenmitglieder solchen Koalitionen anschließen, und nur wenige werden versuchen, sich einer solchen Belastung zu entziehen. Da dieses »coalitional enforcement« letztlich auf das zielgenaue Werfen zurückgeht, zu dem kein Tier
in der Lage ist, ergibt sich daraus die Einmaligkeit der Entwicklung menschlicher Gesellschaften. So also entstanden nach Bingham und vielen Anthropologen die wachsenden anonymen, Familienbande transzendierenden
Gesellschaften mit ihren sozialen Regelwerken, und das, zusammen mit
seiner intellektuellen/handwerklichen Virtuosität, habe den Menschen
letztlich zum Beherrscher aller natürlichen Lebensbereiche gemacht.

In den frühen Menschengesellschaften gab es sicherlich noch andere
Motive als die des wehrhaften Verhaltens, die Mechanismen zur Durchsetzung von Gruppenregeln begünstigten. So setzt beispielsweise die schon
erwähnte Virtuosität des Menschen gesellschaftlich organisierte und geschützte Freiräume innerhalb der Gruppe für das soziale Lernen in der
Kindheit und Jugend voraus. Außerdem entfalten sich früh in allen anonymen und wachsenden Gesellschaften die Arbeitsteilung und die Zuweisung
von Rollen an die Gruppenmitglieder. Auch diese singulär menschlichen
Verhaltensweisen bedürfen fortwährender Kommunikation und verbind-
licher Regeln innerhalb der Gesellschaft, die wechselseitiges Vertrauen
schaffen und langfristig sichern.

Schon bei Tieren bildet gegenseitiges Vertrauen die Grundlage für
kooperierendes Verhalten. Wer einen anderen auf Gefahren oder Ressourcen aufmerksam macht, muss die Gewähr haben, dass der Partner ihn nicht
ausnützt und hereinlegt. Solche auf Gemeinsamkeit gerichtete Absichten,
wie beispielsweise einen Partner auf eine Futterquelle aufmerksam zu machen und damit deren Erträge mit ihm zu teilen, führen schon bei Schimpansen und mehr noch bei Wölfen und Hunden gelegentlich zu Kooperationen und dämpfen aggressives konkurrierendes Verhalten. Aus solchen
Anfängen könnte auch bei Hominidengruppen eine interne Domestizierung
des Gruppenverhaltens in Gang gesetzt worden sein, die schließlich in
Aktivitäten mit sozial vereinbarten Absichten und Zielen mündete. Auf einer so geschaffenen Vertrauensbasis können sich Rollenzuweisungen und
Arbeitsteilungen entwickeln, bis hin zur reziproken Hilfsbereitschaft. Es
gilt das genossenschaftliche Credo: Einer für alle, alle für einen.

All diesen Überlegungen liegt ein unauflösbarer Widerspruch jeder
Gesellschaft zugrunde: jener zwischen den Interessen des Einzelnen und
denen der Gemeinschaft. Dieser Konflikt liegt im Fundament jeder Gesellschaft und gibt den Anstoß zur Aufstellung gesellschaftlicher Regeln und
Normen des Zusammenlebens. Wie man sieht, führen viele Wege zu einer

hochstrukturierten menschlichen Gesellschaft mit ihren singulären Eigenschaften:

1) Bildung von temporären und permanenten Allianzen zur Verfolgung gesellschaftlich vereinbarter Ziele;
2) soziales Lernen durch aktives Lehren in langen Kindheits- und Jugendphasen;
3) Arbeitsteilung und Rollenzuweisungen;
4) Schaffung und Nutzung eines akkumulativen gemeinsamen Schatzes an Wissen und Können;
5) Entstehung sozialer Netzwerke gegenseitiger Hilfe.

Nichts wirft ein helleres Licht auf die Möglichkeiten gesellschaftlicher Vereinbarungen als die Überwindung unserer individuellen, angeborenen Abneigung gegen Missgebildete durch die Gesetzgebung zugunsten Behinderter, wie sie sich in einigen Gesellschaften in den letzten Jahrzehnten durchgesetzt hat.

Beispiele wie dieses drücken eine weitere einzigartige Eigenschaft menschlicher Gesellschaften aus, die Errichtung bewusst gestalteter Nischen. Unter einer Nische verstehen die Ökologen einen artspezifischen Lebensraum mit seinen physischen und belebten Eigenschaften. Eine solche Nische entwickelt sich in einem absichtslosen Dialog zwischen Umwelt und Tier, das mit seinen Aktivitäten, zum Beispiel der Nahrungsentnahme, diese Umgebung verändert, während die veränderte Umwelt wieder zurückwirkt auf das Verhalten des Tieres usf. In vielen Fällen können sich derartige Nischen über lange Zeiträume stabilisieren. Ein gern zitiertes Beispiel aus der Tierwelt sind die Regenwürmer, die unter der Erde nach organischen Nahrungspartikeln graben und dabei den Boden auflockern. Mit ihren in den Gängen zurückgelassenen, immer noch energiereichen Exkrementen schaffen sie eine Lebensgrundlage für viele Mikroorganismen, winzige Gliederfüßer, Einzeller und Bakterien. Diese durch ständige Interaktion zwischen Tier und Umgebung entstandene Nische der Regenwürmer ist der Humus mit seiner sprichwörtlichen Fruchtbarkeit.

Wo Leben ist, gibt es artenspezifische Nischen, wobei die natürliche Selektion gegenüber der Gesamteinpassung der Art blind bleibt und sich nur auf das individuelle Tier bezieht. Die artspezifische Nische ergibt sich absichtslos aus der Summe individueller Anpassungen und deren Variationen. Der Mensch ist dagegen das einzige Lebewesen, das sich mit seinen unerschöpflichen kulturellen Möglichkeiten Nischen gestalten kann, die gesellschaftlich vereinbarten Kriterien folgen. Diese aktive Nischengestaltung ist auf ein komplexes Gemisch von Bedingungen angewiesen und vollzieht sich auf verschiedenen Ebenen. Die Grundbedingung liefert der populationsgenetische Zustand der nischenbildenden Gruppe, denn jede Menschengruppe lässt sich biologisch auch als ein Gesamtgenom darstellen, in der für die Nischenbildung günstige oder weniger günstige Genvariationen in Form von entsprechend begabten Gruppenmitgliedern enthalten sein können. Das aktuelle Gesamtgenom der Gruppe spiegelt das gesellschaftliche Verhalten der Vorfahren wider. Diese Gesellschaftsvererbung geht sogar so weit, dass beispielsweise die Nahrungsgewohnheiten der mütterlichen Großmutter das genetische Aktivierungsmuster der Enkel beeinflusst. Menschsein heißt immer, Nachfahre von Vorfahren zu sein. Neben genetischen und ontogenetischen Grundvoraussetzungen sind es die kulturellen Absichten und Fähigkeiten einer Gruppe, die das Aussehen einer solchen Nische gestalten, zum Beispiel einer agrarisch gegenüber einer handwerklich orientierten Gesellschaft. Solche Zielvorgaben führen zu internen Selektionen, zu spezifischen Lehrprogrammen bis hin zur sozialen Formung individueller Denkweisen. In der älteren Menschheitsgeschichte waren solche aktiv gestalteten Gesellschaften in ihren Zielsetzungen und Traditionen allein schon durch räumliche Isolierung sehr verschieden und konkurrierten beziehungsweise kooperierten, wo immer sie miteinander in Berührung kamen. Bis in die jüngste Zeit war der Einzelne mit den lokal identifizierbaren Gesellschaften fest in die örtliche Tradition seiner Vorfahren eingebunden. Begriffe wie Familiensitz und Familiengrab markieren diese Verortung der eigenen Vergangenheit. In der heutigen mobilen Vernetzung von Gesellschaften, in denen der Einzelne sich frei bewegen kann, geht diese örtliche Bindung an die eigene genetische Vergangenheit verloren. Die Wahrscheinlichkeit, dass man dort lebt und begraben wird, wo jetzt die Vorfahren ruhen, ist gering. Dieser individuelle Verlust der Bindung an die Vergangenheit wird die Mentalität verändern und auch die Bindung an lokale Gesellschaften lockern. In Lebensbereichen, die international agieren, wie in den Wissenschaften, entstehen neue gesellschaftliche Bindungen. Man spricht von der »community« und meint damit einzelne Wissenschaftsdisziplinen, deren Mitglieder sich rund um die Welt immer wieder auf Konferenzen treffen und in Labors oder Kollegs zusammenarbeiten. Solche Wissenschaftler sind in ihrer örtlich nicht mehr identifizierbaren »community« oft mehr zu Hause als in den häufig wechselnden Kommunen, in denen ihre Familie lebt und ihre Kinder aufwachsen.

Die Fähigkeit zu effektiver kultureller Lebensgestaltung verdanken wir Menschen den langen mentalen Zeitreisen, die uns weit in die Vergangenheit unseres individuellen und gesellschaftlichen Gedächtnisses zurückführen und uns gedanklich-planerisch in virtuelle Zukunftsvorstellungen wandern lassen. Der Riesenvorrat an Genvarianten, die unsere Zellkerne enthalten, und die noch kaum verstandenen epigenetischen Mechanismen, mit denen durch Außeneinflüsse für die aktuelle Situation geeignete Genvarianten aktiviert und andere stillgelegt werden, sorgen dafür, dass sich unsere genetisch determinierten Funktionen und Verhaltenskonzepte schnell an menschengeschaffene, kulturell geprägte neue Situationen anpassen.

Inzwischen gibt es genügend Belege für die rasche Anpassung des genetischen Aktivitätsmusters an kulturelle Bedingungen. Als zum Beispiel in Westafrika Yams-Anbauer begannen, den Wald zu roden, schufen sie damit Tümpel und Teiche, die als Brutstätten für Mücken zu vielen Malariaerkrankungen führten. Inzwischen hat sich dort in der Bevölkerung die Genvariante für Sichelzellanämie ausgebreitet, die vor Malaria schützt. Erwachsene haben Schwierigkeiten mit der Bekömmlichkeit von Milchprodukten, weil ihnen das Gen für das Milchzucker abbauende Enzym Lactase fehlt. In jenen Gesellschaften, die zu Milchwirtschaft übergehen oder vor langer Zeit übergegangen sind, wie in den Kulturen der nördlichen gemäßigten Zonen, verfügen die meisten Erwachsenen über dieses Enzym, weil durch den äußeren Druck eines ständig hohen Milchanteils im Nahrungsangebot das entsprechende Gen aktiviert wurde. Man darf gespannt sein, wie schnell sich die Lactaseverteilung in chinesischen Bevölkerungen verändert, sollte dort der momentan ausgeübte politische Druck anhalten, jeden Tag Milch zu trinken. Die alle Lebensbereiche erfassende digitale Computerwelt, in der sich die junge Generation tummelt wie der Fisch im Wasser, wird mit Sicherheit das Genaktivitätsmuster jüngster und kommender Generationen verändern, weil sich das Profil alltäglicher Leistungsanforderungen gegenüber jenem vorausgegangener Generationen grundlegend verändert hat.

Die anonyme, also nicht auf Verwandtschaftsbeziehungen beruhende Kooperation beherrscht menschliche Gesellschaften unterschiedlicher Kulturen spätestens seit der Entstehung von Städten. Heute, 10 000 Jahre später, hängt jeder Einzelne in einer modernen Gesellschaft von den kooperativen Gesellschaftsnetzwerken, die der Ernährung, der Gesundheit, dem Lernen und Lehren, der Behausung und anderem dienen, so vollständig ab, dass er als Einzelwesen praktisch nicht mehr lebensfähig ist. Deshalb drohen immer mehr gesellschaftliche Normen, Vorschriften und ungeschriebene Regeln der persönlichen Freiheit die Luft zu nehmen. Die politisch korrekten Sprachregelungen und die gelbgeränderten Quadrate auf Bahnhöfen, in denen sich Raucher nur noch aufhalten dürfen, sind die harmloseren

Beispiele hierfür. Wie oben erwähnt, bleibt der Widerspruch zwischen Einzel- und Gesellschaftsinteressen unauflösbar und wird im Dialog ein sich ständig veränderndes Gleichgewicht finden müssen.

Aus *Homo sapiens* ist längst ein *Homo faber* geworden, der in gesellschaftlichen Zusammenhängen lebt, die nach codifizierten Regeln und Wertnormen seine Tätigkeiten in der Gesellschaft koordinieren und seine Position im arbeitsteiligen Gruppengeflecht in einer Weise bestimmen, dass er nicht nur dem eigenen, sondern auch dem Wohle der Allgemeinheit dient. Laut Lexikon wird die Gesamtheit der Normen, Werte und Grundsätze, die das zwischenmenschliche Verhalten in einer Gesellschaft regeln und von ihrem überwiegenden Teil als verbindlich akzeptiert werden, als Moral bezeichnet. Die Moral einer Gesellschaft bezieht sich nicht nur auf die materiellen Werte ihrer Mitglieder, sondern je nach Kultur in unterschiedlichem Umfang auf sittliche Werte wie Treue und Wahrhaftigkeit, auf gefühlte Werte wie Gerechtigkeit, Harmonie und Freundschaft, auf geistige und vor allem auf religiöse Werte. Die Verankerung gesellschaftlicher Moral im Transzendenten durch Religionen kann die gesellschaftlichen Wertvorstellungen unangreifbar machen und ihnen die Aura universeller und ewiger Gültigkeit verleihen. Wenn die religiös begründete Moral mit einer in die Ewigkeit reichenden Strafandrohung ausgerüstet wird, verleiht sie denen, die für sich in Anspruch nehmen, diese Moral zu verkörpern, eine ungeheure gesellschaftsinterne Macht. Die Führungsschichten solcher religiös verorteten Gesellschaften haben ihre Machtmittel mit dem religiös begründeten Anspruch auf universelle Geltung nach innen und außen seit jeher für die unterschiedlichsten Zwecke der Beherrschung, der Aneignung von Ressourcen und von Arbeitskraft genutzt. Religiöse Begründungen wurden aber auch umgekehrt zur Befreiung von solchen Herrschaftssystemen herangezogen. Wo immer und wann immer das geschah, endete der Freiheitsanspruch allerdings in neuen totalitären Herrschaftssystemen. Bis heute hat es sich in der Konkurrenz der Gesellschaften untereinander für diejenigen, die über die gesellschaftlich erarbeiteten Machtinstrumente verfügten, gelohnt, die interne und externe Machtentfaltung mit religiösen Werten zu begründen.

Weder in der frühen Menschheitsgeschichte, als menschliche Kulturen schon aufgrund ihrer Isolation und begrenzten Größe auf vielfältigste Weise organisiert waren, noch heute, wo sich regionale Kulturen zu globalen Megagesellschaften vernetzen, gab es irgendeinen gesellschaftlichen Wertekanon, der sich nicht auf transzendente Quellen berief. Offensichtlich wagt es keine Gesellschaft, ihre Verfasstheit und ihre Legitimation selbstbewusst auf den menschlichen Geist zu gründen, sie braucht vielmehr eine transzendente, außermenschliche und immaterielle Legitimation. Gesellschaften, die versucht haben, ohne eine solche Legitimation auszukommen, wie jüngst der wissenschaftliche Materialismus, scheiterten vollständig. Auch heutige, auf Rationalität, Wissenschaft und Technik gegründete Gesellschaften können auf religiöse Weltbilder und religiöse Normen nicht verzichten, ob sie sich nun offen oder versteckt auf sie beziehen. Und dies gilt unabhängig von den universellen Geltungsansprüchen heutiger Weltreligionen.

In einer Zeit, in der keine Gesellschaft trotz noch so edler Moralansprüche den Versuchungen eines konsumptiven und sinnentleerten Materialismus widerstehen kann, blühen allenthalben religiöse Sekten auf, die mit ihren sinngebenden jenseitigen Heils- und Erlösungsversprechungen Massenzulauf bekommen. Diese scheinbare Widersprüchlichkeit menschlichen Verhaltens beruht auf dem Wissen, dass jedes Leben mit dem Tod enden wird. Unter den Lebewesen hat nur der Mensch Zeit. Nur der Mensch lebt nicht nur im Hier und Jetzt, sondern hat eine Vergangenheit und eine Zukunft, und diese Zukunft mundet für jeden im Tod, wie hell oder wie dunkel die Zukunft dem Einzelnen auch erscheinen mag. Offensichtlich ist unser Gehirn so strukturiert, dass es sich nicht mit einem Weltbild bescheidet, das mit dem individuellen Tod erlischt. Zeit ist grenzenlos und kennt nicht, wie das Leben, einen Anfang und ein Ende. Durch Genealogie, Gedächtnis und Tradition leben wir mit unseren Toten, und im Tod sehen wir unser eigenes Vergangensein voraus. Deshalb sind die Bestattung der Toten, in welcher Form auch immer, die Ehe (Zeugung, Lebensanfänge) und Religion die drei universalen Einrichtungen jeder Gesellschaft. Es ist hier nicht der Platz, sich philosophiegeschichtlich mit der Zeit zu beschäftigen. Aber es soll doch ein Zitat von Friedrich Nietzsche angeführt werden, das den Kern des Zeitproblems aus einer evolutionsbiologischen Sicht trifft: »Hüten wir uns, zu sagen, dass Tod dem Leben entgegengesetzt sei. Das Lebende ist nur eine Art des Todten, und eine sehr seltene Art.«

Die Geschichte menschlicher Kulturen belegt, dass Gesellschaften in ihren konkurrierenden, existentiellen oder expansionshungrigen Auseinandersetzungen in der Regel den einfachen Weg der Gewalt gewählt haben, der einer naturhaften Fitnesslogik des Rechts der Stärkeren, nicht aber menschlichen Werten folgt. An dieser Tatsache ändert sich auch dann nichts, wenn solche Überfälle und Kriege im Namen transzendenter Weltbilder mit universellem Gültigkeitsanspruch verbrämt werden.

Die Menschheit steht daher noch vor der Aufgabe, Konflikte nach Regeln zu lösen, die der menschlichen Natur und nicht den Gesetzen natürlicher Selektion entsprechen. Der Mensch ist frei und kann eine menschliche

Welt einer natürlichen Welt entgegensetzen, die »gedankenlos« und mitleidlos das Leben natürlichen Kräften überlässt. Es sei noch einmal nachdrücklich betont: Diese Freiheit zur Gestaltung einer menschlichen Welt ist keine Anmaßung oder gar ein die menschliche Natur überfordernder göttlicher Auftrag. Sie ist vielmehr das natürliche Ergebnis einer Evolution, die mit wachsender Komplexität ihrer Lebensformen immer größere Freiräume der Lebensgestaltung schuf bis hin zum Menschen, der nun mit seiner kulturell bestimmten Evolution die Alleinherrschaft der natürlichen Evolution beendet. Insofern ist die Gestaltung einer menschlichen Welt nach eigenen Wertvorstellungen ohne Rücksicht auf natürliche Fitness eine von der Evolution aufgetragene Verpflichtung, die uns die hierfür notwendigen Fähigkeiten verliehen hat. Dieser nur scheinbar widernatürliche Gestaltungswille bedarf keinerlei transzendenter Rechtfertigung, sondern ergibt sich aus der Natur des Menschen. Schließlich pflegt auch jede andere Lebensform die ihr zugewachsenen Fähigkeiten auszuschöpfen, wie begrenzt sie auch sein mögen. Wie ermahnte schon im 18. Jahrhundert Johann Gottfried Herder seine Leser? Der Mensch ist dann frei, wenn er seinen menschlichen Werten folgt. Als Beispiel führte er die Güte und die Liebe an.

## 4. Globale Probleme

Durch Wissenschaft und Technik hat sich die Menschheit Instrumente angeeignet, mit denen sie natürliche Ressourcen für eigene Zwecke nutzen und verbrauchen und das Leben bis in die molekularen Ebenen genetischer Vererbung, der Reproduktion und des Stoffumsatzes für sich selbst und zum Schaden oder Nutzen der gesamten belebten Welt manipulieren kann. Längst haben wir Bakterienkolonien so verändert, dass sie uns in Fermentern in großen Mengen Stoffe für pharmazeutische Zwecke liefern. Was die natürliche Auslese und zufällige Mutation ungerichtet in langen Zeiträumen schafft, erledigen wir heute in der Pflanzen- und Tierzüchtung auf ein bestimmtes Ziel gerichtet in wenigen Jahren. Befruchtungstechniken in der Nutztierzüchtung und für Kinderwünsche gehören zum Alltag. Wir beginnen den Weltraum zu nutzen und haben mit der digitalen Computertechnik und ihrer weltweiten Vernetzung Wissensspeicher geschaffen, die im Prinzip jedem augenblicklich zur Verfügung stehen. Es gibt keinen Lebensbereich mehr, der nicht von Computern abhängt, und auf den Bildschirmen erscheinen virtuelle Welten, die realen nur insoweit gleichen, als sie Elemente der Wirklichkeit benutzen.

Diese unerschöpflichen Manipulationskräfte, die mit der Forschung jeden Tag weiter wachsen, haben den Menschen zum Gestalter in allen Bereichen der Natur und des menschlichen Lebens gemacht. Diese unumkehrbare Entwicklung stellt die Menschen des 20. und 21. Jahrhunderts vor weltumspannende Probleme, für die die Vergangenheit keine Lösungsvorschläge bereithält.

Drei der wichtigsten dieser neuartigen Probleme sollen kurz dargestellt werden: die Kontrolle der Weltbevölkerung, der Umgang mit der Natur und die Beziehungen zwischen Gesellschaften und Kulturen.


1) Die Weltbevölkerung umfasst heute etwa 6,6 Milliarden Menschen und soll nach Berechnungen der Vereinten Nationen bis 2050 durch die Wachstumsraten in Entwicklungsländern auf 9,2 Milliarden anwachsen. Schon 1972 und 1974 hat der Club of Rome in seinen damaligen Weltzustandsberichten eine Kontrolle des Bevölkerungswachstums gefordert. Akzeptable und wirksame Möglichkeiten der Geburtenkontrolle gibt es seit der Einführung der Antibabypille Anfang der 1960er Jahre. Inzwischen hat sich das Spektrum der Verhütungsmöglichkeiten bei Frau und Mann erweitert.

Die Einführung der Antibabypille war ein epochaler Schritt in der kulturellen Evolution der Menschheit. Mit ihr wurde das Sexualverhalten, bei dem die Natur den hohen Aufwand für die Aufzucht der nächsten Generation mit Luststürmen bei der Zeugung belohnt, von der Reproduktionsfunktion getrennt. Diese Separierung mag denjenigen, die puritanische Moralnormen vertreten, bedenklich erscheinen. Aus evolutionsbiologischer Sicht bedeutet sie einen Emanzipationsschritt, weil nunmehr die Reproduktion nicht mehr dem angeborenen Paarungsdrang, sondern dem freien Willen selbstbestimmter Menschen unterworfen wird. Doch trotz der weltweiten Verbreitung der Pille gibt es aus unterschiedlichen Gründen keine gesellschaftliche oder gar globale Kontrolle der Geburtenraten. Erstens: In Gesellschaften mit großen Bevölkerungsschichten, die an der Existenzgrenze und ohne soziale Sicherungssysteme leben, steigt mit der Zahl der Kinder die Hoffnung, durch deren Arbeitskraft als Familie und vor allem im Alter nicht verhungern zu müssen. Wohlstand wäre daher ein zwangloses Mittel, die Geburtenraten zu senken, wie die schrumpfenden Bevölkerungszahlen in wohlhabenden Länder zeigen. In Indien sank in der mit dem Wirtschaftswachstum entstandenen Mittelschicht die Kinderzahl auf zwei pro Familie. Zweitens schrumpfen Gesellschaften nicht gerne, weil sie mit großen Bevölkerungszahlen ihre Identität und Stärke in Konkurrenz zu anderen besser gesichert sehen. So unternehmen wohlhabende Länder wie Deutschland finanziell unterfütterte familienpolitische Anstrengungen, um das Schrumpfen wieder in Wachstum umzukehren. Ein Blick nach Palästina zeigt, welche politische Bedeutung die Geburtenrate haben kann. Schließlich gibt es drittens moralische, vor allem religiöse Bedenken gegen eine Geburtenkontrolle in menschlicher Verantwortung. Ihre Verfechter sehen in der Gewährung von Leben ein göttliches Recht und berufen sich dabei auf Schriften, die aus einer Zeit stammen, in der die Menschheit noch Gefahr lief, durch natürliche Katastrophen, die sprichwörtlichen sieben mageren Jahre und durch Seuchen unterzugehen.

Lediglich China hat 1979 die Ein-Kind-Ehe eingeführt, um den Wohlstandszuwachs nicht sofort vom Bevölkerungswachstum wieder aufzehren zu lassen. Die Methoden, mit denen versucht wird, diese Bevölkerungspolitik durchzusetzen, sind problematisch und in den Händen einer korrupten und nachlässigen Administration. Insofern kann China kein Vorbild sein. So bleibt die nach wie vor wachsende Weltbevölkerung ein zwar lösbares, aber aus unterschiedlichen Motiven bleibendes Problem, dem sich die kommenden Generationen stellen müssen.

Entweder wir lösen dieses fundamentale, die Zukunft der Menschheit bestimmende Problem auf eine rationale und humane Weise, oder die Natur wird es für uns mit der rücksichtslosen Gewalt der Stärkeren erledigen: mit Menschheitskatastrophen, deren Ausmaß die des 20. Jahrhunderts als bloße Vorboten erscheinen lassen.

2) Wir leben in einer Phase nicht nur unkontrollierter, sondern vor allem maximierter Ressourcenausbeutung aller materiellen und biologischen Daseinsgrundlagen. Seit Mais-, Bananen- und Steakbarone mit riesigen Bulldozern und modernsten Maschinen Wälder roden lassen, seit Erdölexplorateure und Geologen die letzten Uranminen und fossilen Energiereserven aufspüren, um den Energiehunger eines nach Milliarden zählenden automobilen und umsatzstarken Teils der Weltbevölkerung, ihrer durchtechnisierten Arbeitsplätze und ihrer vollklimatisierten Appartments zu stillen, stolpern wir unerwartet schnell in eine weltumspannende und neuartige Krise. Der Artenschwund bei Tieren und Pflanzen, die Rodung der Urwälder, die Versteppung von Agrarböden, das Leerfischen der Meere, die Kontamination von Boden und Wasser und schließlich der unabwendbare Klimawandel sind Marksteine auf einer abschüssigen Straße.

Schon heute ist erkennbar, dass die wachsende Weltbevölkerung, die generell den gleichen Wohlstand anstrebt, wie er in den reichen Ländern herrscht, in absehbarer Zeit die Ressourcen für fossile Energieträger, für Wasser und für die Ernährung in einem Maße strapaziert, dass gewaltsame Auseinandersetzungen nicht ausbleiben werden. Diese Entwicklung kann nur aufgehalten werden, wenn es gelingt, machtbewehrte internationale Vereinbarungen zu treffen. Für den Fortgang der natürlichen Evolution wären absehbare Menschheitskatastrophen bedeutungslos, allenfalls eine schnell ausgebügelte Delle im Fortgang der Natur.

Ein Evolutionsbiologe könnte geneigt sein, die heraufziehende Krise als Jugendsünde eines Organismus zu entschuldigen, der seine Evolution zu einem ausgereiften, artgerechten Verhalten mit ihren schmerzhaften Anpassungs- und Lernprozessen erst noch vor sich hat. Sollte man einer Menschheit, die bis vor 200 Jahren Natur mit ihren Katastrophen und Seuchen in erster Linie als Existenzbedrohung erlebte, nicht nachsehen können, dass sie jetzt, wo sie diese Natur nach Gutdünken manipulieren und ausbeuten kann, im Eroberungsrausch über die Stränge schlägt? Wir mögen der jugendliche Rowdy sein, der auf dem träge dahinfließenden Strom der Erdgeschichte seine belanglosen Kapriolen schlägt. Doch dieser Teenager der Evolution besitzt die Kraft, mit seinen Kapriolen den Lauf dieses Stromes zu ändern. Seit 1962, als Rachel L. Carsons Buch »Der stumme Frühling« erschien, sind wir uns bewusster geworden, dass mit unserem Umgang mit der Natur etwas nicht mehr stimmt. Die Erkenntnis, dass wir mit unserer industrialisierten Nutzung natürlicher Güter Tiere und Pflanzen ausrotten, Ackerböden und Seen vergiften, erzeugte ein besonders unter Biologen und Naturfreunden verbreitetes schlechtes Gewissen. Ehrfurcht vor der Schöpfung, gleiches Lebensrecht für alle Kreaturen, Bewahrung der Natur, Demut gegenüber dem Schöpfer waren und sind bis heute moralische Kategorien, aus denen die rasch aufblühenden Schutz- und Bewahrungsorganisationen ihre Kraft ziehen. Mit diesen moralischen Ansprüchen treffen sie auf Gefühle und Sehnsüchte nach heiler Welt und Geborgenheit. Die moralische Begründungsebene setzte sich auch in der Wissenschaft durch, so dass wir heute sogar eine »conservation biology« und eine »science of conservation« mit entsprechenden wissenschaftlichen Zeitschriften haben.

Den vielfältigen und aus der Gefühlswelt der Bevölkerung sich speisenden Umweltschutzorganisationen ist es gelungen, den Umweltschutz zum Thema nationaler und internationaler Politik zu machen. Doch ihre vorwiegend moralische Begründungsebene hat auf fatale Weise die Erschließung eines rationalen und biologisch sinnvollen Zugangs zu künftiger Naturnutzung verzögert. Schon der Begriff Konservierung widerspricht biologischer Logik. Natürliche Evolution kennt keine Konservierung, ihr Merkmal ist vielmehr kontinuierliche, unablässige Veränderung. Sie hat ihre Geschöpfe aussterben lassen und neue geschaffen, sie verändert bestehende Arten, ihre Genome und ihre Gestalten ununterbrochen in Anpassung an eine sich verändernde Umwelt. Deshalb ist die Forderung der UNESCO, das Klima und das menschliche Genom zu konservieren, wissenschaftlich nicht begründbar und unsinnig. Wer nachfragt, welche Natur, welche Momentaufnahme von Natur konserviert werden soll, empfängt als Antwort ein babylonisches Stimmengewirr, aus dem er vage heraushören kann, dass alles wieder werden soll, wie es war. Bei genauerem Hinsehen entpuppt sich dieses Naturbild als dasjenige, das man aus der Kindheit kennt.

Diese liebenswerten und rückwärtsgewandten Naturvorstellungen haben im Verbund mit dem schlechten Gewissen selbst bei vielen Biologen die Lektion in den Hintergrund treten lassen, dass wir der einzige aus der Evolution hervorgegangene Organismus sind, der sich seine ökologische Lebensnische aktiv und nach selbstgesteckten Zielen gestalten kann. Der Ornithologe Peter Berthold von der Vogelwarte Radolfzell hat beispielsweise eindrucksvoll nachgewiesen, dass es die meisten Vogelarten Mitteleuropas in dessen ursprünglicher, von Sümpfen und Urwäldern dominierten Natur gar nicht gab. Erst als mit den Pionierbesiedlungen der Mönche der extensive Ackerbau aufkam und Wiesen, Felder, Wirtschaftswälder und Obstbaumwiesen entstanden, erhielten diese Singvögel ein ihnen angemessenes Biotop. Wir wollen also eine Natur konservieren, die wir in unserem kulturellen Gedächtnis aus der Literatur, der Malerei, aus den Liedern und aus eigener Erfahrung zum Bestandteil unserer Identität gemacht haben, eine Natur, die es ohne menschliche Eingriffe so gar nicht gäbe. Der Storch spielt im Naturschutz Deutschlands eine große Rolle, nicht weil er eine Schlüsselfunktion in unseren Ökosystemen innehat, sondern weil er in unserem kulturellen Erbe eine hervorgehobene Stellung einnimmt.

Wir leben längst in einer domestizierten Welt. Die Hälfte der Landflächen ist Agrarland geworden. 1995 befanden sich nur noch 17 Prozent der Landfläche außerhalb menschlicher Kontrolle. In Europa sind ca. 22000 Quadratkilometer an Küstenflächen zubetoniert, und weltweit wurden so viele Dämme gebaut, dass heute sechsmal mehr Wasser in solchen Speichern ruht, als in Flüssen frei abfließen kann. Die industrialisierten Agrarökosysteme verarmen an Biodiversität und Habitatvielfalt. Die Meere sind so überfischt, dass einst fischreiche Küstengebiete, wie zum Beispiel das Benguela-Ökosystem nördlich von Namibia, zu Meereswüsten verwandelt wurden, die nur noch Quallen ernähren. Die Städte beanspruchen Landflächen von der Größe ganz Kaliforniens. Selbst die Wildnis ist domestiziert. So sind zwar 14 Prozent der Landflächen zu Naturschutzgebieten erklärt worden, mutierten daraufhin aber zu Tourismuszentren mit entsprechenden Schäden. Zu den bekanntesten Naturschutzparks gehört der Fuji-Hakone-Izu-Park in Japan, der mehr als 120000 Quadratkilometer groß ist und jährlich von einhundert Millionen Menschen besucht wird. In ihm finden sich Hotels, Bäder, Golfplätze und Straßenbahnen.

Die Möglichkeiten, Organismen für wirtschaftliche Interessen zu nutzen und zu manipulieren, werden sich mit den fortschreitenden Biotechnologien erweitern. So gibt es im Tierhandel heute schon genetisch veränderte Tropenfische mit neuen, leuchtenden Farben. In Kürze werden auch Kleintierzüchtern und -liebhabern Werkzeuge der Gentechnik über den Ladentisch gereicht, was zu einer Vielfalt neuer Arten führen wird. Wir haben gentechnisch Pflanzen erzeugt, die gegen bestimmte Krankheiten und Schädlinge resistent sind. Es ist ohne Weiteres denkbar, dass Regenwürmer genetisch so verändert werden, dass sie die in Spuren verteilten Metalle wie Aluminium oder Titan aus Tonerden anreichern; und genetisch entsprechend manipulierter Seetang könnte aus dem Meerwasser Magnesium und Gold herausfischen. Der Phantasie sind kaum Grenzen gesetzt.

Es ist an der Zeit, einer rückwärtsgewandten und unbiologischen Konservierung das durchdachte, wissenschaftlich fundierte Management der Natur entgegenzustellen. Das Ziel ist, der Menschheit und mit ihr der Biosphäre die Lebensgrundlage zu sichern. Dies setzt voraus, dass wir das »Naturgeschenk« der aktiven Naturnutzung nach eigenen Zielen selbstbewusst annehmen und verantwortungsvoll praktizieren. Da es sich um globale Problemfelder handelt, wird es bei der Zielfestlegung internationale Debatten geben. Die Diskussion über Vereinbarungen zur Begrenzung des $CO_2$-Ausstoßes liefert ein aktuelles und lebendiges Beispiel. Wir brauchen ein technisch hochgerüstetes Management der Naturressourcen, das den nachhaltigen Ausgleich zwischen aktueller Nutzung und Bewahrung natürlicher Grundlagen schafft. Von der Erfüllung dieser Aufgabe wird unsere Zukunft abhängen. Um sie zu meistern, müssen wir endlich die Tatsache akzeptieren, dass der Mensch das Bild der Erde bestimmt und die natürliche Evolution nur noch in abhängiger Position daran beteiligt ist. Diese Verantwortung gilt es zu schultern.


3) Die Manipulationsmöglichkeiten der sich ständig erweiternden biotechnologischen Instrumente werden nicht vor dem Menschen haltmachen. Die biotechnologisch manipulierbare Welt setzt daher humane Gesellschaften voraus, deren Menschenbild den Akteur der kulturellen Evolution nicht gleichzeitig zum manipulierbaren Objekt macht. Aus dieser Befürchtung speist sich die allgemeine Abneigung gegen die Gentechnik. Die gleiche Gesellschaft akzeptiert jedoch mit geradezu freudigem Eifer die Manipulierbarkeit durch Neuropharmaka, die als Konzentrations- und Glückspillen in »human capital« verbrauchenden Arbeitswelten längst zum Alltag gehö-

ren. Um den Missbrauch biotechnischer Manipulationsmöglichkeiten ein-
zudämmen, bedarf es Gesellschaften, die unveräußerliche Werte und Per-
sönlichkeitsrechte vor Kompromittierungen schützen.

Aus evolutionsbiologischer Sicht ergeben sich wenigstens zwei Problem-
kreise:
  a) die Schaffung von Strukturen, die den inneren gesellschaftlichen Frie-
     den sichern und die Beziehungen zwischen Gesellschaften regeln,
  b) die Allgemeingültigkeit humaner Werte.

a) Nach einer weitverbreiteten Meinung hat die Menschheit aus der Geschichte nichts gelernt. Das trifft allenfalls insofern zu, als die individuellen
Motive gesellschaftlicher Interaktionen gleich geblieben sind. Dagegen
haben sich die internen und externen Instrumente, die ein gedeihliches
Zusammenleben regeln und durchsetzen, seit den Zeiten der Thingstätten
deutlich verändert. Es gibt mehr internationale Organisationen staatlicher
und nichtstaatlicher Provenienz, die sich auf den unterschiedlichsten Ge-
bieten um Interessenausgleich und um die Durchsetzung von Normen kümmern. Das beste Beispiel liefern die Vereinten Nationen mit ihren Unteror-
ganisationen, allerdings auch dafür, wie marginal deren Effizienz ausfällt,
wenn die Machtmittel woanders liegen.

Das gedeihliche Miteinander von Partnern ist am besten durch gegenseitige Abhängigkeit gesichert. Sie veranlasst die Beteiligten zu Kooperationen. Dieses Prinzip greift nur, wenn die Kräfte unter den Partnern nicht
zu einseitig verteilt sind. Das heutige Geflecht internationaler Beziehungen
basiert auf der Ökonomie und wird vollständig von einigen wenigen, tech-
nologisch fortgeschrittenen Wirtschaftssystemen beherrscht, deren Leit-
stern der Mehrwert ist, wie er sich in dem ins Gerede gekommenen »share-
holder value« ausdrückt. Solange der materielle Mehrwert alle anderen
Wertmaßstäbe in den Hintergrund drängt, wird das Ungleichgewicht zwischen wohlhabenden und armen Gesellschaften bestehen bleiben. Mehr als
die Hälfte der Menschheit arbeitet am Rande des Existenzminimums für
den überbordenden Wohlstand jener Wirtschaftssysteme, die das Kapital,
die Techniken und die Produktionsinstitutionen in der Hand halten. Das
Trugbild unbegrenzten Wohlstands, das mit dem globalen, materialisti-
schen Wirtschaftssystem verbunden wird, hat es zum angestrebten Ziel
selbst solcher Gesellschaften gebracht, die zu den Verlierern gehören. Die
Dominanz materieller Normen drückt sich sinnfällig in den Stadtbildern
moderner Metropolen aus. Die Silhouette wird nicht mehr von den Türmen
der Gotteshäuser beherrscht, sondern von den sich immer höher in den
Himmel schraubenden Architekturwundern der Banken und Weltkonzerne.

Was die deutschen Autofirmen mit ihren futuristischen Autokathedralen und der feierlichen Fahrzeugübergabe an den Käufer inszenieren, gleicht eher einer religiösen Liturgie als nüchternem Handelsaustausch. Die Dominanz materieller Normen wird die Ungleichgewichte zwischen Beherrschung und Abhängigkeit und zwischen Wohlstand und Armut zwangsläufig verstärken; sie werden sich in Gewaltausbrüchen entladen.

Aber der Mensch ist frei in der Wahl seiner gesellschaftlichen Lebensbedingungen. Die Hoffnung ist berechtigt, dass er aus der bisherigen Menschheitsgeschichte mit ihren desaströsen Zusammenbrüchen gesellschaftlicher Beziehungen allmählich die Regeln und Normen herausfiltert, die einen menschenwürdigen Umgang miteinander am ehesten gewährleisten. Die Tatsache, dass es heute eine Reihe internationaler Institutionen gibt, die sich trotz aller Niederlagen im Alltagsgeschäft um solche Regeln und Normen bemühen, lassen solche Hoffnungen nicht als gänzlich weltfremd erscheinen.

Durch die jüngere Geschichte der Bildung von Gesellschaft und Staaten und deren Beziehungen untereinander zieht sich die Tendenz, Mechanismen der Konfliktlösung zu institutionalisieren und sie nicht mehr beziehungsweise nicht nur der einzelstaatlichen Macht zu überlassen. Dieser Trend speist sich aus traumatischen Erfahrungen: Der Westfälische Friede nach dem Dreißigjährigen Krieg war ein erster Schritt, der restaurative Wiener Kongress ein anderer. Nach der grauenvollen Schlacht des Risorgimento bei Solferino mit 40 000 Toten und Verwundeten entstand das Internationale Rote Kreuz, nach den menschenverschlingenden Grabenkämpfen des Ersten Weltkriegs der Völkerbund, und unmittelbar nach dem Zweiten Weltkrieg formierten sich die weitaus effizienteren und einflussreicheren Vereinten Nationen. Deren Proklamation der Allgemeinen Menschenrechte und dem Versuch, sie durch international verbindliche Institutionalisierungen durchzusetzen, stehen die Machtpositionen einzelner Mitgliedsstaaten und deren partikulare Interessen gegenüber. Wie in jüngster Zeit immer wieder zu erfahren, setzen sich im Ernstfall die Großmächte immer noch über internationale Institutionen hinweg.

In Europa erleben wir zur Zeit ein historisch einmaliges Experiment: Die Europäische Union sucht den Interessenausgleich und die Lösung von Konflikten zwischen ihren Mitgliedsstaaten nicht mehr in deren jeweiligen Machtmöglichkeiten, sondern in einem Netzwerk gemeinsam vereinbarter Regelwerke. Den Mitgliedsstaaten ist es bis jetzt gelungen, ihre Brüsseler Institutionen mit den Machtmitteln zur Durchsetzung gemeinsamer Beschlüsse auszustatten. Für den Einzelnen mag dies zu einer Flut kaum mehr verständlicher Reglementierungen der Brüsseler »Bürokratie« ausufern, aber immerhin haben die Regelwerke gewaltsame Konflikte unter den Mitgliedsstaaten undenkbar gemacht.

Russland geht dagegen den umgekehrten, klassischen Weg der eigenstaatlichen Machtentfaltung. Der östliche Nachbar der Europäischen Union baut seine ökonomische, militärische und wissenschaftlich-technische Machtbasis aus und vermeidet institutionalisierte, feste Vereinbarungen in internationalen Abmachungen.

Aus evolutionsbiologischer Sicht ist der Aufbau konfliktregelnder Institutionen der zukunftsweisende Weg. Es diente dem evolutiven Fortschreiten der Menschheit, wenn der europäische Weg von vielen anderen beschritten würde.

b) Es gab und gibt eine Vielfalt unterschiedlicher menschlicher Gesellschaften, deren Tätigkeiten und Art des Zusammenlebens von ökologischen und ökonomischen Randbedingungen abhängen, vor allem aber von Traditionen und Moralgesetzen, die sich aus transzendenten Weltbildern herleiten. Seit der Französischen Revolution vor mehr als zweihundert Jahren wird diskutiert, ob es bei aller Verschiedenheit der Kulturen nicht Rechte gibt, die für alle Menschen gültig sein sollen. Unter dem Eindruck der Weltkriege mit ihren desaströsen Vernichtungen menschlicher Verhaltensnormen mündeten diese Diskussionen in einen von allen Völkern formal akzeptierten Kanon von Grundwerten, wie er in der Allgemeinen Erklärung der Menschenrechte der Vereinten Nationen 1948 kodifiziert wurde. Ihr erster Paragraph sagt, dass alle Menschen frei und gleich an Würde und Rechten geboren sind, dass alle Menschen mit Vernunft und Gewissen begabt sind und einander im Geiste der Brüderlichkeit begegnen sollen. Dieser Paragraph ist das unverrückbare Fundament für jede Gruppe von Menschen, die sich als menschliche Gesellschaft bezeichnen will.

Die Erklärung der Menschenrechte legt den Kern kultureller Evolution offen, nämlich die freie Vereinbarung nach frei gewählten, menschengeleiteten Kriterien. Im Kontext kultureller Evolution ruht jede menschliche Gesellschaft auf zwei Eckpfeilern:

Die Würde des Menschen ist unantastbar. Dieser Grundsatz beruht auf dem Wissen, dass jeder Mensch geboren wird und am Ende den Tod erleidet, dass er denselben Lebensmotiven und Gefühlen unterliegt, dass er denselben Hunger und Durst kennt, dieselben Schmerzen fühlt und dieselbe Freude erlebt wie jeder andere. Dieses Mitgefühl zeichnet den Menschen aus und beruht auf der besonderen Fähigkeit, sich in den anderen hineinzuversetzen. Dort wird auch diskutiert, ob es bei Schimpansen erste Anzeichen für diese besondere Fähigkeit des Mitfühlens gibt und somit eine individuelle Würde bei Menschenaffen denkbar wäre. Eine solche Würde müsste allerdings zwei weitere Merkmale aufweisen, nämlich die freie Willensentscheidung und damit die Verantwortlichkeit. Ein Mensch, dem man seine Verantwortung abspricht, verliert seine Würde.

Eine humane Gesellschaft muss sich bewusst, wachsam und konsequent von den Regeln natürlicher Evolution abgrenzen. Die Gefahr ist groß, dass sich solche Mechanismen, die man umgangssprachlich und verkürzend als darwinistisch bezeichnet, in den Wertekanon einnisten, weil sie den Ansprüchen der Stärkeren eine natürliche Rechtfertigung liefern. Egoismen gehören zu den Grundeigenschaften jedes Menschen und sollten durch gesellschaftliche Normen nicht nur eingegrenzt, sondern gesellschaftlichen Zielen dienstbar gemacht werden. Der ständige Konflikt zwischen Egoismus und gesellschaftlichen Belangen ist ein Merkmal jeder lebendigen Gesellschaft. Die Art und Weise, wie dieser immerwährende Konflikt in einer Gesellschaft ausgetragen wird, wie sich der Respekt vor dem Einzelnen und die gesellschaftlichen Interessen als akzeptierter Kompromiss im Wertesystem wiederfinden, entscheidet darüber, ob es sich um eine humane Gesellschaft handelt oder ob sie zum Beispiel mit der Durchsetzung des Rechts der Stärkeren in den Sozialdarwinismus abgleitet.

Der prinzipielle Unterschied zwischen natürlicher Evolution, die nur die »bewusstlose« optimale Fitness kennt, und der kulturellen Evolution, mit ihren vom Menschen frei gewählten Zielen, muss in jeder Gesellschaft gewahrt werden, die das Adjektiv human beansprucht. In der Nachfolge von Konrad Lorenz' Buch über »das sogenannte Böse«, in dem er die Natur als heile Welt darstellte und den Menschen als Störenfried, gab es eine Reihe von Versuchen, menschliche Werte als Evolutionsergebnisse aus tierischem Verhalten abzuleiten. Es gab sogar eine »Biologie der Zehn Gebote«. Solche Abhandlungen mögen interessant und geistreich sein. Doch sie bleiben selbst dort belanglos, wo sie plausibel sind, weil der Mensch seine Gesellschaften nach selbstgewählten Kriterien gestalten kann und für den Erfolg oder Misserfolg seiner Konstrukte selbst haftet.

Wo die Eckpfeiler Menschenwürde und Autonomie menschlichen Handelns gegeben sind, ist die Wahrscheinlichkeit hoch, in einer Gesellschaft zu leben, die der Kreativität und den individuellen Fähigkeiten und Neigungen Spielraum zu freier Entfaltung bietet und die aktive Beteiligung an den ökonomischen, kulturellen und sozialen Netzwerken ermöglicht, deren Vorteile jedem zugutekommen. Es kann eine Solidarität entstehen, die zusammen mit der gemeinsamem Kultur und Sprache eine gesellschaftliche Identität stiftet.

Trotz aller Kriege und Katastrophen, trotz Folter und industriellem Ethnozid, trotz aller brutalen Durchsetzung partikulärer Interessen, trotz all unserer Unzulänglichkeiten haben wir Menschen zu jeder Zeit die Kraft besessen, blühende, kreative und menschenwürdige Kulturen aufzubauen und zu unterhalten. Selbst unter einfachsten Bedingungen haben wir unsere »naturwidrige« Kreativität ausgelebt. Davon zeugen unter anderem die Höhlenzeichnungen und die 35 000 Jahre alte, eindrucksvoll schöne Mammutfigur von der Schwäbischen Alb. In einer Abhandlung wie dieser, die den Menschen und seine Geschichte aus biologischem Gesichtswinkel betrachtet, kommt die einzigartige kulturelle Leistung der Menschheit zu kurz. Das Schönste und Menschlichste, was uns die Evolution unseres Gehirns mit unserer grenzenlosen Phantasie und unerschöpflichen Kreativität neben den Wissenschaften in die Hände gelegt hat, sind die Künste mit ihren Sprachwundern, mit ihren aufwühlenden und schönen Bildern an Wänden, Mauern, Decken und auf Bildschirmen, mit Skulpturen und Bauwerken, mit dramatischem Theater und mit ihrer Herz und Verstand ergreifenden Musik. Nichts übertrifft in der langen Geschichte des Erdballs die Kreativität der Menschheit.

Und dennoch sei mit Nachdruck daran erinnert, dass wir in einem weit größeren Umfang, als wir uns das eingestehen wollen, nichts anderes sind als chemische Materie. Allerdings sind wir die einzige *freie* Materie auf dem ganzen Globus, die nicht nur Objekt blieb, sondern frei handelndes Subjekt wurde. Diese einzigartige Freiheit verdanken wir der Selbstorganisation und Kooperation unserer Chemie und dem Meißel einer Jahrmilliarden während geduldigen Selektionsarbeit, die Selbstorganisation und Kooperation schließlich zum komplexesten und einzigen mündigen Aggregat herausarbeitete, dem *Homo sapiens*. Die Zunahme der Freiheitsgrade von Lebensweisen lässt sich mit der wachsenden Komplexität der Organismen durch die ganze Evolution verfolgen. Die einzigartige Aktionsfreiheit des Menschen verdankt er seiner Sprache, ein Kommunikationsmittel des freien Gedankenspiels und des Auftürmens unerschöpflicher gesellschaftlicher Wissens- und Fertigkeitsspeicher.

Jeder Mensch ist nicht nur frei, sondern gleichzeitig Teil kleinerer und größerer Gesellschaften, die sich im Laufe der kulturellen Evolution immer stärker zu einem Superorganismus vernetzen, der Menschheit. Das Spannungsfeld zwischen individueller Freiheit und gesellschaftlicher Bindung schafft Konfliktfelder, die unauflösbar sind und bis zum heutigen Tag zu erschreckenden Gewaltausbrüchen geführt haben, die mit fortschreitender Vernichtungstechnik immer größere Menschenmassen ins Elend und in den Tod rissen. Die große Zukunftsaufgabe einer global vernetzten Menschheit wird es sein, Gewaltausbrüche durch machtbewehrte Regeln und Normen zu verhindern und in dieses Menschheitsmanagement das der Natur mit einzubeziehen. In einem ungebremsten Machtrausch und mit ungehemmter individueller Kapital- und Machtgier haben wir weltweit eine ausbeuterische Konsumgesellschaft der Geldhierarchie geschaffen, die in der Lage ist, die Zukunft der Menschheit zu zerstören, aus menschlichen Gesellschaften Produktmüllhalden und aus Menschen Müllschlucker zu machen. Dies zu verhindern ist die große Menschheitsaufgabe unserer und kommender Generationen. Es müssen humane Welten geschaffen werden, in denen selbstredende Solidarität den Humus für das Emporsprießen vielfältigster individueller Kreativität bildet und in der materieller Wohlstand lediglich den sorgfältig bemessenen Dünger für gute Ernten liefert. Die Gaben, mit denen uns die Natur in die Freiheit entlassen hat, fordern uns auf, unsere Fürsorgepflicht für die bewohnte und eine bewohnbare Welt selbstbewusst wahrzunehmen.

*Na, na ...*

*12. 10. 2008*

# ZEITTAFEL

In der Literatur gibt es unterschiedliche Zeitangaben für die verschiedenen Erdperioden. Die hier benutzten beziehen sich vor allem auf die Zeitangaben der International Commission of Strategraphy.

## Erdurzeit oder Präkambrium

| Mio. Jahre | Erdperiode | |
|---|---|---|
| 4570–3800 | Hadaikum | von Hades |
| | | ca. 4500: Entstehung der Erde |
| | | ca. 3900–3800: Beginn der Biosphäre, die präbiotische Phase soll ca. 100 Mio. Jahre gedauert haben |
| 3800–2500 | Archaikum | Entstehung von Leben |
| | | 3500: älteste Fossilien von prokaryotischen Zellen (noch ohne Zellkern) |
| 2500–542 | Proterozoikum | 2200–2100: Beginn einer Sauerstoff-Atmosphäre |
| | | ca. 1400: Fossilien von ältesten Eukaryoten (Zellen mit Zellkern) |
| | | 630: Einzeller, kleine Metazoen (Organismen aus mehreren Zellen) |
| 1000–850 | Tonium | eine einzige, zusammenhängende Landmasse |
| | | 1000–700: Metazoen, aber nur als Mikroorganismen |
| 850–630 | Cryogenium | drei massive Eiszeiten, Schneeballerde |
| 600–542 | Ediacarium | radial symmetrische Fossilien |
| | | ca. 560: erste bilateral symmetrische Tierchen |

## Erdaltertum oder Paläozoikum

| | | |
|---|---|---|
| 542–490 | Kambrium | kambrische Explosion – die Grundbaupläne der heutigen Fauna entstehen |
| 490–435 | Ordovizium | benannt nach dem keltischen Volksstamm der Ordovizier |
| 435–400 | Silur | benannt nach keltischem Volksstamm in Wales |
| 400–345 | Devon | benannt nach der Grafschaft Devonshire ca. 385: Übergang von Fischen zu Landwirbeltieren seit ca. 350: $O_2$-Gehalt von 21% in der Atmosphäre |
| 345–280 | Karbon | |
| 280–225 | Perm | größtes bekanntes Massenaussterben, vermutlich wegen Vulkantätigkeit (75% der Land- und 95% der Meeresfauna sterben aus) ca. 250: Proto-Säugetiere entstehen |

## Erdmittelalter oder Mesozoikum

| | | |
|---|---|---|
| 225–190 | Trias | 200–150: Vögel und Säugetiere treten auf |
| 190–135 | Jura | 200: Warmblütigkeit entsteht |
| 135–65 | Kreide | 135–125: echte Säugetiere mit Plazenta 75–71: Fossilien des bislang ältesten Säugetiers letzte Phase der Dinosaurier |

## Erdneuzeit oder Känozoikum

| | | |
|---|---|---|
| 65–1, | Tertiär | |
| 65–54 | Paläozän | |
| 54–35 | Eozän | |
| 35–24 | Oligozän | |
| 24–5 | Miozän | seit 15: Hominidenarten seit 7–5: Homo-Arten |
| **5–1,8** | Pliozän | |
| 2,5–jetzt | Quartär | |
| 1,8–0,01 | Pleistozän | Eiszeiten und wärmere Zwischeneiszeiten seit ca. 0,16–0,10 gibt es *Homo sapiens* |
| seit 0,01 | Holozän | mit Ende der Würmeiszeit beginnt vor 11.700 Jahren die jetzige Warmzeit (Holos = das völlig Neue) |

## Menschheitsgeschichte

| | |
|---|---|
| Vor 4,0–2 Mio. Jahren: | Australopithecus im südlichen Afrika, gebaut für Zweibeinigkeit und das Klettern, aufrechter Gang, Gehirnvolumen 400–500 cm$^3$ wie die heutigen Schimpansen |
| Vor 2,5–1,6 Mio. Jahren: | *Homo habilis* in Ostafrika, kein Jäger, Werkzeughersteller, Gehirnvolumen schon 650 cm$^3$ |
| Vor 1,85–0,4 Mio. Jahren: | *Homo erectus*, Jäger und Sammler, Werkzeuggebrauch, Feuer, evtl. schon einfache Sprache, Gehirnvolumen 800–900 cm$^3$ |
| Vor 0,8–0,1 Mio. Jahren: | *Homo heidelbergensis*, Jäger, vor allem Großwild mit Speer; Werkzeug, Feuer, evtl. schon einfache Sprache, Gehirnvolumen 1.200 cm$^3$ |
| Seit ca. 160 000–100 000 Jahren: | *Homo sapiens*, Gehirnvolumen 1.250–1.400 cm$^3$ |
| Seit 130 000 bis 40 000 Jahren: | Zeugnisse gesprochener Sprache |
| Seit etwa 40 000 Jahren: | gesicherte Zeugnisse von Sprache |
| Vor etwa 40 000 Jahren: | Südeuropa von Menschen besiedelt |
| Seit ca. 12 000–13 000 Jahren: | mit der Besiedlung von Zypern und Milos beginnt Hochseefahrt |
| Seit ca. 7000 Jahren: | Benutzung von Segeln im Nahen Osten belegt |
| Vor ca. 50 000 Jahren: | erste Höhlenzeichnungen, Perlenketten, Bestattung von Toten |
| Vor 35 000 Jahren: | älteste Skulptur, ein aus Elfenbein geschnitztes Mammut von der Schwäbischen Alb |
| Vor ca. 10 000 Jahren: | Entstehung der ersten Städte |
| Vor ca. 5000 Jahren: | erste Schriften |
| Vor ca. 2600 Jahren: | das heutige Zahlensystem, Ursprungsland Indien |
| 1452: | Erfindung des Buchdrucks mit beweglichen Lettern |
| ca. 1975: | Personal Computer (PC) |
| 1993: | world wide web: www – Internet |

# Bibliographie

**Literatur zu Kapitel** 1

Cagliotti, L., Holczknecht, O., Fujii, N., Zucchi, C., Palyi, G. (2006), ›Astrobiology and biological chirality‹, in: *Origins of Life and Evolution of Biosphere* 36, S. 459–466

Dawkins, R. (1978), *Das egoistische Gen.* Berlin: Springer Verlag

Deamer, D.W. (1997), ›The first living systems: a bioenergetic perspective‹, in: *Microbiology and Molecular Biology Reviews* 61, S. 239–261

Edelmann, J.B., Denton, M.J. (2007), ›The uniqueness of biological self-organization: challenging the Darwinian paradigm‹, in: *Biology and Philosophy* 22, S. 579–601

Eigen, M., Gardiner, W., Schuster, P., Winkler-Oswatitsch, R. (1981), ›The origin of genetic information‹, in: *Scientific American* 244(4), S. 88–118

Eschenmoser, A. (1999), ›Chemical Etiology of nucleic acid structure‹, in: *Science* 284, S. 2118–2124

James, L.C., Tawfik, D.S. (2003), ›Conformational diversity and protein evolution – a 60-year-old hypothesis revisited‹, in: *Trends in Biochemical Sciences* 28, S. 361–368

Joyce, G.F. (2007), ›A glimpse of biology's first enzyme‹, in: *Science* 315, S. 1507–1508

Kauffman, S. (2007), ›Question 1: Origin of life and the living state‹, in: *Origins of Life and Evolution of Biosphere* 37, S. 315–322

Koonin, E.V., Wolf, Y.I., Karev, G.P. (2002), ›The structure of the protein universe and genome evolution‹, in: *Nature* 420, S. 218–223

Lahav, N., Nir, S., Elitzur, A.C. (2001), ›The emergence of life on earth‹, in: *Progress in Biophysics and Molecular Biology* 75, S. 75–120

Lindahl, P.A. (2004), ›Stepwise evolution of nonliving to living chemical systems‹, in: *Origins of Life and Evolution of Biosphere* 34, S. 371–389

Orgel, L.E. (2004), ›Prebiotic chemistry and the origin of the RNA world‹, in: *Critical Reviews in Biochemistry and Molecular Biology* 39, S. 99–123

Scheuring, I., Czaran, T., Szabo, P., Karolyi, G., Toroczkai, Z. (2003), ›Spatial models of prebiotic evolution: soup before pizza?‹, in: *Origins of Life and Evolution of Biosphere* 33, S. 319–355

Soai, K., Shibata, T., Morioka, H., Choji, K. (1995), ›Asymmetric autocatalysis and amplification of enantiomeric excess of a chiral molecule‹, in: *Nature* 378, S. 767–768

Wächtershäuser, G. (1988), ›Before enzymes and templates: theory of surface metabolism‹, in: *Microbiology and Molecular Biology Reviews* 52, S. 452–484

Wong, J.T.F. (2005), ›Coevolution theory of the genetic code at age thirty‹, in: *BioEssays* 27, S. 416–425

# Literatur zu Kapitel 2

*zur Entstehung der Sauerstoffatmosphäre*
Acquisti, C., Kleffe, J., Collins, S. (2007), ›Oxygen content of transmembrane proteins over macroevolutionary time scales‹, in: *Nature* 445, S. 47–52
Falkowski, G.P. (2006), ›Tracing oxygen's imprint on earth's metabolic evolution‹, in: *Science* 311, S. 1724–1725
Raymond, J., Segré, D. (2006), ›The effect of oxygen on biochemical networks and the evolution of complex life‹, in: *Science* 311, S. 1764–1767

*zur kambrischen Explosion*
Davidson, E.H., Peterson, K.J., Cameron, R.A. (1995), ›Origin of bilaterian body plans: evolution of developmental regulatory mechanisms‹, in: *Science* 270, S. 1319–1325
Davidson, E.H., Erwin, D.H. (2006), ›Gene regulatory networks and the evolution of animal body plans‹, in: *Science* 311, S. 796–800
Doolittle, W.F. (1999), ›Phylogenetic classification and the universal tree‹, in: *Science* 284, S. 2124–2128
Erwin, D.H., Davidson, E.H. (2002), ›The last common bilaterian ancestor‹, in: *Developmental* 129, S. 3021–3032
Gee, H. (2007), ›This worm is not for turning‹, in: *Nature* 445, S. 33–34
Gould, S.J. (1991), *Zufall Mensch. Das Wunder des Lebens als Spiel der Natur*, München: Hanser Verlag
Hyde, W.T., Crowley, T.J., Baum, S.K., Peltier, W.R. (2000), ›Neoproterozoic »snowball earth« simulations with a coupled climate/ice-sheet model‹, in: *Nature* 405, S. 425–429
Knoll, A.H., Carroll, S.B. (1999), ›Early animal evolution: emerging views from comparative biology and geology‹, in: *Science* 284, S. 2129–2136
Lynch, M., Conery, J.S. (2000), ›The evolutionary fate and consequences of duplicate genes‹, in: *Science* 290, S. 1151–1155
Pace, N.R. (2006), ›Time for a change‹, in: *Nature* 441, S. 289
Peterson, K.J., Cameron, R.A., Davidson, E.H. (1997), ›Set-aside cells in maximal indirect development: evolutionary and developmental significance‹, in: *BioEssays* 19, S. 623–631
Peterson, K.J., Cameron, R.A., Davidson, E.H. (2000), ›Bilaterian origins: significance of new experimental observations‹, in: *Developmental Biology* 219, S. 1–17
Phillippe, H., Germot, A., Moreira, D. (2000), ›The new phylogeny of eukaryotes‹, in: *Current Opinion in Genetics and Development* 10, S. 596–601
Spring, J. (2003), ›Major transitions in evolution by genome fusions: from prokaryotes to eukaryotes, metazoens, bilaterians and vertebrates‹, in: *Journal of Structural and Functional Genomics* 3, S. 19–25
Száthmary, E., Maynard Smith, J. (1995), ›The major evolutionary transitions‹, in: *Nature* 374, S. 227–232

*zur Endothermie*

Heldmaier, G., Neuweiler, G. (2004), *Vergleichende Tierphysiologie Bd. 2:Vegetative Physiologie*, Heidelberg: Springer Verlag

Ruben, J. (1995), ›The evolution of endothermy in mammals and birds‹, in: *Annual Review of Physiology* 57, S.69–95

## Literatur zu Kapitel 3

Axelrod, R., Hamilton, W.D. (1981), ›The evolution of cooperation‹, in: *Science* 211, S.1390–1396

Dawkins, R. (1990), *Der blinde Uhrmacher: ein neues Plädoyer für den Darwinismus*, München: Deutscher Taschenbuch Verlag

Dawkins, R. (2006), *Das egoistische Gen*. Jubiläumsausgabe, Heidelberg: Spektrum Akademischer Verlag

Fontana, W., Buss, L.W. (1994), ›What would be conserved if »the tape were played twice«?‹, in: *Proceedings of the National Academy of Science (USA)* 91, S.757–761

Gould, S.J. (1991), *Zufall Mensch. Das Wunder des Lebens als Spiel der Natur*, München: Hanser Verlag

Hamilton, W., (1964), ›The genetical evolution of social behaviour. I and II‹, in: *Journal of Theoretical Biology* 7, S.1–52

Levenson, J.M, Sweatt, J.D. (2005), ›Epigenetic mechanisms in memory formation‹, in: *Nature Reviews Neurosciences* 6 (2), S.108–118

Maynard Smith, J. (1974), ›The theory of games and the evolution of animal conflicts‹, in: *Journal of Theoretical Biology* 47, S.209–221

Maynard Smith, J. et al. (1985), ›Developmental constraints and evolution‹, in: *The Quarterly Review of Biology* 60, S.265–287

Mayr, E. (1984), *Die Entwicklung der biologischen Gedankenwelt. Vielfalt, Evolution und Vererbung*, Heidelberg: Springer Verlag

Queller, D.C. (2006), ›To work or not to work‹, in: *Nature* 444, S.42–43

Simpson, G.G. (1963), ›Biology and the nature of science‹, in: *Science* 139, S.81–88

Taft, R.J., Pheasant, M., Mattick, J.S. (2007), ›The relationship between non-protein-coding DNA and eukaryotic complexity‹, in: *BioEssays* 29, S.288–299

Trivers, R.L., Hope, H. (1976), ›Haplodiploidy and the evolution of social insects‹, in: *Science* 191, S.249–263

Wenseleers, T., Ratnieks, F.L. (2006), ›Enforced altruism in insect societies‹, in: *Nature* 444, S.50

## Literatur zu Kapitel 4

Braendle, C., Flatt, T. (2006), ›A role for genetic accommodation in evolution?‹, in: *BioEssays* 28, S.868–873

Cairns, J., Overbaugh, J., Miller, S. (1988), ›The origin of mutants‹, in: *Nature* 355, S.142–145

Feil, R. (2006), ›Environmental and nutritional effects on the epigenetic regulation of genes‹, in: *Mutation Research* 600, S.46–57

Fraga, M.F. et al. (2005), ›Epigenetic differences arise during the lifetime of monozygotic twins‹, in: *The Proceedings of the National Academy of Sciences (PNAS)* 102(3), S.10604–10609

Frigola, J., Song, J., Stirzaker, C., Hinshelwood, R.A., Peinado, M.A., Clark, S.J. (2006), ›Epigenetic remodelling in colorectal cancer results in coordinate gene suppression across an entire chromosome band‹, in: *Nature Genetics* 38, S.540–549

Gluckman, P.D., Hanson, M.A., Beedle, A.S. (2007), ›Non-genomic transgenerational inheritance of disease risk‹, in: *BioEssays* 29, S.145–154

Jablonka, E., Lamb, M.J. (2005), *Evolution in four dimensions*, Cambridge, Mass.: MIT Press

Levenson, J.M., Sweatt, J.D. (2005), ›Epigenetic mechanisms in memory formation‹, in: *Nature Reviews Neurosciences* 6, S.108–118

Levenson, J.M., Sweatt, J.D. (2006), ›Epigenetic mechanisms: a common theme in vertebrate and invertebrate memory formation‹, in: *Cellular and Molecular Life Sciences* 63, S.1009–1016

Ma, Q. (2006), ›Transcriptional regulation of neuronal phenotype in mammals‹, in: *Journal of Physiology* 575(2), S.379–387

Molinier, J., Ries, G., Zipfel, C., Hohn, B. (2006), ›Transgeneration memory of stress in plants‹, in: *Nature* 442, S.1046–1049

Newman, S.A., Müller, G.B. (2000), ›Epigenetic mechanisms of character origination‹, in: *Journal of Experimental Zoology* 288, S.304–317

Peaston, A.E., Whitelaw, E. (2006), ›Epigenetics and phenotypic variation in mammals‹, in: *Mammal Genome* 17, S.365–374

Pennisi, E. (2007), ›Jumping genes hop into the evolutionary limelight‹, in: *Science* 317, S.894–895

Rassoulzadegan, M., Grandjean, V., Gounon, P., Vincent, S., Gillot, I., Cuzin, F. (2006), ›RNA-mediated non-mendelian inheritance of an epigenetic change in the mouse‹, in: *Nature* 441, S.469–475

Sale, A., Cenni, M.C., Ciucci, F., Putignano, E., Chierzi, C., Maffei, L. (2007), ›Maternal enrichment during pregnancy accelerates retinal development of the fetus‹, in: *Public Library of Science (PLoS) one* 2, S.1160

Trasler, J.M. (2006), ›Gamete imprinting: epigenetic patterns for the next generation‹, in: *Reproduction, Fertility and Development* 18, S.63–69

Vitreschak, A.G., Rodionov, D.A., Mironov, A.A., Gelfand, M.S. (2004), ›Riboswitches: the oldest mechanism for the regulation of gene expression?‹, in: *Trends in Genetics* 20, S.44–50

Waddington, C.H. (1961), ›Genetic assimilation‹, in: *Advances in Genetics* 10, S.257–293

Weaver, I.C.G., Cervoni, N., Champagne, F.A., D'Alessio, A.C., Sharma, S., Seckle, J.R., Dymov, S., Szyf, M., Meaney, M. (2004), ›Epigenetic programming by maternal behavior‹, in: *Nature Neuroscience* 7, S.847–854

**Literatur zu Kapitel 5**
Bannerman, D.M., Sprengel, R. (2007), ›Remembering the subtle differences‹, in: *Science* 317, S.50–51

Bystron, I., Blakemore, C., Rakic, P. (2008), ›Development of the human cerebral cortex: Boulder Committee revisited‹, in: *Nature Reviews Neurosciences* 9, S. 110–122

Creely, H., Khaitovich, P. (2006), ›Human brain evolution‹, in: *Progress in Brain Research* 158, S. 295–308

Gilbert, S.L., Dobyns, W.B., Lahn, B.T. (2005), ›Genetic links between brain development and brain evolution‹, in: *Nature Reviews Genetics AOP*, S. 1–10

Gilbert, C.D., Sigman, M. (2007), ›Brain states: top-down influences in sensory processing‹, in: *Neuron* 54, S. 677–696

Goodson, J.L. (2005), ›The vertebrate social behavior network: evolutionary themes and variations‹, in: *Hormones and Behavior* 48, S. 11–22

Grillner, S. (2006), ›Biological pattern generation: the cellular and computational logic of networks in motion‹, in: *Neuron* 52, S. 751–766

Hof, P.R., Sherwood, C.C. (2005), ›Morphomolecular neuronal phenotypes in the neocortex reflect phylogenetic relationships among certain mammalian orders‹, in: *Anatomical Record* 287A, S. 1153–1163

Jaaro, H., Fainzilber, M. (2006), ›Building complex brains – missing pieces in an evolutionary puzzle‹, in: *Brain, Behavior and Evolution* 68, S. 191–195

Kandel, E.R., Schwartz, J.H., Jessell, T.M. (Hgg.) (1991), *Principals of neural science*, New York: Elsevier Science Publishing Co.

Kandel, E.R., Schwartz, J.H., Jessell, T.M. (Hgg.) (1995), *Neurowissenschaften*, Heidelberg: Spektrum Akademischer Verlag

Karlen, S.J., Krubitzer, L. (2006), ›The evolution of the neocortex in mammals: intrinsic and extrinsic contributions to the cortical phenotype‹, in: *Novartis Foundation Symposium* 270, S. 146–159

Kaufman, J.A., Ahrens, E.T., Laidlaw, D.H., Zhang, S., Allman, J.M. (2005), ›Anatomical analysis of an Aye-Aye brain (Daubentonia madagascariensis, Primates:Prosimii) combining histology, structural magnetic resonance imaging, and diffusion-tensor imaging‹, in: *Anatomical Record* 287A, S. 1026–1037

Krubitzer, L., Kaas, J. (2005), ›The evolution of the neocortex in mammals: how is phenotypic diversity generated?‹, in: *Current Opinion in Neurobiology* 15, S. 444–453

Ligeti, G., Neuweiler, G. (2007), *Motorische Intelligenz. Zwischen Musik und Naturwissenschaft*, Berlin: Verlag Klaus Wagenbach

Lucas, C. (2005), ›Evolving an integral ecology of mind‹, in: *Cortex* 41, S. 709–725

Mihrshahi, R. (2006), ›The corpus callosum as an evolutionary innovation‹, in: *Journal of Experimental Zoology* 306B, S. 8–17

Neuweiler, G. (1993), *Biologie der Fledermäuse*, Stuttgart: Thieme Verlag

Neuweiler, G. (2003), *Vergleichende Tierphysiologie*, Bd. 1: *Neuro- und Sinnesphysiologie*, Heidelberg: Springer Verlag

Neuweiler, G. (2006), ›Die dynamische Synapse‹, in: *Naturwissenschaftliche Rundschau* 59, S. 641–650

Niven, J.E. (2005), ›Brain evolution: getting better all the time?‹, in: *Current Biology* 15, R624–R262

Parsell, M. (2006), ›The cognitive cost of extending an evolutionary mind into the environment‹, in: *Cognitive Processings* 7, S. 3–10

Pauen, M. (2007), *Was ist der Mensch?*, München: Deutsche Verlags Anstalt

Pennisi, E. (2006), ›Brain evolution on the far side‹, in: *Science* 314, S. 244–245

Plenz, D., Thiagarajan, T.C. (2007), ›The organizing principles of neuronal avalanches: cell assemblies in the cortex?‹, in: *Trends in Neurosciences* 30, S. 101–110

Potts, R. (1998), ›Variability selection in hominid evolution‹, in: *Evolutionary Anthropology* 7, S. 81–96

Raichle, M.E. (2006), ›The brain's dark energy‹, in: *Science* 314, S. 1249-1250

Ratcliffe, M.J., Fenton, M.B., Shettleworth, S.J. (2006), ›Behavioral flexibility positively correlated with relative brain volume in predatory bats‹, in: *Brain, Behavior and Evolution* 67, S. 165–176

Roth, G. (2006), ›Die Physik des Geistes‹, in: *Verhandlungen der Gesellschaft Deutscher Naturforscher und Ärzte:* 124. Versammlung, S. 301–313

Roth, G., Dicke, U. (2005), ›Evolution of the brain and intelligence‹, in: *Trends in Cognitive Sciences* 9, S. 250–257

Schoenemann, P.T. (2006), ›Evolution of the size and functional areas of the human brain‹, in: *Annual Review of Anthropology* 35, S. 379–406

Seth, A.K., Baars, B.J. (2005), ›Neural Darwinism and consciousness‹, in: *Consciousness Cognition* 14, S. 140–168

Sterling, E.J., Povinelli, D.J. (1999), ›Tool use, Aye-Ayes, and sensorimotor intelligence‹, in: *Folia Primatologica* 70, S. 8–16

Striedter, G. (2006), ›Précis of principles of brain evolution‹, in: *Behavioral and Brian Sciences* 29, S. 1–39

Watanabe, S., Huber, L. (2006), ›Animal logics: decisions in the absence of human language‹, in: *Animal Cognition* 9, S. 235–245


**Literatur zu Kapitel 6**

Amadio, J.P., Walsh, C.A. (2006), ›Brain evolution and uniqueness in the human genome‹, in: *Cell* 126, S. 1033–1035

Amodio, D.M., Jost, J.T., Master, S. L., Yee, C.M. (2007), ›Neurocognitive correlates of liberalism and conservatism‹ , in: *Nature Neuroscience* 10, S. 1246–1247

Bakewell, M.A., Shi, P., Zhang, J. (2007), ›More genes underwent positive selection in chimpanzee evolution than in human evolution‹, in: *The Proceedings of the National Academy of Sciences* 104, S. 7489-7494

Balter, M. (2005), ›Are human brains still evolving? Brain genes show signs of selection‹, in: *Science* 309, S. 1662–1663

Barton, R.A. (2007), ›Evolution of the social brain as a distributed nervous system‹, in: R.I.M. Dunbar und L. Barrett (Hgg.), *Oxford Handbook of Evolutionary Psychology*, Oxford: University Press, S. 129–144

Bernhard, T. (2007), *Gehen*, 18. Auflage, Frankfurt: Suhrkamp Taschenbuch Verlag

Blair, R.J.R. (2007), ›The amygdala and ventromedial prefrontal Cortex in morality and psychopathy‹, in: *Trends in Cognitive Sciences* 11, S. 387–392

Brass, M., Haggard, P. (2007), ›To do or not to do: the neural signature of self-control‹, in: *Journal of Neurosciences* 27, S. 9141–9145

Burgess, P.W., Dumontheil, I., Gilbert, S.J. (2007), ›The gateway hypothesis of rostral prefrontal cortex (area 10) function‹, in: *Trends in Cognitive Sciences* 11, S. 290–298

Canli, T., Lesch, K.P. (2007), ›Long story short: the serotonin transporter in emotion regulation and social cognition‹, in: *Nature Neuroscience* 10, S. 1103–1109

Carruthers, P. (2002), ›The cognitive functions of language‹, in: *Behavioral and Brain Sciences* 25, S. 657–726

Clore, G.L., Huntsinger, J.R. (2007), ›How emotions inform judgment and regulate thought‹, in: *Trends in Cognitive Sciences* 11, S. 393–399

Creely, H., Khaitovich, P. (2006), ›Human brain evolution‹, in: *Progress in Brain Research* 158, S. 295–308

Depue, B.E., Curran, T., Banich, M.T. (2007), ›Prefrontal regions orchestrate suppression of emotional memories via a two-phase process‹, in: *Science* 317, S. 215–219

Dunbar, R.I.M., Shultz, S. (2007), ›Evolution in the social brain‹, in: *Science* 317, S. 1344–1347

Gallese, V., Keysers, C., Rizzolatti, G. (2004), ›A unifying view of the basis of social cognition‹, in: *Trends in Cognitive Sciences* 8, S. 396–403

Gilbert, D.T., Wilson, T.D. (2007), ›Prospection: experiencing the future‹, in: *Science* 317, S. 1351–1354

Gilbert, S.L., Dobyns, W.B., Lahn, B.T. (2005), ›Genetic links between brain development and brain evolution‹, in: *Nature Reviews Genetics AOP*, S. 1–10

Hauser, M.D., Chomsky, N., Fitch, W.T. (2002), ›The faculty of language: what is it, who has it, and how did it evolve?‹, in: *Science* 298, S. 1569–1579

Herder, J.G. (2002), ›Ideen zur Philosophie der Geschichte der Menschheit‹, in: *Werke* Bd. III/1, München: Hanser Verlag

Herrmann, E., Call, J., Hernandez-Lloreda, M.V., Hare, B., Tomasello, M. (2007), ›Humans have evolved specialized skills of social cognition: the cultural intelligence hypothesis‹, in: *Science* 317, S. 1360–1366

Hill, R.S., Walsh, C.A. (2005), ›Molecular insights into human brain evolution‹, in: *Nature* 437, S. 64–67

Holland, P.W.H., Takahashi, T. (2005), ›The evolution of homeobox genes: implications for the study of brain development‹, in: *Brain Research Bulletin* 66, S. 484–490

Jensen, K., Call, J., Tomasello, M. (2007), ›Chimpanzee are rational maximizers in an ultimatum game‹, in: *Science* 318, S. 107–109

Khaitovich, P., Enard, W., Lachmann, M., Pääbo, S. (2006), ›Evolution of primate gene expression‹, in: *Nature Reviews Genetics* 7, S. 693–701

Koechlin, E., Hyafil, A. (2007), ›Anterior prefrontal function and the limits of human decision-making‹, in: *Science* 318, S. 594–598

Lee, D., Rushworth, M.F.S., Walton, M.E., Watanabe, M., Sakagami, M. (2007), ›Functional specialization of the primate frontal cortex during decision making‹, in: *Journal of Neurosciences* 27, S. 8170–8173

Ligeti, G., Neuweiler, G. (2007), *Motorische Intelligenz. Zwischen Musik und Naturwissenschaft*, Berlin: Verlag Klaus Wagenbach

Lloyd, E.A. (2004), ›Kanzi, evolution, and language‹, in: *Biology and Philosophy* 19, S. 577–588

Mekel-Bobrov, N. et al. (2005), ›Ongoing adaptive evolution of ASPM, a brain size determinant in *Homo sapiens*‹, in: *Science* 309, S.1720–1722

Mendes, N., Hanus, D., Call, J. (2007), ›Raising the level: orang-utans use water as a tool‹, in: *Biology Letters* (July, 3)

Mulcahy, N.J., Call, J. (2006), ›Apes save tools for future use‹, in: *Science* 312, S.1038–1040

Neuweiler, G. (2003), *Vergleichende Tierphysiologie* Bd.1, Heidelberg: Springer Verlag

Ochsner, K.N., Gross, J.J. (2005), ›The cognitive control of emotion‹, in: *Trends in Cognitive Sciences* 9, S.242–249

Okanoya, K. (2007), ›Language evolution and an emergent property‹, in: *Current Opinion in Neurobiology* 17, S.271–276

Oldham, M.C., Horvath, S., Geschwind, D.H. (2006), ›Conservation and evolution of gene coexpression networks in human and chimpanzee brains‹, in: *The Proceedings of the National Academy of Sciences* 103, S.17973–17978

Olsson, A., Ochsner, K.N. (2008), ›The role of social cognition in emotion‹, in: *Trends in Cognitive Sciences* 12, S. 65–71

Panksepp, J. (2007), ›The neuroevolutionary and neuraffective psychobiology of the prosocial brain‹, in: R.I.M. Dunbar und L. Barrett (Hgg.), *Oxford Handbook of Evolutionary Psychology*, Oxford: University Press, S.145–162

Pennisi, E. (2006), ›Mining the molecules that made our mind‹, in: *Science* 313, S.1908–1911

Pessoa, L. (2008), ›On the relationship between emotion and cognition‹, in: *Nature Reviews Neurosciences* 9, S.148–158

Petrides, M., Pandya, D.N. (2007), ›Efferent association pathways from the rostral prefrontal cortex in the macaque monkey‹, in: *Journal of Neurosciences* 27, S.11573–11586

Pinker, S., Jackendoff, R. (2005), ›The faculty of language: what's special about it?‹, in: *Cognition* 95, S.201–236

Ponting, C.P., Lunter, G. (2006), ›Human brain gene wins genome race‹, in: *Nature* 443, S.149–150

Popesco, M.C., MacLaren, E.J., Hopkins, J., Dumas, L., Cox, M., Meltesen, L., McGavran, L., Wyckoff, G.J., Sikela, J.M. (2006), ›Human lineage-specific amplification, selection, and neuronal expression of DUF1220 domains‹, in: *Science* 313, S.1304–1307

Rizzolatti, G., Fogassi, L. (2007), ›Mirror neurons and social cognition‹, in: R.I.M. Dunbar und L. Barrett (Hgg.), *Oxford Handbook of Evolutionary Psychology*, Oxford: University Press, S.179–195

Schacter, D.L., Addis, D.R. (2007), ›The optimistic brain‹, in: *Nature Neuroscience* 10, S.1345–1347

Shi, P., Bakewell, M.A., Zhang, J. (2006), ›Did brain-specific genes evolve faster in humans than in chimpanzees?‹, in: *Trends in Genetics* 22, S.608–613

Sikela, J.M. (2006), ›The jewels of our genome: the search for the genomic changers underlying the evolutionarily unique capacities of the human brain‹, in: *Public Library of Science (PLoS) Genetics* 2, S.646–654

Suddendorf, T., Busby, J. (2003), ›Mental time travel in animals?‹, in: *Trends in Cognitive Sciences* 7, S.391–396

Suddendorf, T., Whiten, A. (2001), ›Mental evolution and development: evidence for secondary representation in children, great apes, and other animals‹, in: *Psychological Bulletin* 127, S.629–650

Varki, A., Altheide, T.K. (2005), ›Comparing the human and chimpanzee genomes: searching for needles in a haystack‹, in: *Genome Research* 15, S.1746–1758

Warneken, F., Hare, B., Melis, A.P., Hanus, D., Tomasello, M. (2007), ›Spontaneous altruism by chimpanzees and young children‹, in: *Public Library of Science (PLoS) Biology* 5, S.1414–1420

Wickens, J.R., Horvitz, J.C., Costa, R.M., Killcross, S. (2007), ›Dopaminergic mechanisms in actions and habits‹, in: *Journal of Neurosciences* 27, S.8181–8183

## Literatur zu Kapitel 7

Bering, J.M. (2006), ›The folk psychology of souls‹, in: *Behavioral and Brain Sciences* 29, S.453–498

Bingham, P.M. (1999), ›Human uniqueness: a general theory‹, in: *The Quarterly Review of Biology* 74, S.133–169

Bshary, R., Salwiczek, L.H., Wickler, W. (2007), ›Social cognition in non-primates‹, in: R.I.M. Dunbar und L. Barrett (Hgg.), *Oxford Handbook of Evolutionary Psychology*, Oxford: University Press, S.83–101

Call, J. (2007) ›Social knowledge in primates‹, in: R.I.M. Dunbar und L. Barrett (Hgg.), *Oxford Handbook of Evolutionary Psychology*, Oxford: University Press, S.71–81

De Waal, F.B.M. (2007), ›With a little help from a friend‹, in: *Public Library of Science (PLoS) Biology* 5(7), S.1406–1408

Dehaene, S., Cohen, L. (2007), ›Cultural recycling of cortical maps‹, in: *Neuron* 56, S.384–398

Driscoll, C. (2008), ›The problem of adaptive individual choice in cultural evolution‹, in: *Biology and Philosophy* 23, S.101–113

Feldman, M.W., Laland, K.N. (1996), ›Gene-culture coevolutionary theory‹, in: *Trends in Ecology and Evolution* 11, S.453–457

Hamlin, J.K., Wynn, K., Bloom, P. (2007), ›Social evolution by preverbal infants‹, in: *Nature* 450, S.557–560

Hauser, M. (2005), ›Our chimpanzee mind‹, in: *Nature* 437, S.60–63

Herder, J.G. (2002), ›Ideen zur Philosophie der Geschichte der Menschheit‹, in: *Werke* Bd. III/1, München: Hanser Verlag

Irons, W. (2005), ›How has evolution shaped human behavior?‹, in: *Evolution and Human Behavior* 26, S.1–9

Kane, M.J., Engle, R.W. (2002), ›The role of the prefrontal cortex in working memory capacity, executive attention, and general fluid intelligence: an individual-differences perspective‹, in: *Psychosomatic Bulletin Review* 9, S.637–671

Kareiva, P., Watts, S., McDonald, R., Boucher, T. (2007), ›Domesticated nature: shaping landscapes and ecosystems for human welfare‹, in: *Science* 316, S.1866–1869

Kronfeldner, M.E. (2007), ›Is cultural evolution Lamarckian?‹, in: *Biology and Philosophy* 22, S. 493-512

Laland, K.N. (2007), ›Niche construction, human behavioural ecology and evolutionary psychology‹, in: R.I.M. Dunbar und L. Barrett (Hgg.), *Oxford Handbook of Evolutionary Psychology*, Oxford: University Press, S. 35-47

Laland, K.N., Brown, G.R. (2006), ›Niche construction, human behavior, and the adaptive-lag hypothesis‹, in: *Evolutionary Anthropology* 15, S. 95-104

Laland, K.N., Sterelny, K. (2006), ›Seven reasons (not) to neglect niche construction‹, in: *Evolution* 60, S. 1751-1762

Lorenz, K. (1963), *Das sogenannte Böse*, Wien: S. Borotha Schoeler Verlag

Lupski, J.R. (2007), ›An evolution revolution provides further relevation‹, in: *BioEssays* 29, S. 1182-1184

Mameli, M. (2001), ›Mindreading, mindshaping, and evolution‹, in: *Biology and Philosophy* 16, S. 597-628

Mesoudi, A., Whiten, A., Laland, K.N. (2004), ›Is human cultural evolution Darwinian? Evidence reviewed from the perspective of the origin of species‹, in: *Evolution* 58, S. 1-11

Nietzsche, F. (1973), ›Die fröhliche Wissenschaft‹ Nr. 109, in: *Kritische Gesamtausgabe* Bd.V/2, Berlin: Walter de Gruyter

Roberts, G. (2005), ›Cooperation through interdependence‹, in: *Animal Behavior* 70, S. 901-908

Schaik van, C.P. (2007), ›Culture in primates and other mammals‹, in: R.I.M. Dunbar und L. Barrett (Hgg.), *Oxford Handbook of Evolutionary Psychology*, Oxford: University Press, S. 103-113

Schaller, M., Park, J.H., Kenrick, D.T. (2007), ›Human evolution and social cognition‹, in: R.I.M. Dunbar und L. Barrett (Hgg.), *Oxford Handbook of Evolutionary Psychology*, Oxford: University Press, S. 491-504

Semendeferi, K., Lu, A., Schenker, N., Damasio, H. (2002), ›Humans and great apes share a large frontal cortex‹, in: *Nature Neuroscience* 5, S. 272-276

Silk, J.B. (2007), ›Empathy, sympathy, and prosocial preferences in primates‹, in: R.I.M. Dunbar und L. Barrett (Hgg.), *Oxford Handbook of Evolutionary Psychology*, Oxford: University Press, S. 115-126

Wickler, W. (1971), *Die Biologie der Zehn Gebote*, München: Piper Verlag

Wilson, D.S. (2007), ›Group-level evolutionary processes‹, in: R.I.M. Dunbar und L. Barrett (Hgg.), *Oxford Handbook of Evolutionary Psychology*, Oxford: University Press, S. 49-55

Wyman, E., Tomasello, M. (2007), ›The ontogenetic origins of human cooperation‹, in: R.I.M. Dunbar und L. Barrett (Hgg.), *Oxford Handbook of Evolutionary Psychology*, Oxford: University Press, S. 227-236

# Stichwortverzeichnis

Acetylierung  84

Adenosintriphosphat  28, 38

aerobe Stoffwechsel  38–44

Aktionspotentiale  98, 100f.

Allele  64f., 70, 137, 145, 147

Allesfresser  138ff.

allgemeine Menschenrechte  225f.

Altruismus  66–69

Aminobuttersäure  102

Amygdala  177, 179, 181f., 188, 192, 194

anaerobe Stoffwechsel  38–41

anthropogene Ziele  73

anthropozentrisch  81, 205

Antibabypille  219

Archaea  15, 21, 52f.

Archibakterium  30

Argonautenboot  75

Arthropoden  26, 47, 54

Artikulation  158–161, 166f., 174

ASPM-Gen  147

Assimilation  94f.

Assoziationscortices  114

Asymmetrien  148

Aufmerksamkeit  66, 121, 177, 209

Aurel, Marc  184

Australopithecus africanus  140, 233

autokatalytisch  16f., 29, 32, 34, 211

autonome Freiheit  78

Autonomie  119, 227

Axon  98–101, 113


Bach, Johann Sebastian  26, 158

Bakterien  12, 21, 26, 33, 39f., 42–45, 52, 54, 77, 87f., 174, 200, 202, 204, 213, 218

Basalganglien  124, 128, 154, 156–158, 169f., 179, 182f.

Basisgefühle  185

Baumleben  139

Benn, Gottfried  161

Bernhard, Thomas  168

Berthold, Peter  222

Bewegungssteuerung  153ff.

Bewertungsmarkierungen  118

bewusste Gefühlskontrolle  184, 187, 189

Bewusstsein  125, 127f., 156, 187, 189, 195, 201

Bienenstaat  68

Bilateria  52

Bindungsproblem  121

Bindungsverlust  214

Bingham, Paul M.  211

Blaualgen  28, 39

Boesch, Christophe  140

Boten-RNA  84

Broca, Pierre Paul  161

Broca-Areal  110, 161f., 165, 167, 169ff., 191, 206

Brodmann-Areal (BA)  162

Brodmann-Areal 10 (BA 10)  177, 179ff.

Burgess-Schiefer  47

Burgess-Tiere  47


Cairns, John  87

Cajal, Ramon y  97

Calvin, William H.  167

Carson, Rachel L.  221

chemoautotrophes Modell  29

Chiralität  31f.

Chlorophyll   28, 42ff.

Chloroplasten   21, 36, 44

Chromatin   79, 84, 87, 90

Chromosom   25, 45, 70, 84

Citratzyklus   39f.

coalitional enforcement
  theory   211f.

conservation biology   221

Cortexareal F5   161f., 165, 167

Cortexareale   113ff., 121ff., 127,
  161f., 170, 176f., 179, 181, 183f., 195

corticale Erregungswelt   117

corticale Karten   113ff.

Crick, Francis   18

Cryogenium   56, 231

Cyanobakterien   39, 42ff.


Darwin, Charles   9, 25, 31, 41, 63,
  66f., 69, 71, 73, 97, 127, 153, 205

Daumenmuskulatur   155

Davidson, Eric H.   49

Dawkins, Richard   7, 25, 34, 69,
  74, 77, 130, 200, 204

Dendritenbaum   98

Desoxyribonukleinsäure
  (DNA)   20, 34

Determiniertheit   120f.

Deuterostomier   52ff.

Dialog (Individuum/Umwelt)   9,
  197f., 205, 213

Differenzierung   46, 49, 78

Differenzierungs-Genbatterien   50

Differenzierungsgene   49f.

direkte Entwicklung   51

Domänen   22f., 50, 52f., 78

domestizierte Welt   222

Dopamin   124, 128, 154, 157, 182f.,
  194

Dopplereffekt   132, 134f.

dorsaler fronto-medialer Cortex
  dMPFC   177, 183

dynamic core hypothesis   127

dynamisches Gleichgewicht   123


Eccles, John Carew   97

Ecdysozoa   53f.

Edelman, Gerald   128, 195ff.

Ediacarium   47, 52, 56f., 231

egoistisches Gen   7, 33, 65, 69, 73f.

Eigennutz   187f.

Eisensulfid   29

Eiszeiten   56f., 141, 144, 231f.

Ekel   187, 191f.

Emanzipation   200, 219

Emotionen   144, 166, 180f., 183,
  187f.

Empathie   192f., 195

Encephalisation   112f.

Endorphine   186

Endothermie/Warmblütigkeit   35,
  57–61

Energieumsatz   12, 14, 18, 25, 35f.,
  40f., 58, 60, 144

Ensemblebildung   125

Entscheidungsnetzwerk   177, 183

Entstehung des DNA-Codes   21

Entwicklungsgene   49, 51, 57

Enzyme   12–15, 17–21, 28f., 31, 34,
  38, 40, 43ff., 59, 65, 76, 87f.,
  104f., 144

Enzymketten   37, 39f., 42f., 70

Epigenetik   74, 83, 87, 91, 93, 137

Epigenom   79, 83f., 86, 88f., 92

Erfolgsbewertungen   176

Erinnerung   120, 187

erlernte Automatismen   156

erregende Synapse   101

Erregungsströme   122

Erregungswelle   81, 123ff.

Essenz des Lebens   14, 33, 203

Eukaryoten   40, 42, 44ff., 52, 54f.,
  231

evolutiv stabile Strategie (ESS)   65

exekutives Gehirn   152, 165, 169,
   174 f.

Exothermie   58

Expressionsmuster   108, 146

extraterrestrischer Import   19


Fairness   188

Farbkategorien   117

Fitch, W. Tecumseh   172

Fitness   65–69, 72 f., 84, 200, 217 f.,
   227

Fledermäuse   59, 130–134, 136, 139

Forterre, Patrick   21

Fortschritt   8 f., 41, 46, 70 ff., 200,
   206

Foveafilter   134

Frequenzfilter   133 ff.

Frisch, Max   169

frontopolare Cortexareale   176, 181

frontopolarer Cortex   177 f., 190

Furchen (Sulci)   113


Gedächtnis   66, 78 ff., 85, 91, 102,
   106, 108 f., 116–119, 121 f., 138, 146,
   149, 168, 178, 180, 190, 193 f., 210,
   214, 217, 222

Gefühle   185–189, 191 f., 194, 221,
   226

Gefühlsbeherrschung   186

gegenseitige Abhängigkeit   224

Gehirngene   145

Gehörlose   171

Geist   120, 145, 176, 196 ff., 216

Gemeinwohl   187 f.

Gen   19, 21, 33, 50 f., 63, 65 ff., 70,
   74, 76, 78, 86, 88, 91, 137, 145 ff.,
   204, 215

Gen FoxP2   145 f.

Genduplikationen   146, 202

Generalisten   74, 130 f., 136–140,
   142, 164

genetische Einheiten   70

Genom   22, 51, 63, 67, 83 f., 86 ff.,
   91–94, 97, 108, 146 f., 202, 208,
   222

Genpolymorphismus   137

Genpool   64–67

Gerüstproteine   104

geschlossene Module   172

Gesellschaftsstruktur   211

Gestaltkarte   114

Gestaltungswille   218

Gestik   171 f.

Gleichgewicht   13 f., 28, 32, 66, 76,
   106, 123 f., 216

Glutamat   101 f.

Glycin   102

Goethe, Johann Wolfgang von   33

Golgi, Camillo   97

Gould, Stephen Jay   8 f., 25, 76, 200

Grossman, Wassili   175

grüne Pflanzen   21, 28, 42 ff., 72

Gruppenselektion   63, 65

Gyrus cinguli   111, 159, 166 f.


Haeckel, Ernst   52

Hamilton, Willliam D.   25, 67

Handlungskette   106, 108, 114, 122,
   140, 164 f., 167 f.

Handlungslexikon   162

Handlungsneurone   161 f., 165

Hand-Werken   155, 168

Hauser, Marc D.   172

Heine, Heinrich   199

hemmende Synapse   101

Herder, Johann Gottfried   73, 169,
   201, 218

Hinterhirn   108

Hippocampus   91, 109, 122

Histone   84, 86

Hodgkin, Alan Lloyd   97

Holozän   141, 232

Hominiden  11, 112, 114, 144 f., 169, 171, 197, 205 ff., 211 f. 232
Homo erectus  142, 233
Homo faber  140, 169, 200, 216
Homo heidelbergensis  142, 233
Homo sapiens  7, 72 f., 82, 141, 144 f., 147, 165, 169, 174, 199 f., 203, 205, 216, 228, 232 f.
homochiral  31
Homunculus  155
Hörfovea  134 f.
Hörkarten  132, 134
Hormonnetzwerk  80
Hufeisennasen  132–136
humane Gesellschaften  223
Huxley, Andrew Fielding  97
Huxley, Julian  72 f.

Ich-Bewusstsein  195–198
Imprinting  91
individuelle Welten  117
Information  122 f., 127, 140, 154 f., 161, 172, 174, 176, 177, 181, 183, 192, 200, 204–205, 207 ff.
Informationsaustausch  13, 25, 32 f., 203
Informationsumsatz  203
inklusive Fitness  67
Insula  192
integrierende Felder  175
Intelligenz  152 f., 158, 165, 169 f., 174, 189, 191, 193 ff.
Intelligenzquotient  149
Interaktion  23, 33, 70, 73 f., 78, 80, 97, 107, 114, 174, 198, 203, 213
interne Domestizierung  212
Intron  79
Ionenkanäle  98, 100–105

Jens, Walter  152

kambrische Tierwelt  47
Kambrium  44, 47 f., 51–56, 232
Kanalproteine  104
Karten  108, 113 ff.
Katalysatoren  12–15
Kategorien für Köpfe und Gesichter  116 f.
Kategorienbildung  150
Kauffman, Stuart  17
Kausalität  150
Kehlkopfmuskulatur  160, 166, 171
Kerngrammatik  172
Kleinhirn  108 ff., 122, 128, 148, 154, 156 ff., 165, 169
Knallgasreaktion  39 f., 59
kognitive Intelligenz  149, 151, 165
komplexe Systeme  25, 75, 77, 79, 202
Komplexität  9, 18, 25 ff., 32 f., 42, 46, 54 f., 57, 72–79, 82, 92, 95, 109, 127, 157, 179, 200–205, 218, 228
Konkurrenz  26, 65, 70, 74, 130, 136 f., 140, 186, 199, 202 f., 205, 216, 219
Kooperation  32, 40 ff., 51, 54 f., 63 f., 74, 76 f., 79–82, 141, 150, 186, 202 f., 205, 211 f., 215, 224, 228
Kooperativität  32, 75 f., 81
Kooptation  78 f.
Kopienzahl von Genen  146 f.
Kopierfehler  31, 34, 71
kriegführende Schimpansen  211
kryptisches Gen  88, 94
Kubrick, Stanley  205
kulturelle Evolution  9, 205, 210, 219, 223, 226 f., 228
kumulative Adaptation  130 f., 135
Kurzzeitgedächtnis  121

Langzeitgedächtnis  79, 121
Lanzettfischchen (Amphioxus)  11, 54

Larven   48f., 51, 68

last universal common ancestor
   (LUCA)   30, 47

lateraler Gentransfer   45, 204

Lemuren   140

Lesen   170, 195, 208f.

Levenson, Jonathan M.   79

Liberman, Anatoly   170

Libet, Benjamin   180

limbisches System   109

Lipoproteine   24

Lophotrochozoa   53f.

Lorenz, Konrad   13, 108, 129, 204,
   227

Management der Natur   223

Mangold, Ijoma   171

Materialismus   9, 217

Matrilinie   92

Matrizenkopie   17f., 20, 31, 34

maximale indirekte
   Entwicklung   49, 51, 57

Maxwell'scher Dämon   13

Mayr, Ernst   8f., 25, 72

Membranpotential   98, 101f.

Menschenwürde   227

menschliches Bewusstsein   120,
   128, 180, 187, 189f., 195–198, 201

mentale Zeitreise   151, 214

Metaorganisation   77

Metazoen   47, 52, 55f., 231

Meteoriten   15, 19, 32, 136

Methylierung   84, 86, 90

Mikrocephalin-Gen
   (microcephalin)   147

Mikrocephalie   147

Mikrotubuli   25

Minimalia des Lebendigen   12

Mitfühlen   192f. 226

Mitochondrien   11, 36, 40, 44f., 52,
   59, 60f., 75f.

Mittelhirn   108, 122, 133, 156, 159,
   179, 194

Modulatoren   98

Monod, Jacques   8

Moral   188, 216f., 219, 226

Moralsysteme   180

Moralverstöße   188

Motivationslagen   120

motorische Intelligenz   6, 148,
   152f., 158, 165, 169, 170, 174, 191

motorischer Neocortex   126, 155,
   165, 169

Mozart, Wolfgang Amadeus   153

Müller, Gerd B.   93

Multidomänennetzwerke   23

Mustergenerator   152–155, 158f.

Mutabilität   23, 26

Mutationshäufigkeit   88

Muttergen   91

Nachhirn   108, 122, 132, 154ff.,
   158ff., 161, 166

Nachhirnzentren   154f., 158

Neandertaler   142

Neocortex   142, 144, 146, 148, 152f.,
   155–158, 165, 174–177, 184f., 190,
   197, 202, 208f.

Neocortex aus fünf Schichten   110

Neuriten   98,

Neuromodulatoren   93, 100, 120,
   124, 185f.

Neuron   6, 11, 76f., 79f., 89f., 91,
   95, 98–102, 104–107, 109, 111ff.,
   115f., 124, 127, 132f., 146f., 153–56,
   158, 160ff., 163f., 167, 181, 184, 185

neuronale Netzwerke   136, 138,
   148, 175

neuronales Weltbild   81

Neurosomas   98ff., 111

Newman, Stewart A.   93

nicht-biologische Katalysatoren   15

Nietzsche, Friedrich   217, 244
Nische   138, 140, 213f., 222
Nucleus   46, 109, 133, 179, 194
Nukleotide   14ff., 18–21, 28f., 34,
   144

Objektkategorien   116
Offenheit   119
Opiat-Transmitter   146f.
Opioide   186
Optimismus   182
orbitofrontaler Cortex OFC   179,
   194
Oxytocin   91, 185f.
Oz, Amos   152

Pascal, Blaise   184
Pessimismus   184
Phospholipidmembran   30
Photosynthese   14, 21, 36f., 39,
   42ff.
Phyllostomiden   139
Plastizität   105, 107, 114f., 122, 202f.
Polymeren   25
Polymerisierung   18
positive Selektion   127, 145, 147
Postsynapse   100–105
präfrontaler Cortex   122, 158, 176–
   181, 183–189, 191–195, 198
Präkambrium   231
praktische Intelligenz   191
prämotorische Areale   114, 154,
   158, 161
prämotorische Neocortex-
   areale   155
prämotorisches Cortexareal
   SMA   159, 162, 164
Präsynapse   100–103

Primaten   7f., 11, 33, 60, 92, 95,
   109, 112ff., 116f., 125f., 128, 130f.,
   139f., 142ff., 146, 148, 151, 155f.

158f., 161, 164f., 167f., 171, 174,
   176f., 182, 190, 192, 200, 206f.,
   209
Prinzip des Rundfunks   134
prosoziales Gehirn   187
Proteinkosmos   22
Protonen   42
Protosprache   207
Protostomier   52f.
Pyramidenbahn   109, 158–161, 165
Pyramidenzellen   112f.

quantitative Unterschiede   143,
   146, 148

Raymond, Jason   40
Rechnen   209
recycling hypothesis   209
Redundanz   77, 127, 202
Regulationsnetzwerk   49ff., 54f.
rekurrente Erregungsschlei-
   fen   122
Rekursion   168, 170, 172
Religion   216f.
Replikase   20
Ressourcenausbeutung   220
Rezeptoren   101–105, 121f., 185f.
Ribonukleinsäuren   16–20, 34f.,
   52, 88
Ribosen   19
Ribosezucker   15
Ribosomen   22, 45f., 84, 88
Ribozyme   17, 20
Richtung der Evolution   203, 205
Rizzolatti, Giacomo   164
Rollenzuweisungen   212f.
Roth, Gerhard   8
Rückenmark   11, 54, 108, 143, 152–
   155, 158f.
rückkoppelnde Erregungs-
   schleifen   123

Rückkopplungsschleifen  17, 148,
    154, 156
Rückverweis  168, 172

Satzbau  169 f., 172 ff.
Sauerstoff  41 ff., 57 ff., 61, 72, 103,
    124, 231
Säulenanordnung  113
Saurier  26, 60, 232
Schläfencortex  176
Schleifenaktivität  127
Schleifenbahnen  122
Schlüsseladaptationen  130
Schlüsselmutationen  129
Schneeballerde  231
Schreiben  208 f.
Schrift  121, 153, 195, 207 ff., 215,
    220 f., 233
Schuld  143, 189
Segré, Daniel  40
Sehfeldkarten  114
Selbstbestimmung  143, 201
Selbstbewusstsein  120, 128, 195 f.,
    198, 201
Selbstkontrolle  180, 183
Selbstorganisation  23–27, 32, 34,
    41, 44, 45, 57, 73, 77, 201 f., 228
Selbstreferenz  77
Selbstreplikation  17, 204
Selektion  25, 27, 33, 46, 63–67, 69,
    76 f., 81, 86, 92 ff., 125, 127, 137 f.,
    141 f., 145, 147, 210, 213 f., 217, 228
Semantik  170
Serotonin  186
set-aside cells  49, 55
Sherrington, Scott  97
Simpson, George Gaylord  81
Singer, Wolf  8, 121
si-RNA  86 f.
Smith, John Maynard  25, 55, 65
Solidarität  227, 229

Somatosensorik  110, 113
Sorokin, Wladimir  7
Sozialbetrüger  65
Sozialdarwinismus  227
soziale Intelligenz  193 ff.
soziale Verhaltensweisen  69, 138,
    165
soziales Gehirn  209
soziales Lernen  165, 190, 207 f.,
    212 f.
Spezialisierung  74, 130–133, 135 f.
Spezialisten  130 f., 136, 138, 140
Spezialistentum  130, 136, 138
Spiegelneurone  162–65, 171 f., 191 f.
Spiegelneuronensystem
    für Sprachlaute  171
Spindelzellen  144
Sporen  56 f.
sprachbegabte Gesellschaft  205
Sprache  81 f., 134, 142, 164, 167–
    175, 177, 190, 195 ff., 205–208, 211,
    227 f., 233
Sprechen  82, 126, 143, 145 f., 153,
    155, 158–161, 164, 166–169, 171,
    174, 190 ff., 196, 206 f.
Sprechfähigkeit  174
Stammbaum der Tiere  52 f.
Stetter, Karl O.  30
Stirnhirn  155, 176
Stoffwechselnetzwerke  41 f.
stumme Synapsen  105
Sweatt, J. David  79
Synapsen  50, 77, 89, 100–103,
    105 ff., 112, 116–124, 127, 157, 185 f.
Synapsenensemble  106, 118
synaptischer Spalt  99, 101 f.
Syntax  170, 206
Száthmary, Eörs  55

Therapsiden  60
Tod  28, 32, 121, 189 f., 201, 217, 226

Tomasello, Michael   193
Transkription   84 f., 114
Transkriptionsfaktoren   49, 51, 54,
    87, 145 f.
Transmitter   98, 100–104, 157
Transmitterapparat   101
Transposone   86
Trilobiten   47
Typ 1-Entwicklung   48

Ultraschall   131
ultrasoziales Wesen   199
Unabhängigkeit   27, 72, 200 f.
unbewusst   121, 125, 128, 156,
    158, 163, 165, 180, 182, 187, 196,
    201, 210
Unterbewusstsein   128, 156, 180,
    187, 196
Urgase   14
Urheberschaften   121
Uterus   92 f., 127

Vasopressin   186
Vatergen   91
Verantwortung   9, 143, 189, 196,
    201, 210, 220, 223, 227
Verdauungsapparat   157
Vererbung epigenetischer Mus-
    ter   95
Vererbung erworbener Eigen-
    schaften   87
Vergesellschaftung der Ge-
    hirne   210
Verknüpfungsfähigkeit   167
Vernetzung   32 f., 40 ff., 51, 55, 100,
    114 ff., 203, 209 f., 214, 218
vertikaler Gentransfer   205
Verwandtschaftstheorie   67 ff.
Vetofunktion   180
Viren   21, 70, 86
visuelles Wortareal   208 f.

vorderer Cingulus-Cortex   177
Vorderhirn   60, 91 f., 108 ff., 124,
    126, 132, 148, 154 f., 183
Vorläuferzellen   112
Vorsorgeplanung   150

wachsende Komplexität   9, 26 f.,
    55, 74 f., 78 f., 84, 92, 200 f., 204 f.,
    109, 218, 228
Waddington, Conrad Hal   94
Wächtershausen, Günter   29 f.
Wahrnehmungsrepräsentation   175
Walcott, Charles D.   47
Walser, Martin   171
Warmzeit   141, 232
Watson, James   18
Weltbevölkerung   219 f.
Werkzeuggebrauch   138, 141, 149,
    151, 193 f., 233
Werkzeugtraditionen   209
Wernicke, Carl   169 f.
Wernicke-Areal   110, 162, 169 f.
Willensfreiheit   119 f., 186
Willkürmotorik   155 f.
Wirbeltiere   9, 11, 26, 47, 50 f., 54,
    57 f., 86, 94, 109 f., 125, 145, 153,
    184 f., 195, 200, 252
Wortlexikon   169

Zeitgefühl   189
Zellkern   40, 42, 45, 52, 83 f., 99,
    104, 202, 215, 231
Zellmembran   25, 30, 45, 98
Zentralnervensystem   53, 74, 80,
    108 f.
Zitronensäurezyklus   29
Zugriffshierarchien   119
Zukunftsdiskussionen   190
Zwischenhirn   91, 109, 111, 113, 122,
    125, 127, 154

# Bildnachweis

S. 99 f.:       nach G. Neuweiler (2003) und E.R. Kandel et al. (1991)

S. 102 f.:      nach G. Neuweiler (2003), G. Neuweiler (2006)
                und E.R. Kandel et al. (1995)

S. 110 f.:      nach G. Neuweiler 2003, G. Roth (2006)
                und I. Bystron et al. (2008)

S. 124 ff.:     aus G. Neuweiler (2003) und G. Ligeti/G. Neuweiler (2007)

S. 132 f.:      aus G. Neuweiler (1993)

S. 141:         nach R. Potts (1998)

S. 154:         nach G. Ligeti/G. Neuweiler (2007) und G. Neuweiler (2003)

S. 159 f.:      aus G. Ligeti/G. Neuweiler (2007)

S. 162 f.:      aus G. Ligeti/G. Neuweiler (2007)
                und G. Rizzolatti/L. Fogassi (2007)

S. 178 f.:      nach L. Pessoa (2008) und A. Olsson/K.N. Ochsner (2008)

S. 194:         nach L. Pessoa (2008) und E. Herrmann et al. (2007)

© Wissenschaftskolleg zu Berlin

**Gerhard Neuweiler,** geboren 1935, lehrte als Professor in Frankfurt und bis zu seiner Emeritierung 2003 in München Neurobiologie und Tierphysiologie. Vor allem mit seinen Forschungen auf dem Gebiet der Verhaltensneurobiologie erwarb er sich einen internationalen Ruf. Neuweiler starb 2008 in München.

# WISSENSCHAFT UND KUNST BEI WAGENBACH

**György Ligeti/Gerhard Neuweiler    Motorische Intelligenz**
Zwischen Musik und Naturwissenschaft
Dokumente eines ungewöhnlichen und faszinierenden Gedankenaustauschs.
Was hat die zeitgenössische Musik mit Neurobiologie zu tun?
*»Der vielbeschworene produktive Austausch zwischen Wissenschaften und
Künsten – hier wurde er Ereignis. Ein Komponist verlangt einem Neurophysi-
ologen mit seinen hartnäckigen Fragen Überlegungen ab, die in Neuland
führen.«*                                                    Wolf Lepenies
Herausgegeben von Reinhart Meyer-Kalkus.
Kleine Kulturwissenschaftliche Bibliothek. 112 Seiten mit Abbildungen


**Horst Bredekamp    Darwins Korallen**
Frühe Evolutionsmodelle und die Tradition der Naturgeschichte
Lebensbaum mit dem Menschen als Krone oder Entwicklung der Arten nach
allen Seiten? Bredekamp befragt Darwins Evolutionstheorie und ihre Bilder.
*»Ein geistesgeschichtliches Jongleurstück.«*                Der Spiegel
Kleine Kulturwissenschaftliche Bibliothek. 112 S. mit zahlreichen Abbildungen


**Vittorio Magnago Lampugnani    Verhaltene Geschwindigkeit**
Die Zukunft der telematischen Stadt
Werden wir künftig noch in Städten leben? Und wenn wir in Städten leben,
wie werden sie aussehen?
*»Das Buch, voller historischer und literarischer Bezüge, präsentiert einen Bil-
dungsextrakt aus urbaner Zivilisationskritik. Empfehlenswert!«*
                              Peter Zaun, Norddeutscher Rundfunk
Kleine Kulturwissenschaftliche Bibliothek. 112 Seiten mit Abbildungen

Wenn Sie mehr über den Verlag oder seine Bücher wissen möchten, schreiben Sie uns eine Postkarte (mit Anschrift und ggf. e-mail). Wir verschicken
immer im Herbst die *Zwiebel*, unseren Westentaschenalmanach mit Gesamt-
verzeichnis, Lesetexten aus den neuen Büchern und Photos. *Kostenlos!*

Verlag Klaus Wagenbach
Emser Straße 40/41   10719 Berlin                    www.wagenbach.de

*Und wir sind es doch – die Krone der Evolution*
erschien als Band 77 in der
KLEINEN KULTURWISSENSCHAFTLICHEN BIBLIOTHEK


Der Verlag dankt der VolkswagenStiftung
für die freundliche Unterstützung.

 VolkswagenStiftung

Umschlaggestaltung Julie August unter Verwendung des Ausschnittes *Die
Erschaffung Adams* aus dem Deckenfresko der Sixtinischen Kapelle in
Rom, gemalt von Michelangelo. Abbildungen: Doreen Engel nach Vorlagen
des Autors (siehe Seite 253). Gesetzt aus der Walbaum Standard. Einband-
und Vorsatzpapier von Herzog, Beimerstetten. Gedruckt auf chlor- und
säurefreiem Papier (Schleipen) und gebunden bei Kösel, Krugzell.
Printed in Germany. Alle Rechte vorbehalten.

ISBN 978 3 8031 5177 3